Lexware buchhaltung training

Iris Thomsen

Lexware buchhaltung training

Offizielle Lexware Trainingsunterlage

11., aktualisierte und überarbeitete Auflage

Haufe Group
Freiburg · München · Stuttgart

Bibliografische Information der Deutschen Nationalbibliothek

Die Deutsche Nationalbibliothek verzeichnet diese Publikation in der Deutschen Nationalbibliografie; detaillierte bibliografische Daten sind im Internet über http://dnb.dnb.de/ abrufbar.

Print:	ISBN 978-3-648-15799-2	Bestell-Nr. 01061-0011
ePub:	ISBN 978-3-648-16630-7	Bestell-Nr. 01061-0103
ePDF:	ISBN 978-3-648-15800-5	Bestell-Nr. 01061-0159

Iris Thomsen
Lexware buchhaltung training
11., aktualisierte und überarbeitete Auflage, Mai 2022

www.haufe.de
info@haufe.de

Produktmanagement: Dipl.-Kfm. Kathrin Menzel-Salpietro
Lektorat: Tina Braun

Inhaltsverzeichnis

Anleitung zum Training

1. Drei verschiedene Trainingswege
Diese Trainingsunterlage ist so konzipiert, dass Sie den Ablauf relativ frei wählen können. Was ist Ihr Ziel?

- **Einstieg in die Buchführungspraxis mit Lexware buchhaltung**
  Sie sind Einsteiger und möchten neben den Programmfunktionen auch die optimale Vorgehensweise in der Buchführungspraxis kennen lernen.
- **Schnelleinstieg in die Belegerfassung**
  Sie kennen die Buchführungspraxis und möchten nur die Programmfunktionen kennen lernen.
- **Mit der Software noch effektiver arbeiten**
  Sie arbeiten bereits mit der Software und möchten wissen, ob Ihr Programm richtig eingestellt ist und Sie bereits alle angebotenen Buchungshilfen nutzen.

Gleich im ersten Kapitel zeigen wir Ihnen, welcher Trainingsweg für den gewünschten Fall sinnvoll ist.

2. Verfahrensdokumentation gemäß GoBD
Mit Lexware buchhaltung erledigen Sie die Buchführung GoBD-konform. Seit 2020 müssen Unternehmen zusätzlich eine Verfahrensdokumentation vorweisen. Dabei handelt es sich um eine Beschreibung der eigenen Buchführung, die es einem sachverständigen Dritten, zum Beispiel einem Betriebsprüfer, in angemessener Zeit ermöglicht, sich trotz Digitalisierung und Automatisierung einen Überblick zu verschaffen.

Unternehmen sind nun verpflichtet, trotz der neuen technischen Möglichkeiten immer darauf zu achten, dass jeder Geschäftsvorfall nachvollziehbar und verständlich bleibt, dass Unterlagen leicht zu finden sind und nachträgliche Änderungen erkennbar bleiben.

Der Aufwand für diese Verfahrungsdokumentation ist abhängig von der jeweiligen Organisation. Je mehr Stationen die Belege durchlaufen, je mehr Kopien es gibt und je mehr Vermischung es von buchführungsrelevanten und sonstigen Unterlagen und Aufzeichnungen gibt, umso mehr müssen Sie erklären. D.h. umgekehrt, Sie sparen viel Schreiberei, wenn Sie die Abläufe optimieren. Steuerberater sind in der Regel behilflich bei der Erstellung einer Verfahrensdokumentation, doch einfacher geht es mit Unterstützung der Buchhalter/innen. Mehr dazu finden Sie unter www.iris-thomsen.de/bücher/informationen.

Iris Thomsen

1 Die verschiedenen Trainingswege und die Sicherung der Daten

Dieses Trainingsbuch können Sie auf unterschiedliche Weise durcharbeiten. Hier erfahren Sie mehr über die verschiedenen Trainingswege, den Lehrgang, den Schnelleinstieg in die Belegerfassung sowie den tieferen Einstieg in die Software Lexware buchhaltung. Gleich danach erfolgt der Einstieg in die Praxis, es wird gezeigt, wie Sie Ihre Eingaben für den Notfall sichern.

1.1 Drei verschiedene Trainingswege

1.1.1 Einstieg in die Buchführungspraxis mit Lexware buchhaltung

Sind Sie Einsteiger und möchten neben den Programmfunktionen auch die optimale Vorgehensweise in der Buchführungspraxis kennenlernen? In diesem Fall empfiehlt es sich, das Buch vom ersten bis zum letzten Kapitel durchzuarbeiten. Die Übungen der einzelnen Kapitel bauen aufeinander auf, was den Einstieg sehr praxisnah macht. Außerdem wechseln sich die Lerninhalte ab zwischen der Erfassung von Belegen und dem Umgang mit der Software.

- Im Menü **Datei** wird die Firma einmalig angelegt.
- Im Menü **Buchen** erfassen Sie regelmäßig die Belege.
- Und im Menü **Berichte** sehen Sie die Ergebnisse.

1.1.2 Schnelleinstieg in die Belegerfassung

Sie kennen die Buchführungspraxis und möchten nur die Programmfunktionen kennenlernen, die Sie für die Belegerfassung und das Erstellen der monatlichen Auswertungen benötigen? Hier lernen Sie nur die Programmfunktionen kennen, die für die Erledigung der laufenden Buchführung erforderlich sind, die Basics.

- In den Kapiteln 2 oder 3 – je nach Programmversion – wird eine Übungsfirma angelegt.
- Im Kapitel 4 wird gezeigt, welche Belege wo erfasst werden und wo die Buchungen nach der Eingabe zu finden sind.
- Danach starten Sie direkt mit der Belegerfassung in den Kapiteln 7 ff.

Auf die passenden und weiterführenden Programmfunktionen der anderen Kapitel wird intern hingewiesen. So können Sie die vielen Funktionen, die Lexware buchhaltung zusätzlich bietet, nach Bedarf kennen lernen.

1.1.3 Mit der Software noch effektiver arbeiten

Sie arbeiten bereits mit der Software und möchten wissen, ob Ihr Programm richtig eingestellt ist? Interessiert Sie, ob Sie bereits alle angebotenen Buchungshilfen nutzen? Oder möchten Sie weitere Programmfunktionen kennenlernen? Dann würde es genügen, nur die für Sie interessanten Kapitel durchzuarbeiten.

- Datensicherung - Kapitel 1
- Eingabemöglichkeiten - Kapitel 4
- Buchungshilfen - Kapitel 5
- Programmeinstellungen - Kapitel 6
- Kontenplan - Kapitel 9
- Splittbuchungen - Kapitel 14
- DATEV Export - Kapitel 18
- Mahnwesen - Kapitel 19
- Zahlungsverkehr - Kapitel 20
- Kostenstellen, Budget - Kapitel 21

Je mehr Funktionen des Programms Sie kennen, desto effektiver wird die Arbeit damit.

1.2 Hinweise zu den Übungen

1.2.1 Auswahl der Übungsfirma

Jeweils am Ende eines jeden Kapitels finden Sie Übungen für die Eingabe in die Software in einer eigens dafür angelegten Übungsfirma. Um im Programm eine neue Firma anzulegen, brauchen Sie eine Berechtigung. Sollten Sie keine solche Berechtigung haben, können Sie die Software auf einem anderen Computer installieren, ohne sie zu aktivieren. So können Sie auf diesem Rechner 30 Tage in einer Demoversion arbeiten. Sind die Eingaben erledigt, finden Sie unter »Lösungen« Hinweise, wo Sie Ihre Eingaben überprüfen können.

1.2.2 Übungen zur Eingabe ins Programm

Grundsätzlich können Sie die Übungen in allen Programmversionen durchführen. Lediglich bei folgenden Kapiteln müssen Sie sich das jeweils Passende heraussuchen:

- Firma anlegen - Kapitel 2 »basis und plus« oder Kapitel 3 »pro und premium«,
- Jahreswechsel - Kapitel 16 »basis und plus« oder Kapitel 17 »pro und premium«.

Wählen Sie beim Anlegen der Firma den Kontenplan SKR 03 oder 04, da in den Bildern und Beispielen diese Kontonummern gezeigt werden. Sie können die Gewinnermittlungsart – Einnahmen-Überschussrechnung oder Bilanzierung – frei wählen. In den Übungen bekommen Sie einen Hinweis, wenn es Unterschiede gibt.

1.2.3 Die Reihenfolge der Übungen

Die Übungen bauen aufeinander auf, wenn Sie das Buch in der vorgegebenen Reihenfolge durcharbeiten. Sie können aber auch einzelne Kapitel überspringen oder eine andere Reihenfolge bei Ihrem Training wählen. Dafür wird zu Beginn gezeigt, ob bestimmte Einstellungen und Eingaben für die jeweiligen Übungen erforderlich sind.

Achtung

Nur bei einigen wenigen Kapiteln gehört es zu den Voraussetzungen für die Übungen, vorab ein paar Buchungen zu erfassen. Hier handelt es sich um Buchungen aus vorherigen Kapiteln, die unbedingt erforderlich sind, um einen komplexen Sachverhalt nachvollziehen zu können. Sollten Sie diese bereits gebucht haben, entfällt dieser Hinweis natürlich.

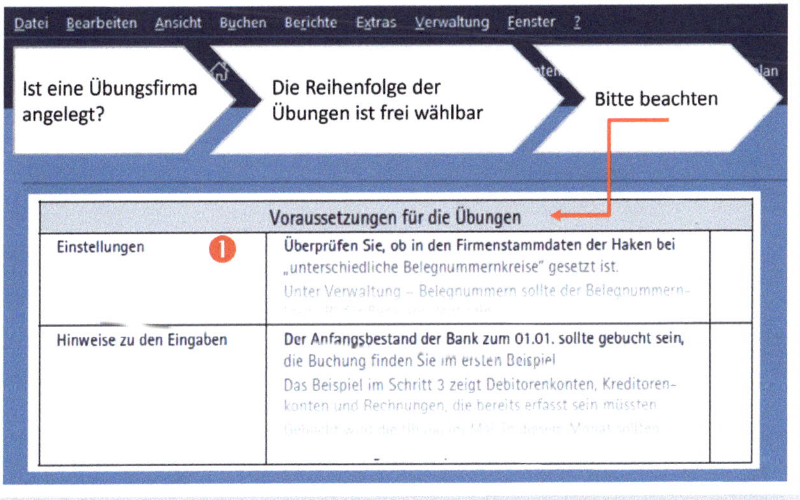

Abb. 1: Training in eigener Reihenfolge: Die Hinweise zu Beginn eines jeden Kapitels Voraussetzungen für die Übungen ❶ sind nur zu beachten, wenn Sie vorherige Übungen übersprungen haben.

1.2.4 Bei den Eingaben auf das Datum achten

Jedes Kapitel bietet Übungen. Um die einzelnen Ergebnisse getrennt von den anderen Übungen sichtbar zu machen, erfolgen die Eingaben eines Kapitels jeweils in einem bestimmten Monat. Achten Sie also beim Buchen und der Berichtsauswahl auf den richtigen Monat.

1.3 Belegerfassung je nach Gewinnermittlungsart

Vorgehensweise bei Einnahmen-Überschussrechnung

Grundsätzlich ist der Aufwand für Einnahmen-Überschussrechner geringer als für Bilanzierende. Es genügt, das Kassenbuch bzw. die Barbelege zu erfassen sowie alle Betriebseinnahmen und -ausgaben, die über das Bankkonto geflossen sind.

- Kassenbelege, Barbelege erfassen – Kapitel 8
- Kontoauszüge erfassen – Kapitel 13

Wenn allerdings Einnahmen-Überschussrechner freiwillig die Offene Posten-Verwaltung (OP-Verwaltung) nutzen möchten, sind weitere Arbeiten erforderlich. Dann müssen Sie zusätzlich die Kundenrechnungen und die Eingangsrechnungen erfassen und deren Geldeingänge und Zahlungen laut Kontoauszug. In diesem Fall gehen Sie ähnlich wie Bilanzierende vor, erhalten aber an den entsprechenden Stellen Hinweise für Einnahmen-Überschussrechner.

- Kundenrechnungen – Kapitel 10
- Eingangsrechnungen – Kapitel 11
- Kontoauszüge mit OP-Ausgleich – Kapitel 12

Im Kapitel 15 erfahren Sie, wie eine Umsatzsteuer-Voranmeldung angezeigt und elektronisch an das Finanzamt übermittelt wird. Das gilt auch für die Einnahmen-Überschussrechnung bzw. der Anlage EÜR.

Belegerfassung bei Bilanzierung

Bilanzierende müssen jede Veränderung in den Werten des Unternehmens erfassen. Im Rahmen der laufenden Buchführung gehören dazu die Eröffnungswerte, das Kassenbuch, die Kundenrechnungen, die Eingangsrechnungen und die Kontoauszüge.

- Anfangsbestände, Eröffnungswerte – Kapitel 7
- Kassenbelege – Kapitel 8
- Kundenrechnungen – Kapitel 10
- Eingangsrechnungen – Kapitel 11
- Kontoauszüge – Kapitel 12 und 13
- Berichte erstellen – Kapitel 15
- Bilanz übermitteln – Kapitel 22

Im Kapitel 15 wird die Übermittlung der Umsatzsteuer-Voranmeldung beschrieben sowie der Blick auf Ihre vorläufige Gewinnermittlung, und im Kapitel 22 wird gezeigt, wie Bilanzen mit einer Software elektronisch an Finanzamt und Bundesanzeiger übermittelt werden.

1.4 Datensicherung – Welche Daten werden gesichert?

Sowie Sie nach der Erfassung von Stammdaten auf **Speichern** oder bei der Belegerfassung auf **Buchen** klicken, sind die Daten auf Ihrem Computer gespeichert. Aber wie sicher ist Ihr Computer? Eine Datensicherung ist eigentlich nur erforderlich für den Notfall, wie z. B. Festplattendefekt oder Diebstahl. Zu Ihrer eigenen Sicherheit empfehlen wir Ihnen, die Datensicherung täglich bzw. nach jedem Arbeitstag im Programm durchzuführen und auf einem externen Datenträger oder in einer Cloud-Lösung zu speichern.

Tipp !

Lassen Sie sich vom Programm an die Datensicherung erinnern. Unter **Extras → Optionen → Allgemein** können Sie das entsprechend einstellen.

Mit Lexware buchhaltung können Sie die Buchführung für mehrere Firmen erledigen. Außerdem verwalten Sie im Laufe der Jahre in jeder Firma mehrere Buchungsjahre. Hier stellt sich die Frage, wie oft die Datensicherung durchzuführen ist, bis alle Daten gesichert sind. Nur einmal, lautet die Antwort. Eine Datensicherung sichert die Daten und Buchungen aller Firmen und aller Jahre in einem Schritt. Ganz gleich, von welcher Firma und welchem Buchungsjahr Sie diese Funktion starten.

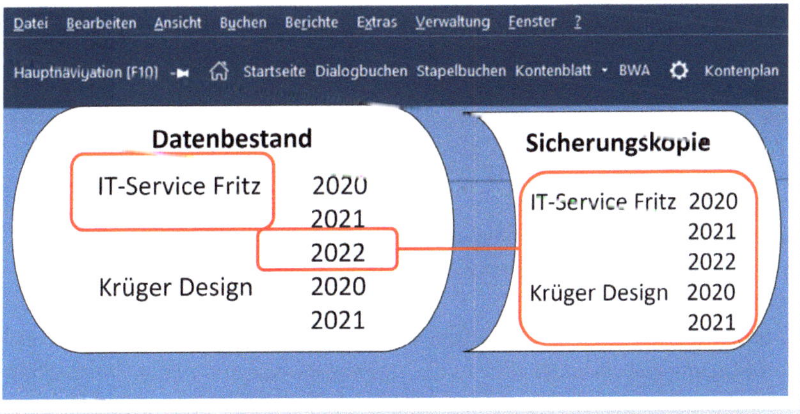

Abb. 2: Welche Daten sichert eine Datensicherung? Wenn Sie sich in der Firma IT-Service Fritz im Jahr 2022 befinden und die Datensicherung starten, werden in einem Schritt die Daten aller Firmen mit allen Buchungsjahren gesichert.

Im Programm unter **Datei → Datensicherung** starten Sie die Sicherung. Ein Assistent führt Sie. In den Versionen basis und plus ist die zweite Seite die wichtigste. Hier legen Sie den Ort fest, an dem die Daten gesichert werden sollen.

Mit einem Klick auf **Durchsuchen** können Sie den gewünschten Speicherort auswählen. Lexware vergibt den Dateinamen selbst, und zwar für jede Datensicherung einen unverwechselbaren Namen. Der Dateiname enthält neben dem Programmkürzel das Datum und die Uhrzeit mit Sekundenangabe.

! **Tipp**

Da Sie keinen Einfluss auf den Dateinamen haben, bietet sich das Feld **Bemerkungen** an. Hier können Sie persönliche Notizen eintragen, um bei einer späteren Rücksicherung die Datei besser wiederzuerkennen.

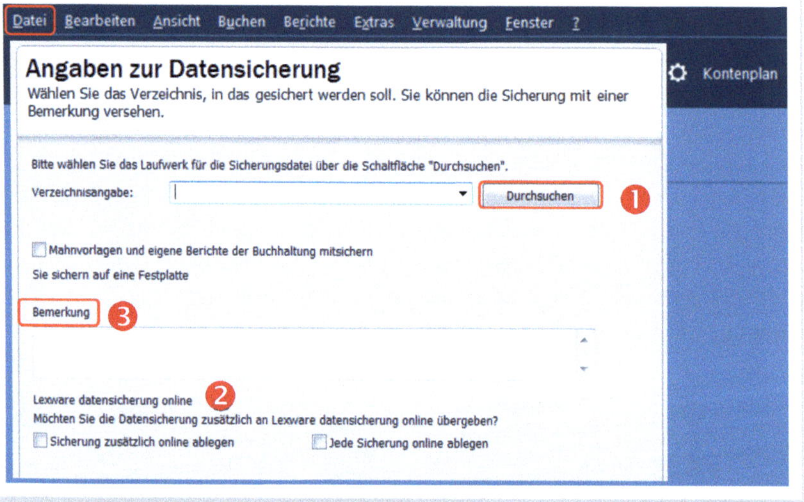

Abb. 3: Datensicherung durchführen: In diesem Fenster wählen Sie unter **Durch-suchen** ❶ den Speicherort aus. Nutzen Sie die Online-Datensicherung von Lexware, gibt es unten zwei Auswahlpunkte ❷ . Im Feld **Bemerkung** ❸ können Sie Notizen zur Datensicherung hinterlegen.

Aktivieren Sie zusätzlich die Funktion »Mahnvorlagen und eigene Berichte der Buchhaltung mitsichern«, geht wirklich nichts verloren.

Es besteht auch die Möglichkeit, die Datensicherung online abzulegen, in einer Cloud-Lösung von Lexware. Mehr zu der Vorgehensweise und zu den Preisen finden Sie direkt im Assistenten für die Datensicherung, über den Klick auf »Jetzt Aktivieren«. Ist der Speicherort gewählt, können Sie nach dem Klick auf **Weiter** die Sicherung starten.

1.5 Firmensicherung in den Versionen pro und premium

In den Programmversionen pro und premium gibt es neben einer normalen Datensicherung die Möglichkeit der Firmensicherung. Hier können Sie tatsächlich nur die Daten einer Firma sichern, und bei einer Firmenrücksicherung im gleichen Lexware-Programm bringen Sie nur die Daten dieser einen Firma wieder auf den alten Stand.

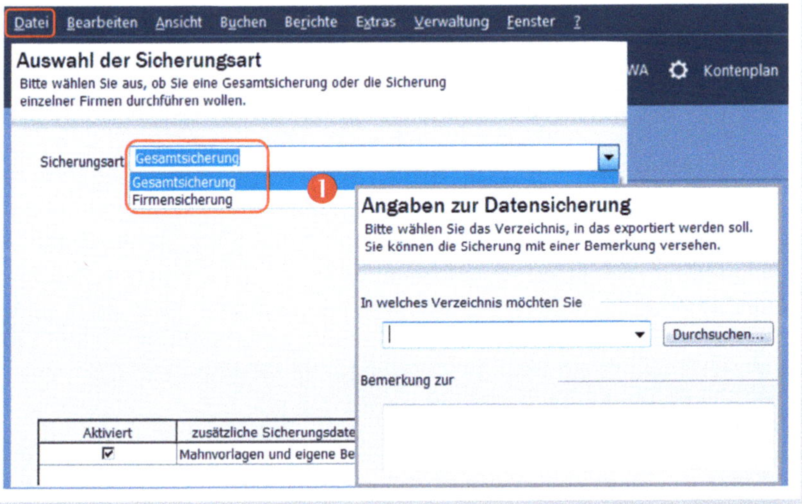

Abb. 4: Firmensicherung: Anstelle der Gesamtsicherung wählen Sie unter Sicherungsart ❶ die Firmensicherung und wählen den gewünschten Speicherort aus.

1.6 Datenrücksicherung – Wann ist das notwendig?

Die Datenrücksicherung soll Ihren alten Datenbestand wieder herstellen, falls Ihrem neuen etwas passiert ist. In diesem Fall werden alle Daten Ihres Programms mit den Daten der Sicherung überschrieben.

Die Datenrücksicherung starten Sie über das Menü **Datei → Datensicherung → Rücksicherung**. Auch hier leitet Sie die Software, Sie müssen nur noch die richtige Datei auswählen und schon wird die entsprechende Datensicherung eingespielt.

Wird ein neuer Computer angeschafft, muss die Software neu installiert werden und Ihre Daten müssen eingespielt werden. Dafür bietet Lexware die Funktion **Rechnerwechsel** im Menü **Datei**. Sie erhalten eine Anleitung für die Vorgehensweise, sehen Ihre Zugangsdaten und sichern sogar noch etwas mehr Daten als mit der normalen Datensicherung. In diesem Fall werden auch Ihre hinterlegten Zertifikate für die Onlineübermittlung mitgesichert. Probieren Sie die Funktion aus, vielleicht löst diese Form der Sicherung bald die normale Datensicherung für den Notfall ab.

Achtung

Jede Datenrücksicherung setzt das Programm auf den Stand vor der letzten Sicherung zurück. Grundsätzlich sollten Sie nach jedem Arbeitstag sichern. Haben Sie am Dienstag gearbeitet und die Sicherung vergessen, könnten Sie im Notfall nur die Sicherung von Montag einspielen. Damit wären alle Buchungen von Dienstag verloren. Denken Sie daran.

1.7 Datenexport – Welche Daten werden gesichert?

Möchten Sie Ihre Buchführung vom Steuerberater kontrollieren lassen oder ist es schon so weit, dass er den Jahresabschluss machen soll? Dann braucht er Ihre Buchführungsdaten. Für diesen Fall bietet sich der Datenexport an.

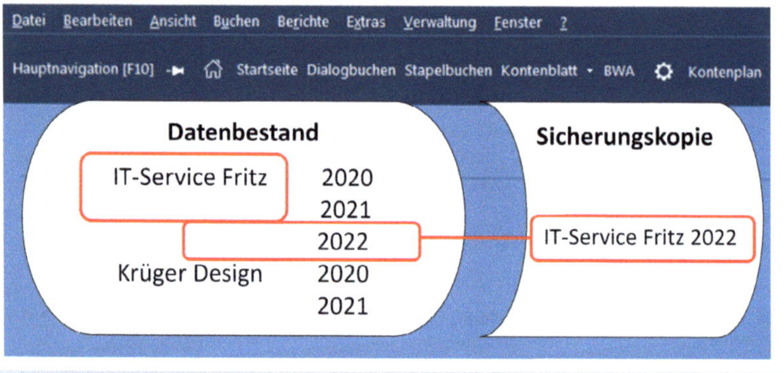

Abb. 5: Welche Daten sichert ein Datenexport? Wenn Sie sich in der Firma IT-Service Fritz im Jahr 2022 befinden und den Datenexport starten, werden nur die Buchungen aus dem Jahr 2022 kopiert bzw. exportiert.

Im Gegensatz zur Datensicherung sichern Sie beim Datenexport lediglich Ihre Buchungen, und zwar von jeweils einer Firma nur einen bestimmten Zeitraum. Sie öffnen das gewünschte Buchungsjahr der Firma und starten den Export. Möchten Sie mehrere Jahre exportieren, müssen Sie den Export wiederholen. Das Programm bietet mehrere Exportmöglichkeiten an. Beim klassischen Datenexport werden alle Buchungssätze in einer bestimmten Reihenfolge in eine Tabelle geschrieben. Und beim Datenimport ist dann Schritt für Schritt zu bestimmen, in welcher Spalte was steht.

Beim »DATEV-Export« ist die Reihenfolge eindeutig festgelegt. So können die Daten von allen Programmen mit einer DATEV-Schnittstelle ganz einfach gelesen werden.

Mehr dazu erfahren Sie im Kapitel 18 »Datenexport mit der DATEV-Schnittstelle«. An dieser Stelle wird am Beispiel der DATEV-Schnittstelle gezeigt, was beim Datenexport und -import grundsätzlich zu beachten ist. Im Menü **Datei** unter **Export → DATEV** oder **DATEV-Schnittstelle → Export** exportieren Sie die Buchungsdaten der geöffneten Firma. Sie wählen den Zeitraum aus, einen Monat, ein Quartal oder das ganze Wirtschaftsjahr.

Tipp !

Fehlt der Menüpunkt, müssen Sie die DATEV-Unterstützung unter **Bearbeiten → Firmenangaben** aktivieren. Führt auch das nicht zum Erfolg, müssen Sie den Menüpunkt unter **Verwaltung → Konfigurationsassistent → Einstellungen → Datei** einschalten.

Ein Assistent führt Sie durch verschiedene Eingabefenster. Im Fenster **Auswahl** markieren Sie **Buchungsdaten** und wählen über den Klick auf **Durchsuchen** den gewünschten Speicherort aus.

Tipp !

Beachten Sie bitte auch die **Hilfe**, die Ihnen hier zur Verfügung steht. Die Hilfe des Programms bietet Ihnen zunächst nur die Informationen, die Sie für die aufgerufene Funktion benötigen.

Durch den »DATEV-Export« werden, je nach Exportmethode, eine oder zwei Dateien erstellt, und diese benötigt Ihr Steuerberater zum Einlesen der Daten. Geben Sie Ihrem Steuerberater zusätzlich zu den Exportdateien auch den Bericht Summen- und Saldenliste, kann er den Export überprüfen. Diese Liste können Sie unter **Berichte** drucken oder als pdf speichern. Hier handelt es sich um eine Übersicht über alle bebuchten Konten. Nachdem er Ihre Buchführungsdaten in seine Software eingespielt hat, kann er sich ebenfalls eine Summen- und Saldenliste drucken und die beiden Listen miteinander vergleichen. Erst dann kann er sicher sein, dass er alle Daten erhalten hat.

Das Gleiche gilt für den Datenimport. In diesem Fall sollten Sie die letzte Summen- und Saldenliste Ihres Steuerberaters anfordern und mit der Liste von Lexware buchhaltung vergleichen.

1.8 Was ist beim Datenimport zu beachten?

Hat der Steuerberater Ihre Buchführungsdaten kontrolliert und Umbuchungen vorgenommen oder hat er sogar die Abschlussbuchungen erledigt, fehlen diese Buchungen in Ihrem Programm. Er kann Ihnen nun eine Umbuchungsliste schicken, die Sie manuell erfassen, oder er kann Ihnen die Daten elektronisch zum Beispiel über die »DATEV-Schnittstelle« übermitteln. Im Menü **Datei** unter **Import → DATEV** oder **DATEV-Schnittstelle → Import** importieren Sie die Daten in das entsprechende Buchungsjahr der geöffneten Firma.

Achtung

Achten Sie darauf, dass Ihr Steuerberater Ihnen tatsächlich nur seine Umbuchungen übermittelt, denn Ihre Buchführungsdaten sind in der Software ja schon vorhanden.

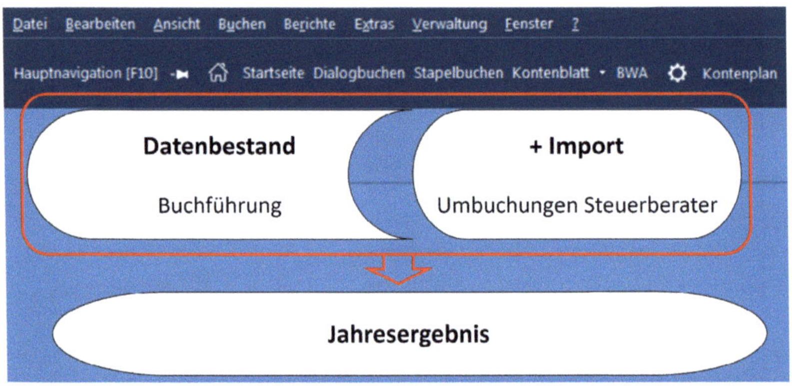

Abb. 6: Welche Daten sollten Sie importieren? Haben Sie Ihre Buchführungsdaten zuvor an Ihren Steuerberater exportiert und hat er den Jahresabschluss in seinem Programm fertiggestellt, dürfen Sie nur die Umbuchungen des Steuerberaters importieren.

Sowie der Import abgeschlossen ist, finden Sie die Umbuchungen Ihres Steuerberaters unter **Ansicht →Buchungsstapel**.

2 Die Firma anlegen (buchhaltung basis und plus)

Sie können im Programm mehrere Firmen anlegen und auch ganz leicht wieder löschen. Doch bevor Sie mit der eigentlichen Buchführung beginnen, müssen die Firmenstammdaten stimmen. Einige Daten, wenn auch nur wenige, lassen sich tatsächlich später nicht mehr ändern. Gleichzeitig genügen nur wenige Angaben, um mit der Buchführung starten zu können.

2.1 Firmendaten anlegen

Bestimmte Daten lassen sich nach der Firmenanlage nicht mehr ändern. Möchten Sie Ihre Firma reibungslos anlegen, sollten Sie sich vorher folgende Informationen beschaffen:

- Die Gewinnermittlungsart Ihres Unternehmens – Einnahmen-Überschussrechnung oder Bilanzierung?
- Abrechnung der Umsatzsteuer – nach Soll- oder Ist-Versteuerung?
- Mit welchem Jahr möchten Sie starten?
- Welchen Kontenplan möchten Sie nutzen – SKR 03, SKR 04 oder andere?

In den folgenden Abschnitten wird mehr zu diesen Themen an den entsprechenden Stellen gezeigt.

Im Menü **Datei → Firma neu** legen Sie Ihr Unternehmen im Programm an. Hier werden Angaben wie Name und Adresse eingetragen. Es genügt, zunächst den Namen zu erfassen. Alle anderen Felder dieser Seite können Sie nachträglich ergänzen oder ändern.

Eine Steuer-ID gibt es bis jetzt nur für natürliche Personen. Einzelfirmen können die Steuer-ID des Inhabers hier hinterlegen, Personengesellschaften und Kapitalgesellschaften nicht. Solange es noch keine Steuer-ID für Unternehmen gibt, bleibt dieses Feld leer. Eine Gläubiger-ID des Unternehmens brauchen Sie für SEPA-Lastschriften. Wenn Sie diese noch nicht beantragt haben, können Sie das hier erledigen mit einem Klick auf »ID beantragen«. Mehr dazu im Kapitel 20 »Den Zahlungsverkehr erledigen«.

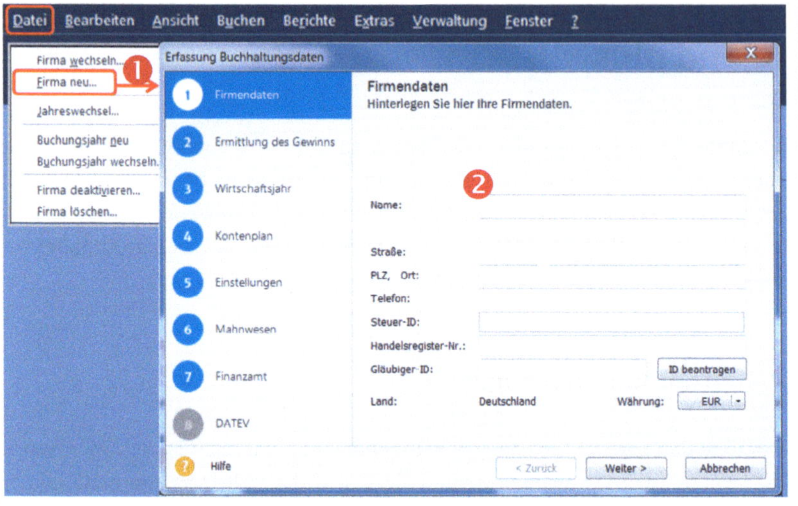

Abb. 1: Ihr Unternehmen anlegen: Wählen Sie im Menü **Datei → Firma neu** ❶ öffnet sich dieses Fenster. Hier geben Sie unter anderem den Namen und die Adresse ❷ des Unternehmens ein.

2.2 Wahl der Gewinnermittlungsart

Es gibt zwei verschiedene Gewinnermittlungsarten, die Bilanz mit Gewinn- und Verlustrechnung, auch genannt Betriebsvermögensvergleich, sowie die Einnahmen-Überschussrechnung. Nur eine kann auf Ihr Unternehmen zutreffen und nur eine können Sie im Programm auswählen. Wer macht was?

Bilanz mit Gewinn- und Verlustrechnung	Einnahmen-Überschussrechnung
Alle Kapitalgesellschaften (GmbH, AG, Ltd.)	Alle Freiberufler
Alle Unternehmen, die im Handelsregister eingetragen sind (außer ggf. Einzelfirmen)	Im Handelsregister eingetragene Einzelfirmen, die in zwei aufeinander folgenden Geschäftsjahren diese Grenzen nicht übersteigen: Umsatz 600.000 Euro oder Gewinn 60.000 Euro
Unternehmen, die nicht im Handelsregister eingetragen sind sowie Vereine, die eine dieser Grenzen übersteigen: Umsatz 600.000 Euro oder Gewinn 60.000 Euro	Unternehmen, die nicht im Handelsregister eingetragen sind und keine dieser Grenzen übersteigen: Umsatz 600.000 Euro oder Gewinn 60.000 Euro

Sind Sie sich nicht sicher, welche Gewinnermittlungsart auf Ihr Unternehmen zutrifft, finden Sie an dieser Stelle in der Programmhilfe weitere Hinweise.

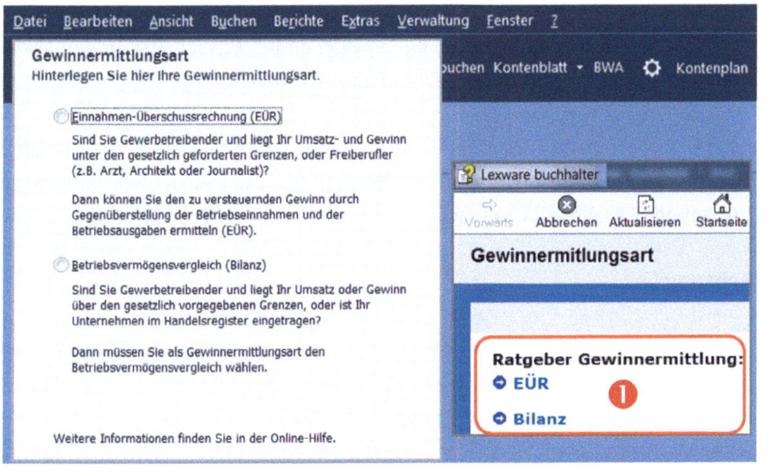

Abb. 2: Wahl der Gewinnermittlungsart: Hier müssen Sie sich entscheiden. Muss Ihr Unternehmen eine Einnahmen-Überschussrechnung oder eine Bilanz erstellen? In der Programmhilfe ❶ erhalten Sie dazu Informationen

Achtung

Die Gewinnermittlungsart kann später nicht mehr geändert werden. Im Zweifelsfalle sollten Sie unbedingt Ihren Steuerberater fragen. Sollte sich Ihre Gewinnermittlungsart im Laufe der Jahre ändern, müssen Sie dafür eine neue Firma im Programm anlegen.

2.3 Das erste Buchungsjahr festlegen

Bei der Firmenanlage müssen Sie sich entscheiden, welches Jahr Ihr **erstes Buchungsjahr** sein wird. Von da an können Sie nur noch Folgejahre anlegen.

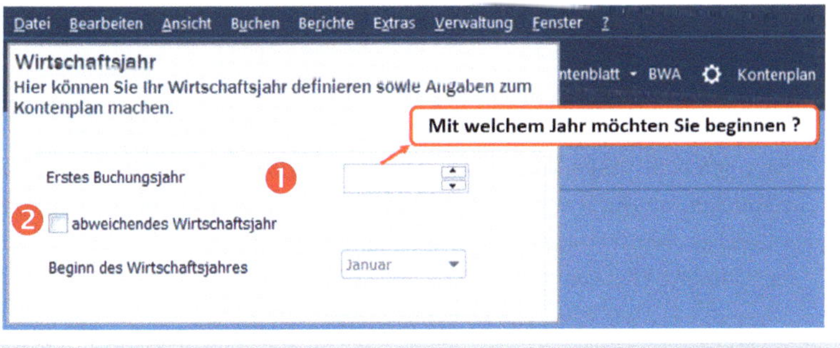

Abb. 3: Angaben zum Wirtschaftsjahr: Tragen Sie hier Ihr erstes Buchungsjahr ein ❶. Nur wenn Sie ein »abweichendes Wirtschaftsjahr« ❷ beim Finanzamt beantragt haben, müssen Sie hier unter Beginn des Wirtschaftsjahres einen anderen Monat als Januar hinterlegen.

Haben Sie Ihr Unternehmen gerade erst gegründet, zum Beispiel im März des laufenden Jahres, handelt es sich nicht um ein abweichendes Wirtschaftsjahr. Für Lexware buchhaltung startet Ihr Wirtschaftsjahr trotzdem im Januar.

Bilanzieren Sie und haben Sie beim Finanzamt ein abweichendes Wirtschaftsjahr beantragt, müssen Sie hier **abweichendes Wirtschaftsjahr** wählen. Nur dann beginnt das Wirtschaftsjahr nicht im Januar.

Achtung

Das erste Buchungsjahr kann später nicht mehr geändert werden. Sind Sie sich nicht sicher, ob Sie vielleicht die Buchführung für das Vorjahr doch noch nachholen möchten, sollten Sie zur Sicherheit das Vorjahr als erstes Buchungsjahr anlegen. Nur so haben Sie später die Wahl, entweder mit dem aktuellen Jahr oder dem Vorjahr zu beginnen.

Ein Buchungsjahr kann nur gelöscht werden, wenn die Archivierungspflicht tatsächlich abgelaufen, d. h. frühestens nach 12 Jahren. Fragen Sie dazu Ihren Steuerberater. Sind alle Voraussetzungen erfüllt bzw. von Ihnen bestätigt, lässt die Software das Löschen des jeweils ersten Buchungsjahres zu.

2.4 Wahl des Kontenrahmens

Das Programm bietet Ihnen mehrere Standardkontenrahmen zur Auswahl. Erledigen Sie die Buchführung sowie den Jahresabschluss selbst, können Sie sich frei für einen Kontenrahmen entscheiden. Arbeiten Sie allerdings mit einem Steuerberater zusammen, sollten Sie den gleichen Kontenrahmen verwenden wie er. Nur dann sprechen Sie über die gleichen Kontonummern, was Ihnen das folgende Beispiel zeigt. Die gängigsten Kontenrahmen heißen zum Beispiel SKR 03 und SKR 04. Sie verwenden für die gleichen Konten unterschiedliche Nummern.

BEISPIEL

Sie rufen beim Steuerberater an und fragen, auf welches Konto Kopierpapier zu buchen ist. Nutzt er den Kontenrahmen SKR 03 wird er Ihnen das Konto »4930 Bürobedarf« empfehlen. Hilft Ihnen diese Antwort, wenn Sie den Kontenrahmen SKR 04 verwenden?

Sprechen Sie sich unbedingt mit Ihrem Steuerberater ab, das spart viel Zeit. Vor allem dann, wenn Sie ihm am Jahresende die Buchführungsdaten übermitteln möchten. Weder das erste Buchungsjahr noch den Kontenrahmen können Sie später ändern.

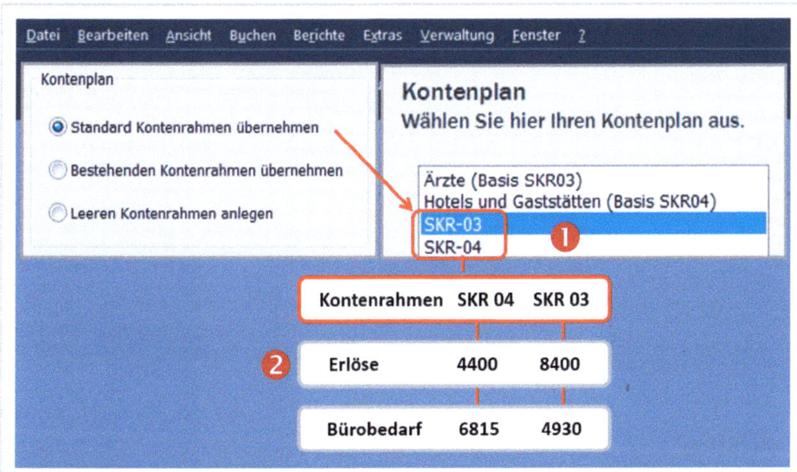

Abb. 4: Auswahl des Kontenrahmens: Die Standardkontenrahmen SKR 03 und SKR 04 ❶ beinhalten beide die gleichen Konten, sie verwenden nur andere Nummern. So ist die Nummer des Kontos »Erlöse« ❷ im SKR 04 die »4400« und im SKR 03 die »8400«.

2.5 Die Soll- oder Ist-Versteuerung einstellen

Stellen Sie Ihren Kunden Umsatzsteuer in Rechnung? Sind Sie zum Vorsteuerabzug berechtigt? Wenn ja, wählen Sie hier die **Umsatzsteuerpflicht** aus. So wird die Software beim Buchen die Umsatzsteuer aus den Bruttobeträgen herausrechnen und auf gesonderten Konten sammeln. Auf Knopfdruck erhalten Sie dann Ihre Umsatzsteuer-Voranmeldung.

Hier geht es darum, zu welchem Zeitpunkt Sie die Umsatzsteuer, die Sie Ihrem Kunden in Rechnung gestellt haben, an das Finanzamt abführen müssen.

- Bei Abschluss des Auftrags = Soll-Versteuerung
- Bei Geldeingang = Ist-Versteuerung

Die Ist-Versteuerung können Freiberufler, die die Einnahmen-Überschussrechnung anwenden, beantragen. Alle anderen Unternehmen können sie nur beantragen, wenn der Vorjahresumsatz 600.000 Euro nicht übersteigt. Besteht also **Umsatzsteuerpflicht**, müssen Sie hier die **Soll- oder die Ist-Versteuerung** auswählen.

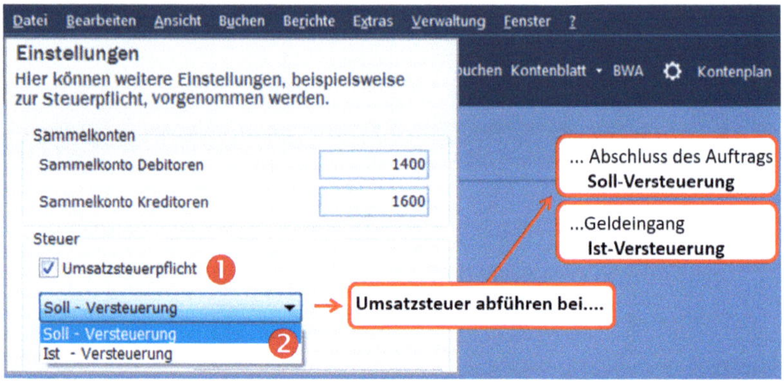

Abb. 5: Angaben zur Umsatzsteuer: Hat Ihr Unternehmen umsatzsteuerpflichtige Umsätze bzw. ist es zum Vorsteuerabzug berechtigt, müssen Sie hier »Umsatzsteuerpflicht« ❶ auswählen. In diesem Fall müssen Sie auch hinterlegen, ob Ihr Unternehmen der Soll- oder der Ist-Versteuerung ❷ unterliegt.

Achtung

Fragen Sie ggf. Ihren Steuerberater oder das Finanzamt, denn das Gewählte können Sie nur in den Monaten ändern, in denen Sie noch nicht gebucht haben. In der Regel findet der Wechsel der Besteuerungsarten zu Beginn des Jahres statt. In diesem Fall sollten Sie direkt nach der Anlage des neuen Buchungsjahres die Umstellung vornehmen.

Wechselt Ihr Unternehmen im laufenden Jahr von der Soll- zur Ist-Versteuerung oder umgekehrt, müssen Sie im Menü **Bearbeiten** die Firmeneinstellungen zur Soll- und Ist-Versteuerung ändern. Sowie Sie die andere Besteuerungsart gewählt haben, müssen Sie das Datum des Wechsels angeben. Dazu teilt Ihnen das Programm mit, ab welchem Monat das frühestens möglich ist, bzw. bis zu welchem Datum bisher gebucht wurde.

D. h., ein Wechsel von Soll-Versteuerung zu Ist-Versteuerung und umgekehrt ist möglich, allerdings nur in Monaten, in denen Sie noch nicht gebucht haben. Sie können also auch unterjährig wechseln, aber nicht rückwirkend.

2.6 Belegnummernkreise und DATEV-Unterstützung

Hier ist es empfehlenswert, die Funktion **unterschiedliche Belegnummernkreise** zu aktivieren. So haben Sie die Möglichkeit, zum Beispiel die Kassenbelege getrennt von den Kontoauszügen oder Rechnungen fortlaufend zu nummerieren. Mehr dazu im Kapitel 5.1 »Belegnummernkreise anlegen«.

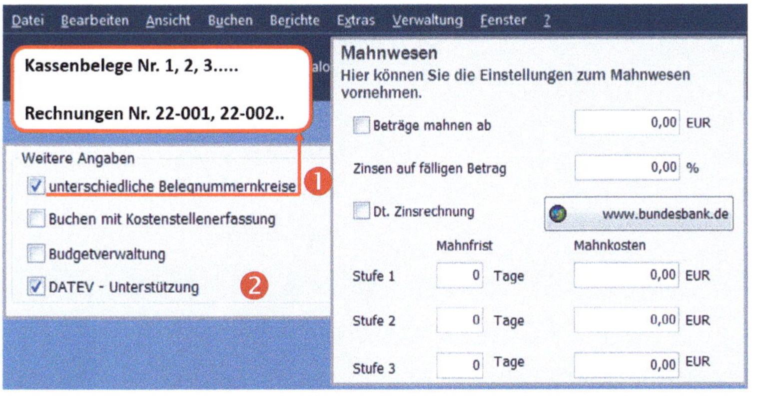

Abb. 6: Weitere Einstellungen: Nutzen Sie die Funktion »unterschiedliche Belegnummernkreise« ❶, finden Sie später Ihre Belege zu den Buchungen schneller. Möchten Sie Ihre Daten an den Steuerberater übermitteln, müssen Sie die »DATEV-Unterstützung« ❷ aktivieren.

2.7 Angaben zu Mahnwesen, Kostenstellen, Budgetverwaltung

Das Register Mahnwesen können Sie später ausfüllen, wenn Sie es nutzen möchten. Mehr dazu im Kapitel 19 »Das Mahnwesen nutzen«.

Lexware buchhaltung bietet neben der Buchführung auch die Möglichkeit der Kostenstellenerfassung sowie der Budgetverwaltung. Beide Funktionen bieten Ihnen über die normalen Buchführungsauswertungen hinaus weitere interessante Berichte. Allerdings nur dann, wenn Sie gewisse Vorarbeiten leisten. Mehr dazu erfahren Sie im Kapitel 21 »Arbeiten mit Kostenstellen, Kostenträger und Budgetverwaltung«. Beide Funktionen können Sie gleich, aber auch später aktivieren.

2.8 Angaben des Finanzamts

Die Adresse des Finanzamtes sowie die Steuernummer müssen Sie eintragen, bevor Sie die erste Umsatzsteuer-Voranmeldung an das Finanzamt übermitteln. Die Umsatzsteuer-Identifikationsnummer können Sie freiwillig hinterlegen.

2.9 DATEV-Angaben

Möchten Sie später die Buchführungsdaten für Ihren Steuerberater exportieren, und zwar über die »DATEV-Schnittstelle«, müssen Sie die **DATEV-Unterstützung** aktivieren.

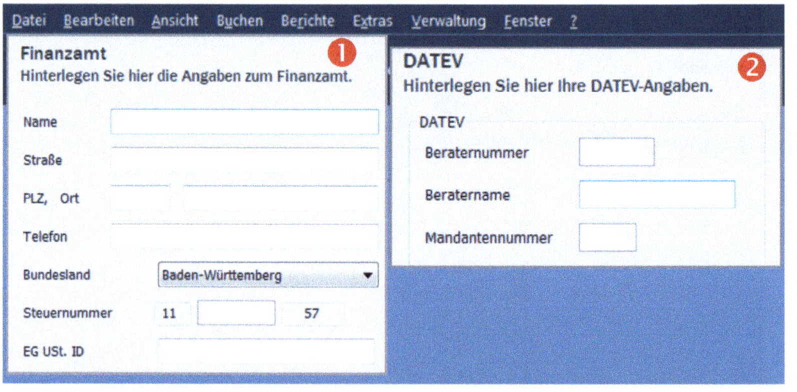

Abb. 7: Weitere Einstellungen: Im Register Finanzamt ❶ hinterlegen Sie die Adresse Ihres Finanzamts sowie Ihre Steuernummer. Ist die DATEV-Unterstützung aktiviert, wird das DATEV-Fenster ❷ freigeschaltet. Dieses müssen Sie spätestens vor dem ersten Export ausfüllen.

Die Angaben zum Finanzamt und zu DATEV können Sie jederzeit ändern.

!

Tipp

Die Angaben Ihres Steuerberaters müssen Sie erst vor dem ersten DATEV-Export eintragen. Mehr dazu im Kapitel 18 »Datenexport über die DATEV-Schnittstelle« .

Jetzt können Sie die Firmenanlage abschließen und Ihre Eingaben speichern. Alle weiteren Einstellungen können Sie jederzeit nachholen.

2.10 Die Firmendaten nachträglich ändern und ergänzen

Sind alle Daten erfasst, können Sie unter **Bearbeiten → Firma** die Adresse, die Steuernummer, die Einstellungen zur Umsatzsteuer, die Angaben des Steuerberaters und vieles mehr jederzeit ändern oder ergänzen. Noch einmal zur Erinnerung: Nicht ändern können Sie die Gewinnermittlungsart, das erste Buchungsjahr und den Kontenrahmen.

Die Firmenstammdaten können Sie ansehen oder ausdrucken im Menü **Datei → Drucken** oder im Menü **Berichte → Berichtszentrale**.

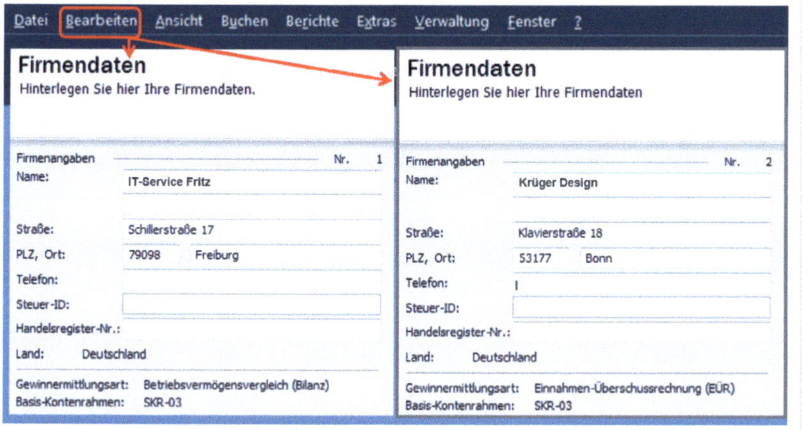

Abb. 8: Firmendaten bearbeiten: Im Menü **Bearbeiten** können Sie die Firmenstammdaten ansehen und ändern.

2.11 Übungen zur Eingabe ins Programm

Voraussetzungen für die Übungen		
Einstellungen	Um im Programm eine neue Firma anzulegen, brauchen Sie eine Berechtigung. Sollten Sie keine solche Berechtigung haben, können Sie die Software auf einem anderen Computer installieren, ohne sie zu aktivieren. So können Sie auf diesem Rechner 30 Tage in einer Demoversion arbeiten.	

ÜBUNG 2/1 ÜBUNGSFIRMA ANLEGEN ALTERNATIVE 1 FÜR BILANZIERENDE

Legen Sie bitte die Firma IT-Service Fritz im Programm an.	
Adresse	Schillerstraße 17, 79098 Freiburg Telefon 0761/123456
Gewinnermittlungsart	Betriebsvermögensvergleich
1. Buchungsjahr	aktuelles Jahr

Legen Sie bitte die Firma IT-Service Fritz im Programm an.	
Kontenrahmen	SKR 03 (empfehlenswert), alternativ SKR 04
Umsatzsteuerpflicht	ja – Soll-Versteuerung
unterschiedliche Belegnummern-kreise	ja
Buchen mit Kostenstellen	nein
Budgetverwaltung	nein
DATEV-Unterstützung	ja
Mahnwesen	Angaben bitte noch nicht eintragen
Finanzamt	Freiburg Stadt, Sautierstr. 24, 79104 Freiburg
DATEV	Angaben bitte noch nicht eintragen

ÜBUNG 2/2 ALTERNATIVE 2 FÜR EINNAHMEN-ÜBERSCHUSSRECHNER

Legen Sie bitte die Firma Krüger Design im Programm an.	
Adresse	Klavierstraße 18, 79098 Freiburg Telefon 0761/234567
Gewinnermittlungsart	Einnahmen-Überschussrechnung
1. Buchungsjahr	aktuelles Jahr
Kontenrahmen	SKR 03 (empfehlenswert), alternativ SKR 04
Umsatzsteuerpflicht	ja – Ist-Versteuerung
unterschiedliche Belegnummern-kreise	ja
Buchen mit Kostenstellen	nein
Budgetverwaltung	nein
DATEV-Unterstützung	ja
Mahnwesen	Angaben bitte noch nicht eintragen
Finanzamt	Freiburg Stadt, Sautierstr. 24, 79104 Freiburg
DATEV	Angaben bitte noch nicht eintragen

LÖSUNG 2/1

Im Menü **Bearbeiten → Firmenangaben** können Sie Ihre Eingaben überprüfen. Die Daten an Ihrem Bildschirm müssten mit denen der Abb. 8 linke Seite im Kapitel 2.10 übereinstimmen.

LÖSUNG 2/2

Im Menü **Bearbeiten → Firmenangaben** können Sie Ihre Eingaben überprüfen. Die Daten der Abb. 8, Kapitel 2.10 rechte Seite, müssten nun auf Ihrem Bildschirm stehen.

3 Die Firma anlegen (buchhaltung pro und premium)

Ihre Firmenstammdaten müssen stimmen, bevor Sie mit der eigentlichen Buchführung beginnen. Denn ist die Firma einmal angelegt, lassen sich einige Daten, wenn auch nur wenige, tatsächlich später nicht mehr ändern. Dennoch genügen nur wenige Angaben, um mit der Buchführung starten zu können.

3.1 Firmendaten anlegen

Bestimmte Daten lassen sich nach der Firmenanlage nicht mehr ändern. Möchten Sie Ihre Firma reibungslos anlegen, sollten Sie sich vorher folgende Informationen beschaffen:

- Die Gewinnermittlungsart Ihres Unternehmens – Einnahmen-Überschussrechnung oder Bilanzierung?
- Abrechnung der Umsatzsteuer – nach Soll- oder Ist-Versteuerung?
- Welchen Kontenrahmen verwendet Ihr Steuerberater?
- Mit welchem Jahr möchten Sie starten?

Mehr zu den Themen wird in den folgenden Abschnitten gezeigt.

Im Menü **Datei → Neu → Firma** legen Sie Ihr Unternehmen im Programm an. Hier werden Angaben wie Name und Adresse eingetragen. Es genügt zunächst die Eingabe des Firmennamens. Alle weiteren Daten können Sie auch später noch ergänzen.

Eine Steuer-ID gibt es bis jetzt nur für natürliche Personen. Einzelfirmen können die Steuer-ID des Inhabers hier hinterlegen, Personengesellschaften und Kapitalgesellschaften nicht. Solange es noch keine Steuer-ID für Unternehmen gibt, bleibt dieses Feld leer. Eine Gläubiger-ID des Unternehmens brauchen Sie für SEPA Lastschriften. Wenn Sie diese noch nicht beantragt haben, können Sie das hier erledigen mit einem Klick auf »ID beantragen«. Mehr dazu im Kapitel 20 »Den Zahlungsverkehr erledigen«.

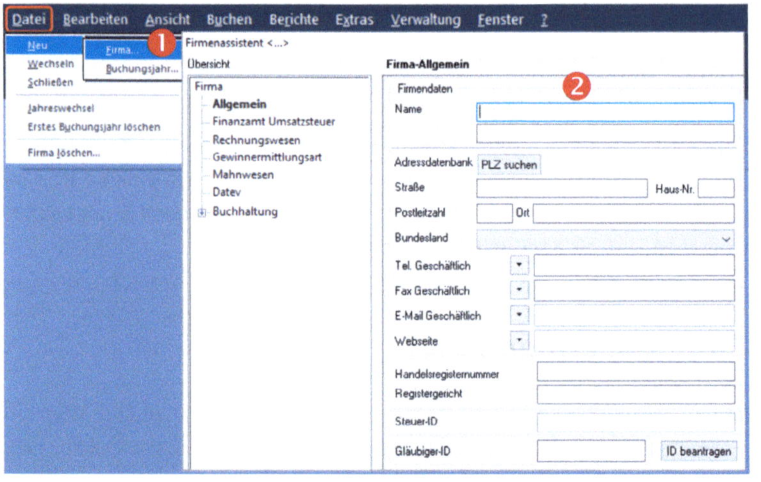

Abb. 1: Ihr Unternehmen anlegen: Wenn Sie im Menü Datei → **Neu** → **Firma** ❶ wählen, öffnet sich dieses Fenster. Hier geben Sie unter anderem den Namen und die Adresse ❷ des Unternehmens ein.

3.2 Angaben des Finanzamts

Wählen Sie hier die **Umsatzsteuerpflicht** aus, wird die Software beim Buchen die Umsatzsteuer aus den Bruttobeträgen herausrechnen und auf gesonderten Konten sammeln. Und schon steht Ihre Umsatzsteuer-Voranmeldung zur Verfügung. Hier müssen Sie Ihre Steuernummer eintragen sowie die Angaben des Finanzamts.

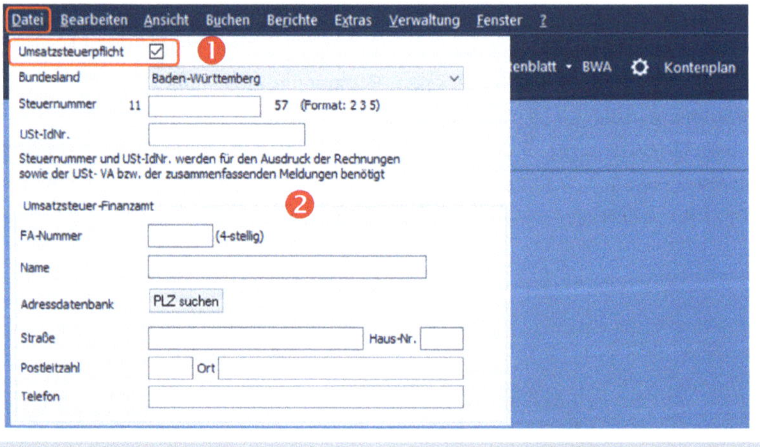

Abb. 2: Angaben zur Umsatzsteuer: Hat Ihr Unternehmen umsatzsteuerpflichtige Umsätze bzw. ist es zum Vorsteuerabzug berechtigt, wählen Sie die »Umsatzsteuerpflicht« ❶ aus und erfassen Ihre Steuernummer sowie die Angaben des Finanzamts ❷ .

Tipp

Die Adresse des Finanzamtes sowie die Steuernummer müssen Sie eintragen, bevor Sie die erste Umsatzsteuer-Voranmeldung an das Finanzamt übermitteln. Die Umsatzsteuer-Identifikationsnummer tragen Sie vor der ersten »Zusammenfassenden Meldung« ein.

3.3 Wahl des Kontenrahmens und Angaben zum Wirtschaftsjahr

Das Programm bietet Ihnen mehrere Standardkontenrahmen zur Auswahl. Erledigen Sie die Buchführung sowie den Jahresabschluss selbst, können Sie sich frei für einen Kontenrahmen entscheiden. Arbeiten Sie allerdings mit einem Steuerberater zusammen, sollten Sie den gleichen Kontenrahmen verwenden wie er. Nur dann sprechen Sie über die gleichen Kontonummern, was Ihnen die folgende Abbildung zeigt.

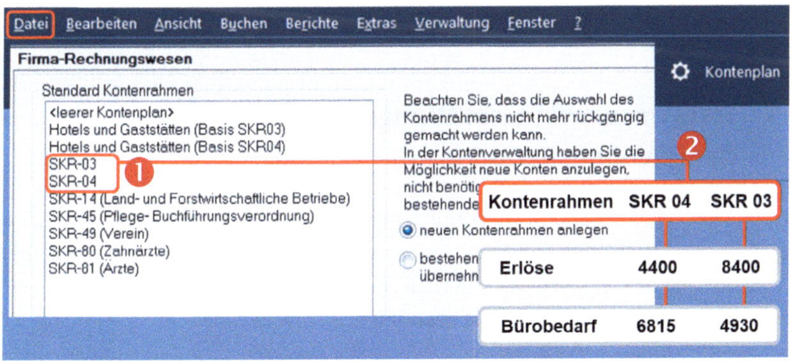

Abb. 3: Auswahl des Kontenrahmens: Die Standardkontenrahmen SKR 03 und SKR 04 ❶ beinhalten beide die gleichen Konten, sie verwenden nur andere Nummern. So ist die Nummer des Kontos »Erlöse« ❷ im SKR 04 die »4400« und im SKR 03 die »8400«.

BEISPIEL

Sie rufen beim Steuerberater an und fragen, auf welches Konto Kopierpapier zu buchen ist. Nutzt er den Kontenrahmen SKR 03 wird er Ihnen das Konto »4930 Bürobedarf« empfehlen. Hilft Ihnen diese Antwort, wenn Sie den Kontenrahmen SKR 04 verwenden?

Sprechen Sie sich unbedingt mit Ihrem Steuerberater ab, das spart viel Zeit. Vor allem dann, wenn Sie ihm am Jahresende die Buchführungsdaten übermitteln möchten. Anschließend erfassen Sie die Angaben zu Ihrem Wirtschaftsjahr.

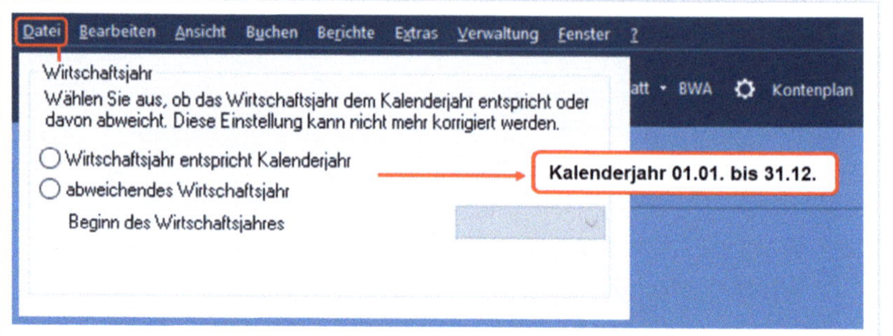

Abb. 4: Ihr Wirtschaftsjahr. Haben Sie Ihr Unternehmen gerade erst gegründet – zum Beispiel im März des laufenden Jahres – wählen Sie hier trotzdem »Wirtschaftsjahr entspricht dem Kalenderjahr«.

Bilanzieren Sie und haben Sie beim Finanzamt ein abweichendes Wirtschaftsjahr beantragt, müssen Sie hier **abweichendes Wirtschaftsjahr** wählen. Nur dann beginnt das Wirtschaftsjahr nicht im Januar.

3.4 Wahl der Gewinnermittlungsart und Anzahl der Buchungsperioden

Es gibt zwei verschiedene Gewinnermittlungsarten, die Bilanz mit Gewinn- und Verlustrechnung, auch genannt Betriebsvermögensvergleich, sowie die Einnahmen-Überschussrechnung. Nur eine kann auf Ihr Unternehmen zutreffen und nur eine können Sie in Lexware buchhaltung auswählen. Wer macht was?

Bilanz mit Gewinn- und Verlustrechnung	Einnahmen-Überschussrechnung
Alle Kapitalgesellschaften (GmbH, AG, Ltd.)	Alle Freiberufler
Alle Unternehmen, die im Handelsregister eingetragen sind (außer ggf. Einzelfirmen)	Im Handelsregister eingetragene Einzelfirmen, die in zwei aufeinander folgenden Geschäftsjahren diese Grenzen nicht übersteigen: Umsatz 600.000 Euro und Gewinn 60.000 Euro
Unternehmen, die nicht im Handelsregister eingetragen sind sowie Vereine, die eine dieser Grenzen übersteigen: Umsatz 600.000 Euro und Gewinn 60.000 Euro	Unternehmen, die nicht im Handelsregister eingetragen sind und keine dieser Grenzen übersteigen: Umsatz 600.000 Euro oder Gewinn 60.000 Euro

Sind Sie sich nicht sicher, welche Gewinnermittlungsart auf Ihr Unternehmen zutrifft, finden Sie an dieser Stelle in der Programmhilfe weitere Hinweise.

Achtung

Die Gewinnermittlungsart kann später nicht mehr geändert werden. Im Zweifelsfalle sollten Sie unbedingt Ihren Steuerberater fragen. Sollte sich Ihre Gewinnermittlungsart im Laufe der Jahre ändern oder möchten Sie den Kontenplan umstellen, müssen Sie dafür eine neue Firma anlegen.

Haben Sie die Gewinnermittlungsart »Betriebsvermögensvergleich (doppelte Buchführung)« aktiviert, müssen Sie zusätzlich die Art der Bilanz wählen. »Handelsbilanz oder Handels-/Steuerbilanz«. Wenn Sie sich nicht sicher sind, sollten Sie zunächst die Funktion »Handelsbilanz« wählen. Zur Funktion »Handels-/Steuerbilanz« können Sie auch später noch wechseln. Der umgekehrte Wechsel ist nicht möglich.

In der Regel genügt die Funktion »Handelsbilanz«, hier wird eine Bilanz erstellt und steuerliche Abweichungen werden außerhalb in einer Überleitungsrechnung oder in der Steuererklärung erfasst. Fragen Sie im Zweifel Ihren Steuerberater.

Die Funktion »Handels-/Steuerbilanz« ermöglicht Ihnen, zwei Bilanzen zu erstellen, eine Handels- und eine Steuerbilanz. Diese Funktion lohnt sich nur, wenn Sie zum einen zusätzlich zur laufenden Buchführung auch den Jahresabschluss selbst mit der Software erstellen und zum anderen, wenn das Unternehmen tatsächlich zwei Bilanzen braucht. Mehr dazu im Kapitel 15.9 »Hinweis zur Handels- und Steuerbilanz (pro und premium)«.

Achtung

Der Wechsel von »Handelsbilanz« zu »Handels-/Steuerbilanz« ist einmalig möglich. Ist dies umgestellt, muss es dabei bleiben.

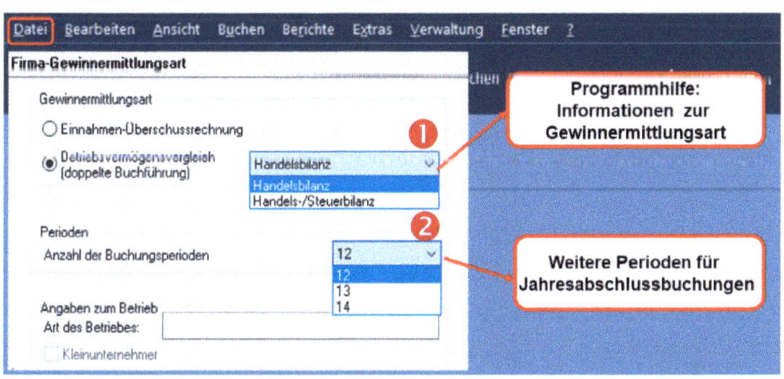

Abb. 5: Gewinnermittlungsart und Anzahl der Perioden: Wählen Sie die Gewinnermittlungsart Ihres Unternehmens aus. Ist »Betriebsvermögensvergleich« aktiviert, müssen Sie auch die Art der Bilanz ❶ wählen. Möchten Sie zusätzlich zum Belegdatum auch Buchungsperioden erfassen, legen Sie hier die Anzahl der Perioden ❷ fest.

Das Buchen mit Belegdatum und Perioden bietet Ihnen noch mehr Auswahlmöglichkeiten bei Ihren Berichten. Buchen Sie zum Beispiel die Jahresabschlussbuchungen am 31.12. in der Periode 13 oder 14, können Sie sich diese in einer eigenen Liste anzeigen lassen, getrennt von den normalen Dezemberbuchungen.

Die Anzahl können Sie auch nach der Firmenanlage noch ändern. Wurde allerdings die Funktion »Handels-/Steuerbilanz« gewählt, wird hier die Anzahl der Buchungsperioden automatisch auf 16 gesetzt. Mehr dazu im Kapitel 6 »Programmeinstellungen überprüfen«.

3.5 Soll- oder Ist-Versteuerung einstellen

Hier geht es darum, zu welchem Zeitpunkt Sie die Umsatzsteuer, die Sie Ihrem Kunden in Rechnung gestellt haben, an das Finanzamt abführen müssen.

- Bei Abschluss des Auftrags = Soll-Versteuerung
- Bei Geldeingang = Ist-Versteuerung

Die Ist-Versteuerung können Freiberufler, die die Einnahmen-Überschussrechnung anwenden, beantragen. Alle anderen Unternehmen können sie nur beantragen, wenn der Vorjahresumsatz 600.000 Euro nicht übersteigt. Besteht also **Umsatzsteuerpflicht**, müssen Sie hier die **Soll-** oder die **Ist-Versteuerung** auswählen.

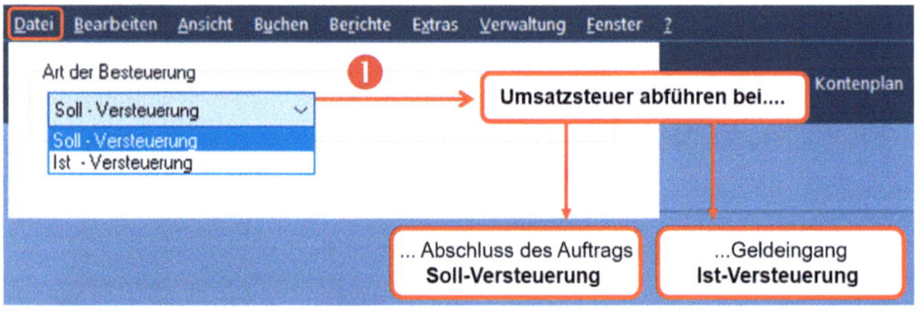

Abb. 6: Angaben zur Umsatzsteuer: Ist »Umsatzsteuerpflicht« aktiviert, müssen Sie hier die »Soll-« oder »Ist-Versteuerung« ❶ hinterlegen.

Wechselt Ihr Unternehmen im laufenden Jahr von der Soll- zur Ist-Versteuerung oder umgekehrt, müssen Sie im Menü **Bearbeiten** die **Firmeneinstellungen** zur Soll- und Ist-Versteuerung ändern. Sowie Sie die andere Besteuerungsart gewählt haben, teilt Ihnen das Programm mit, ab welchem Monat das frühestens möglich ist bzw. bis zu welchem Datum bisher gebucht wurde. Ein Wechsel ist nur möglich in einem Monat, in dem noch nicht gebucht wurde. D.h., Sie können auch unterjährig wechseln, aber nicht rückwirkend.

Achtung

Der Wechsel der Besteuerungsarten findet in der Regel zu Beginn des Jahres statt. In diesem Fall sollten Sie direkt nach der Anlage des neuen Buchungsjahres die Umstellung vornehmen. Die automatisch übertragenen Eröffnungsbuchungen zählen noch nicht, d. h. obwohl diese Buchungen bereits im Januar vorhanden sind, dürfen Sie noch im Januar wechseln.

3.6 Angaben zum Mahnwesen

Die Angaben zum Mahnwesen können Sie jederzeit nachholen, wenn Sie es nutzen. Mehr dazu im Kapitel 19 »Das Mahnwesen nutzen«.

3.7 DATEV-Unterstützung aktivieren

Möchten Sie später die Buchführungsdaten für Ihren Steuerberater über die DATEV-Schnittstelle exportieren, müssen Sie die **DATEV-Unterstützung** aktivieren. Mehr dazu im Kapitel 18 »Datenexport über die DATEV-Schnittstelle«.

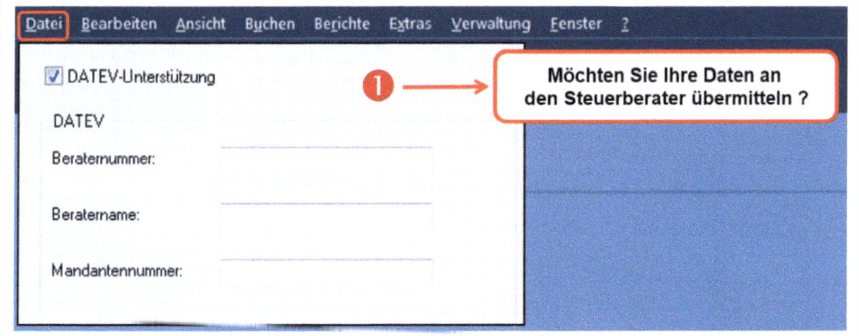

Abb. 7: Übermittlung Ihrer Daten an den Steuerberater: Aktivieren Sie hier die »DATEV-Unterstützung« ❶ Die Angaben Ihres Steuerberaters müssen Sie erst vor dem ersten DATEV-Export eintragen.

3.8 Das erste Buchungsjahr und die Belegnummernkreise

Bei der Firmenanlage müssen Sie sich entscheiden, welches Jahr Ihr **erstes Buchungsjahr** sein wird. Von da an können Sie nur noch Folgejahre anlegen.

Achtung

Das erste Buchungsjahr kann später nicht mehr geändert werden. Sind Sie sich nicht sicher, ob Sie vielleicht die Buchführung für das Vorjahr doch noch nachholen möchten, sollten Sie zur Sicherheit das Vorjahr als erstes Buchungsjahr anlegen. Nur so haben Sie später die Wahl, entweder mit dem aktuellen Jahr oder dem Vorjahr zu beginnen.

Es ist empfehlenswert, die Funktion **unterschiedliche Belegnummernkreise** zu aktivieren. So haben Sie die Möglichkeit, zum Beispiel die Kassenbelege getrennt von den Kontoauszügen oder Rechnungen fortlaufend zu nummerieren. Mehr dazu im Kapitel 5.1 »Belegnummernkreise anlegen«.

Jetzt können Sie die Firmenanlage abschließen und Ihre Eingaben speichern. Alle weiteren Einstellungen können Sie jederzeit nachholen.

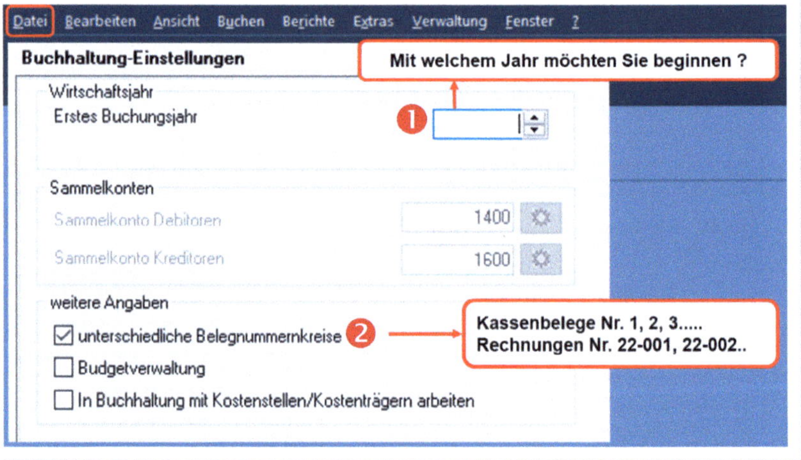

Abb. 8: Weitere Einstellungen: Hier tragen Sie Ihr »erstes Buchungsjahr« ein ❶ Nutzen Sie die Funktion »unterschiedliche Belegnummernkreise« ❷ , finden Sie später Ihre Belege zu den Buchungen schneller.

3.9 Angaben zu Kostenstellen und Budgetverwaltung

Lexware buchhaltung pro bietet neben der Buchführung auch die Möglichkeit der Kostenstellenerfassung sowie der Budgetverwaltung. Diese Funktionen können Sie gleich, aber auch später noch aktivieren. Beide Funktionen bieten Ihnen über die normalen Buchführungsauswertungen hinaus weitere interessante Berichte. Allerdings nur dann, wenn Sie gewisse Vorarbeiten leisten. Mehr dazu erfahren Sie im Kapitel 21 »Arbeiten mit Kostenstellen, Kostenträger und Budgetverwaltung«.

3.10 Firmendaten nachträglich ändern und ergänzen

Sind alle Daten erfasst, können Sie unter **Bearbeiten → Firmenangaben** die Adresse, die Steuernummer, die Einstellungen zur Umsatzsteuer, die Angaben des Steuerberaters und vieles mehr jederzeit ändern oder ergänzen. Noch einmal zur Erinnerung: Nicht ändern können Sie die Gewinnermittlungsart, das erste Buchungsjahr und den Kontenrahmen.

Die Firmenstammdaten können Sie ansehen oder ausdrucken im Menü **Datei → Drucken** oder im Menü **Berichte → Berichtszentrale**.

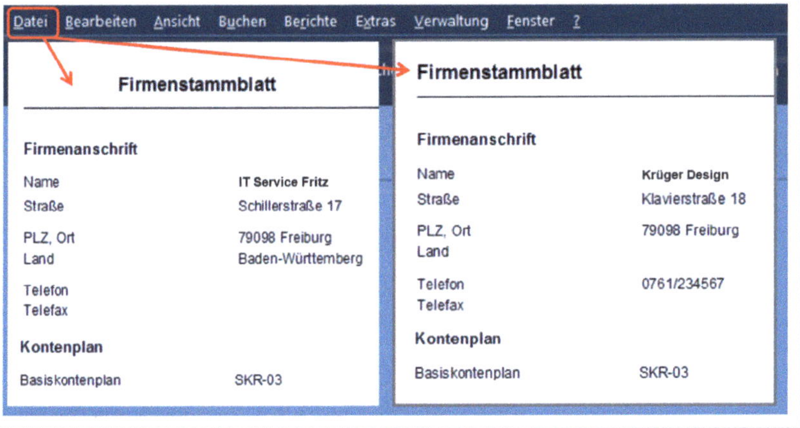

Abb. 9: Das Firmenstammblatt ansehen: Im Menü **Datei → Drucken** oder **Berichte → Berichtszentrale** können Sie das Firmenstammblatt ansehen und drucken.

3.11 Übungen zur Eingabe ins Programm

Voraussetzungen für die Übungen		
Einstellungen	Um im Programm eine neue Firma anzulegen, brauchen Sie eine Berechtigung. Sollten Sie keine solche Berechtigung haben, können Sie die Software auf einem anderen Computer installieren, ohne sie zu aktivieren. So können Sie auf diesem Rechner 30 Tage in einer Demoversion arbeiten.	

ÜBUNG 3/1 ÜBUNGSFIRMA ANLEGEN ALTERNATIVE 1 FÜR BILANZIERENDE

Legen Sie bitte die Firma IT-Service Fritz im Programm an.	
Adresse	Schillerstraße 17, 79098 Freiburg, Telefon 0761/123456
Finanzamt	Finanzamt Freiburg Stadt auswählen
Umsatzsteuerpflicht	ja
Kontenrahmen	SKR 03 (empfehlenswert), alternativ SKR 04
Wirtschaftsjahr entspricht Kalenderjahr	ja
Gewinnermittlungsart	Betriebsvermögensvergleich Handelsbilanz
Anzahl der Perioden	14
Besteuerungsart	Soll-Versteuerung
Mahnwesen	Angaben bitte noch nicht eintragen
DATEV-Unterstützung	ja
DATEV	Angaben bitte noch nicht eintragen
1. Buchungsjahr	aktuelles Jahr
unterschiedliche Belegnummernkreise	ja
Budgetverwaltung	nein
Mit Kostenstellen / Kostenträgern arbeiten	nein

ÜBUNG 3/2 ÜBUNGSFIRMA ANLEGEN ALTERNATIVE 2 FÜR EINNAHMEN-ÜBERSCHUSSRECHNER

Legen Sie bitte die Firma Krüger Design im Programm an.	
Adresse	Klavierstraße 18, 79098 Freiburg Telefon 0761/234567
Finanzamt	Finanzamt Freiburg Stadt auswählen
Umsatzsteuerpflicht	ja
Kontenrahmen	SKR 03 (empfehlenswert), alternativ SKR 04

Legen Sie bitte die Firma Krüger Design im Programm an.	
Wirtschaftsjahr entspricht Kalenderjahr	ja
Gewinnermittlungsart	Einnahmen-Überschussrechnung
Anzahl der Perioden	14
Besteuerungsart	Ist-Versteuerung
Mahnwesen	Angaben bitte noch nicht eintragen
DATEV-Unterstützung	ja
DATEV	Angaben bitte noch nicht eintragen
1. Buchungsjahr	aktuelles Jahr
unterschiedliche Belegnummernkreise	ja
Budgetverwaltung	nein
Mit Kostenstellen/Kostenträgern arbeiten	nein

LÖSUNG 3/1

Im Menü **Datei → Drucken → Firmenstammblatt** können Sie Ihre Eingaben ansehen. Sie müssten mit der Abb. 9 links im Kapitel 3.10 übereinstimmen.

LÖSUNG 3/2

Im Menü **Datei → Drucken → Firmenstammblatt** können Sie Ihre Eingaben ansehen. Sie müssten mit der Abb. 9 rechts im Kapitel 3.10 übereinstimmen.

4 Die Buchungsarten Stapel oder Dialog und die Buchungsmasken

Zur Erfassung Ihrer Buchungen bietet Lexware buchhaltung im Menü Buchen verschiedene Eingabemasken. Sie heißen Stapelbuchen, Dialogbuchen mit und ohne digitale Belege sowie Einnahmen/Ausgaben in den Stapel und Schnellbuchen in den Stapel. Welche Maske Sie für welche Buchungen verwenden können, erfahren Sie hier.

Ansehen können Sie die erfassten Buchungen in den Menüs Ansicht und Berichte. Ändern, löschen oder stornieren können Sie die Buchungen nur im Menü Ansicht. Und Ihre Ergebnisse sehen Sie nur im Menü Berichte. Aber nicht alle Buchungen finden Sie in allen Berichten. Es kommt darauf an, ob es sich um Stapelbuchungen oder Dialogbuchungen handelt.

4.1 Unterschied zwischen Stapelbuchen und Dialogbuchen

Eine Stapelbuchung ist sozusagen mit Bleistift geschrieben und eine Dialogbuchung mit Kugelschreiber. In beiden Fällen können Sie Ihre Eingaben jederzeit korrigieren. Aber Ihre Korrekturen bleiben beim Dialogbuchen sichtbar und beim Stapelbuchen nicht.

4.2 Umgang mit Stapelbuchungen

Solange die Eingabemaske geöffnet ist, sehen Sie im unteren Bereich Ihre erfassten Buchungen. Möchten Sie eine Eingabe korrigieren, klicken Sie unten die entsprechende Buchung an und schon erscheint sie wieder oben im Eingabefeld. Hier können Sie alle Daten ändern und mit erneutem Klick auf das Feld **Buchen** speichern.

Aber auch später, wenn die Eingabemaske geschlossen ist, können Sie Änderungen vornehmen. Öffnen Sie dazu im Menü **Ansicht** den Buchungsstapel und wählen Sie die Buchung aus der Liste aus. Über einen Klick auf **Buchung bearbeiten** öffnet sich wieder die Eingabemaske, in der Sie Ihre Eingaben korrigieren können.

Stapelbuchungen finden Sie im Menü **Ansicht** nur im Buchungsstapel, in den anderen Listen noch nicht. Aber im Menü **Berichte** können Sie die Buchung auch auf dem Sachkonto sehen, wenn Sie beim Druck im Auswertungsbereich »Stapel« oder »Alle Buchungen« auswählen. Geben Sie den Buchungstext »Tanken« ein und ändern Sie danach den Buchungstext von »Tanken« auf »Diesel«, sehen Sie nur den neuen Text.

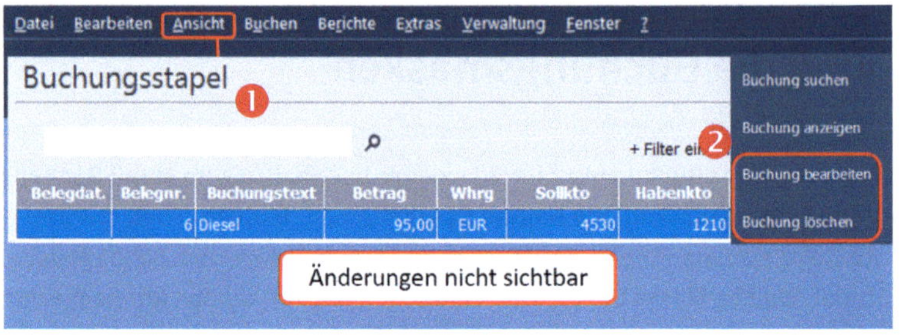

Abb. 1: Buchungstext einer Stapelbuchung ändern: Im Menü **Ansicht** wählen Sie die Buchung im Buchungsstapel ❶ aus. Mit einem Klick auf **Buchung bearbeiten** ❷ öffnet sich die Buchungsmaske, in der Sie die Änderung vornehmen können. Danach sehen Sie nur noch den neuen Buchungstext.

Auch Ihre Ergebnisse wie Umsatzsteuer-Voranmeldung oder Ihre Gewinnermittlung können Sie ausdrucken, allerdings sind diese mit dem Wort »vorläufig« versehen. Endgültige Auswertungen erhalten Sie nur, wenn Sie alle Stapelbuchungen ins Journal übertragen.

Achtung

Auch in der Buchungsmaske werden Ihnen die Inhalte der Sachkonten gezeigt, wenn Sie im Kontenfeld die Nummer eingeben. In den Versionen pro und premium sehen Sie hier alle Buchungen und in den Versionen basis und plus müssen Sie in den Programmeinstellungen (Kapitel 6) entscheiden, welche Buchungen Sie sehen möchten: die Buchungen aus dem Stapel oder die aus dem Journal.

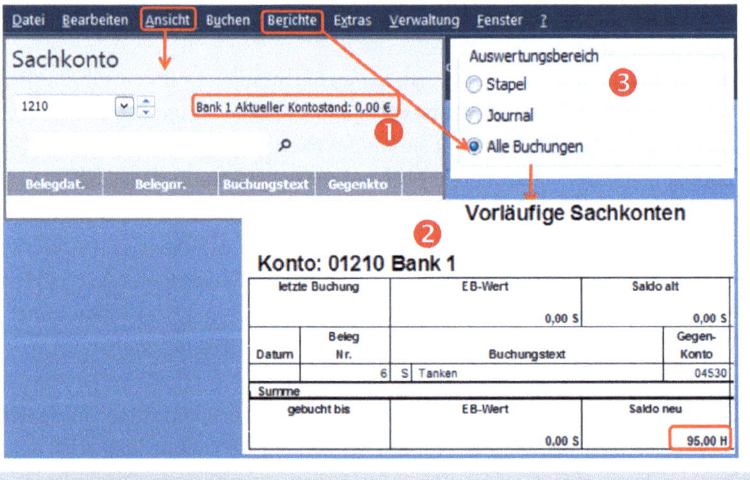

Abb. 2: Eine Stapelbuchung ansehen: Im Menü **Ansicht** sehen Sie eine Stapelbuchung noch nicht auf dem Sachkonto ❶ . Im Menü **Berichte** ❷ aber schon, wenn Sie im Auswertungsbereich »Stapel« oder »Alle Buchungen« ❸ wählen.

Buchungen festschreiben, Stapel- zu Dialogbuchungen machen

Lassen Sie Ihre Buchungen nur für kurze Zeit im Stapel. Beispielsweise bis alle Positionen eines Kontoauszugs erfasst wurden und der Kontostand im Programm mit dem Stand des Original-Kontoauszugs übereinstimmt. Nach der Kontrolle Ihrer Eingaben sollten Sie aus den Stapelbuchungen Dialogbuchungen machen. Das verlangen auch die GoBD (Grundsätze zur ordnungsmäßigen Führung und Aufbewahrung von Büchern, Aufzeichnungen und Unterlagen in elektronischer Form sowie zum Datenzugriff). Siehe hierzu BMF Schreiben vom 28.11.2019 unter www.bundesfinanzministerium.de.

Das Festschreiben von Buchungen erledigen Sie unter **Buchen → Stapel ausbuchen**. In den Versionen basis und plus werden Sie bereits beim Verlassen der Buchungsmaske gefragt, ob Sie die Buchungen aus dem Stapel in das Journal übertragen möchten. Diese Abfrage können Sie unter **Extras → Optionen → Buchen** ein- oder ausschalten.

Achtung

Spätestens am Monatsende müssen Sie alle Stapelbuchungen ins Journal übertragen. Denn nur dann kann zum Beispiel eine vollständige Umsatzsteuer-Voranmeldung an das Finanzamt übermittelt werden.

Auch die Offene-Posten-Verwaltung (OP-Verwaltung) funktioniert nur, wenn alle erfassten Rechnungen aus dem Stapel in das Journal übertragen wurden. Nur dann sehen Sie unter **Ansicht** sowie in der Buchungsmaske unter dem Button **OP** die offenen Rechnungen.

4.3 Umgang mit Dialogbuchungen

Eine Dialogbuchung finden Sie im **Journal**, nicht im **Buchungsstapel**. Möchten Sie eine Dialogbuchung ändern, müssen Sie diese zunächst stornieren über **Buchung stornieren** und danach wieder neu eingeben. Das geht ganz schnell, wenn Sie sich nach der Stornierung die alte Buchung als Neuvorschlag in die Buchungsmaske übertragen lassen.

BEISPIEL

Angenommen Sie haben einen Tankbeleg, der vom Bankkonto abgebucht wurde, unter **Buchen → Dialogbuchen** erfasst, zunächst mit dem Buchungstext »Tanken«. Haben Sie danach die Buchung storniert und wieder neu eingegeben, diesmal mit dem Buchungstext »Diesel«, wird diese Änderung sichtbar sein.

Buchen → Dialogbuchen						
Datum	Beleg	Text	Betrag	SOLL SKR 03/04	HABEN SKR 03/04	Steuer
10.01.		Tanken/Diesel	95,00	4530/6530	1210/1810	VSt 19 %

Sowie sich die Buchung des Tankbelegs im Journal befindet, ist sie im Menü **Ansicht** auch auf dem Sachkonto »1210/1810 Bank« zu sehen. Und im Menü **Berichte** können Sie die Buchung auch auf dem Sachkonto sehen, wenn Sie beim Druck im Auswertungsbereich »Journal« oder »Alle Buchungen« auswählen.

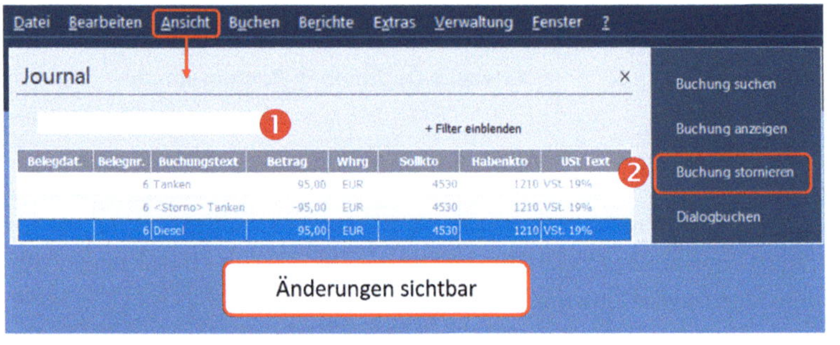

Abb. 3: Buchungstext ändern von Tanken auf Diesel: Im Menü Ansicht können Sie die Buchung im Journal ❶ auswählen und stornieren ❷ Nach der Neueingabe sehen Sie im Journal die stornierte und die neue Buchung.

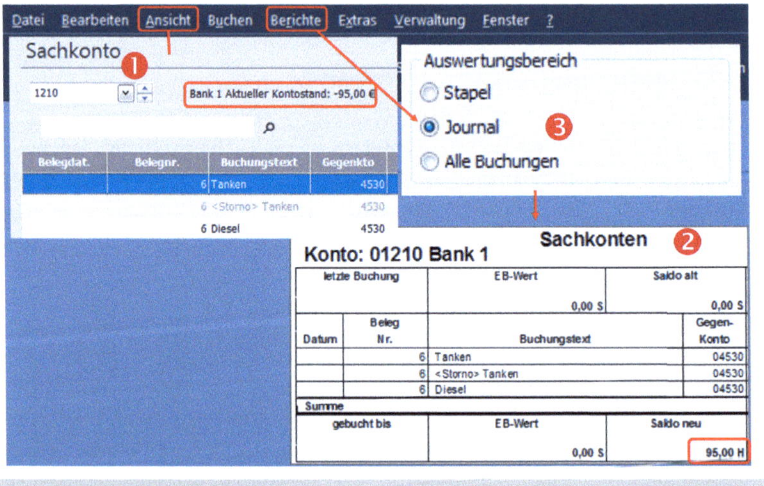

Abb. 4: Eine Dialogbuchung ist überall sichtbar: Wurde die Buchung ins Journal übertragen bzw. wurde der Stapel ausgebucht, sehen Sie diese unter **Ansicht → Sachkonto** ❶ genauso wie unter **Berichte → Sachkonto** ❷, wenn Sie im Auswertungsbereich **Journal** ❸ wählen.

Die Dialogbuchungen finden Sie im Menü **Ansicht** nicht nur im Journal, sondern in allen Listen. Eine Auswertung ohne das Wort »vorläufig« erhalten Sie nur, wenn Sie beim Druck im Auswertungsbereich **Journal** wählen.

4.4 Die Buchungsmasken Stapel- und Dialogbuchen

Die Buchungsmasken »**Stapelbuchen**« und »**Dialogbuchen**« unterscheiden sich nur in der Buchungsart. Stapelbuchungen können Sie löschen, Dialogbuchungen nur stornieren.

Achtung

Ganz gleich, wo Sie Ihre Belege erfassen, die Buchungen stehen je nach Buchungsart entweder im Journal (Dialogbuchungen) oder im Buchungsstapel (Stapelbuchungen).

Die Buchungsmasken Stapelbuchen oder Dialogbuchen sollten Sie für die Erfassung von Kunden- und Lieferantenrechnungen nutzen. Außerdem können Sie hier Umbuchungen für den Jahresabschluss erfassen.

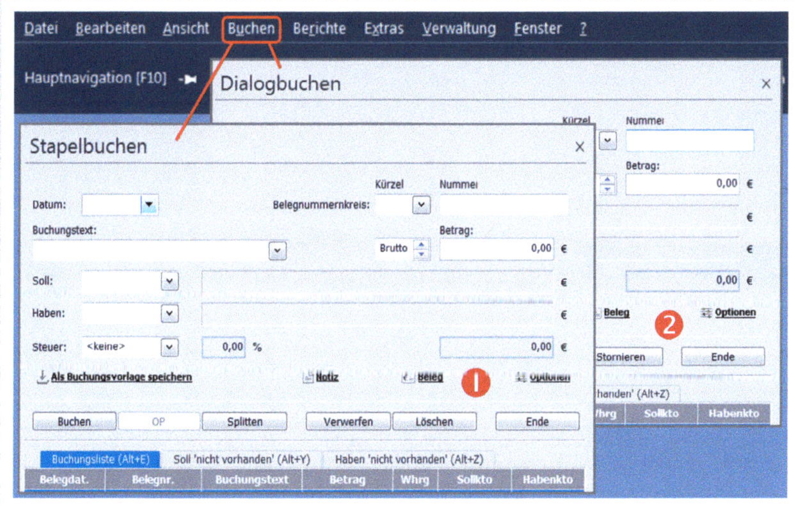

Abb. 5: Die Buchungsmasken Stapelbuchen und Dialogbuchen: Diese Buchungsmasken unterscheiden sich nur durch die Buchungsart. Stapelbuchungen können Sie bearbeiten oder löschen ❶, Dialogbuchungen müssen Sie stornieren ❷ und wieder neu eingeben.

4.5 Die Buchungsmasken Stapel- und Dialogbuchen mit digitalen Belegen

Diese Masken sind inhaltlich identisch mit den Buchungsmasken »Stapel-« und »Dialogbuchen« und können ebenfalls für die Erfassung von Rechnungen und Umbuchungen genutzt werden.

Digitale Belege können Sie in jeder Buchungsmaske mit den entsprechenden Buchungen verknüpfen. So sehen Sie später nicht nur die Buchung, sondern auch den Beleg. Machen Sie dies in großem Umfang, lohnt es sich, diese Buchungsmasken zu nutzen. Diese stehen Ihnen zur Verfügung, wenn Sie unter **Extras → Optionen → Belege/Notizen** die Belegfunktion aktivieren.

Hier können Sie alle Rechnungen, die Sie per E-Mail erhalten oder eingescannt haben, vorab einspielen und sammeln. Später beim Buchen werden alle Belege in einer Liste angezeigt, was den Arbeitsablauf sehr beschleunigt. Digitale Belege und Notizen können Sie jederzeit bei einer Buchung hinterlegen, d.h. das können Sie auch später noch nachholen. Mehr dazu im Kapitel 6.4 »Arbeit mit Notizen und digitalen Belegen«.

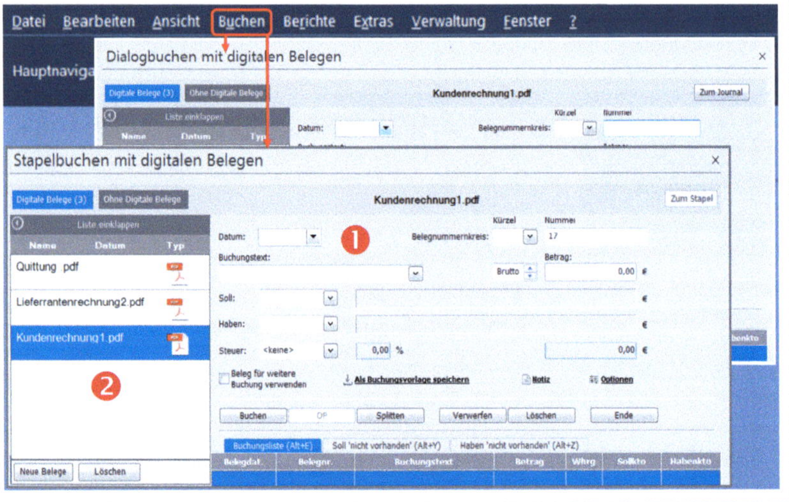

Abb. 6: Stapel- und Dialogbuchen mit digitalen Belegen: Rechts erfassen Sie wie gewohnt Ihre Buchung ❶ und links können Sie den passenden digitalen Beleg aus der Liste ❷ auswählen.

4.6 Buchungsmaske Einnahmen/Ausgaben in den Stapel

Diese Buchungsmaske ist sehr empfehlenswert für die Eingabe von Kassenbelegen und Kontoauszügen. Sie haben praktisch für jede Kasse und jedes Bankkonto eine eigene Buchungsmaske und sehen während der Eingabe immer den aktuellen Kontostand.

Sie müssen hier nur das Gegenkonto eingeben, das Konto Kasse oder Bank bucht Lexware buchhaltung automatisch. Über die Auswahl **Einnahme oder Ausgabe** entscheidet die Software im Hintergrund, welches Konto im Soll und welches im Haben gebucht wird.

> BEISPIEL
>
> Angenommen, Sie erfassen hier einen Tankbeleg, der bar bezahlt wurde, also einen Kassenbeleg. In diesem Fall geben Sie das Konto »4530/6530 laufende Kfz-Kosten« ein und wählen Ausgabe. Das Konto »1000/1600 Kasse« bucht das Programm automatisch. Da es sich um eine Ausgabe handelt, lautet die Buchung »4530/6530 laufende Kfz-Kosten« an »1000/1600 Kasse«.

Sie können praktisch die Technik der Buchführung umgehen.

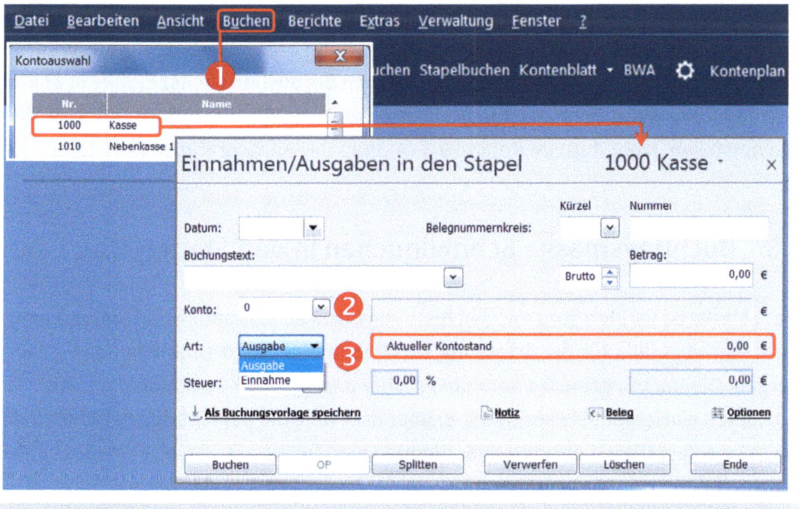

Abb. 7: Buchungsmaske Einnahmen/Ausgaben in den Stapel: Möchten Sie Kassenbelege erfassen, wählen Sie das Finanzkonto »1000/1600 Kasse« aus. ❶ Für jeden Kassenbeleg geben Sie dann nur noch ein Konto ❷ ein und wählen **Einnahme** oder **Ausgabe** ❸ .

4.7 Finanzkonto einstellen

Möchten Sie zum Beispiel ein Verrechnungskonto oder ein Darlehenskonto mit dieser Buchungsmaske buchen, müssen Sie im Kontenplan für dieses Konto die Kategorie »Finanzkonto« statt »Verbindlichkeiten« wählen. Allerdings ist das nur möglich, solange noch nicht auf dieses Konto gebucht wurde.

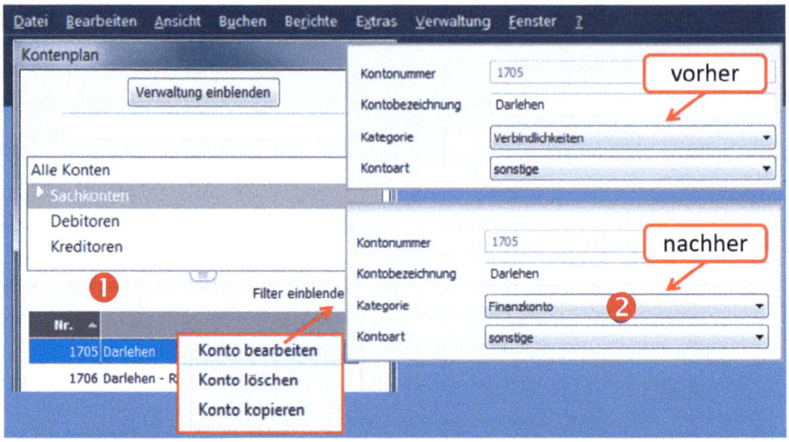

Abb. 8: Finanzkonto einstellen: Öffnen Sie das Konto »Darlehen« im Kontenplan ❶ über **Konto bearbeiten.** Solange noch nicht auf das Konto gebucht wurde, können Sie die Kategorie ändern auf »Finanzkonto« ❷ .

Wurde auf das Konto bereits gebucht, ist die Kategorie des Kontos grau hinterlegt und kann nicht mehr geändert werden. Möchten Sie die Darlehensauszüge in Zukunft trotzdem über diese Buchungsmaske buchen, müssen Sie ein anderes Konto wählen und umstellen. Mehr dazu im Kapitel 9.3 »Aufbau des Kontenrahmens – Kategorien«.

4.8 Buchungsmaske Schnellbuchen in den Stapel

Diese Maske ist vergleichbar mit den Buchungsmasken »Stapel-« und »Dialogbuchen« und kann ebenfalls für die Erfassung von Rechnungen und Umbuchungen genutzt werden. Die Buchungsmaske können Sie über die Funktion **Optionen** nach Ihren Bedürfnissen einrichten. Sie können z. B. über die Pfeile die Reihenfolge der Eingabefelder frei wählen. Über die Funktion **Schleppen** wird bestimmt, in welchem Eingabefeld der zuletzt erfasste Wert als Vorschlag stehen bleibt, wie z. B. das Datum.

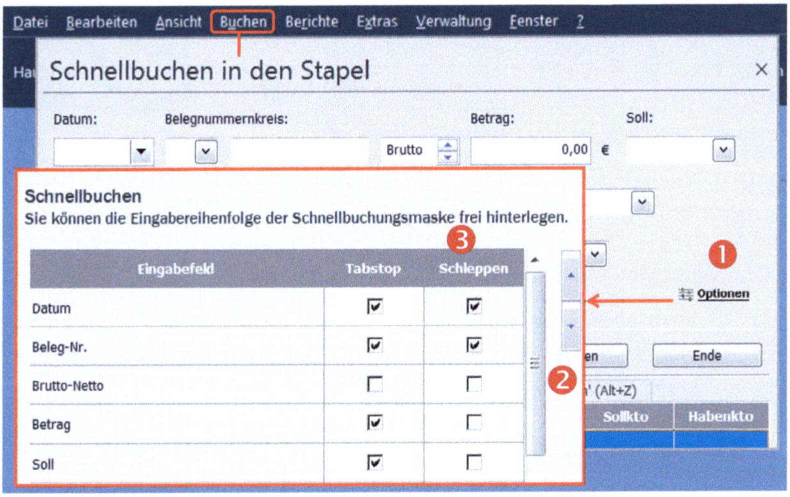

Abb. 9: Die Schnellbuchungsmaske einrichten: Nach dem Klick auf **Optionen** ❶ öffnet sich ein Fenster. Über die Pfeile ❷ können Sie die Reihenfolge der Eingabefelder bestimmen und unter **Schleppen** ❸ festlegen, welche Daten nach dem Buchen stehen bleiben sollen.

Mehrere Rechnungen an verschiedene Kunden, die alle auf das gleiche Erlöskonto gebucht werden, können Sie hier besonders schnell erfassen. Aktivieren Sie beim Konto »Haben« die Funktion **Schleppen**, wird das Erlöskonto nach jeder Buchung als Vorschlag stehen bleiben.

Weitere Eingabemasken im Menü Buchen

Die Eingabemaske **Offene Posten abgleichen** setzt voraus, dass Sie die OP-Verwaltung anwenden. Näheres dazu finden Sie im Kapitel 12 »Kontoauszüge erfassen Teil 1«. Die Eingabemaske **Online-Kontoauszug abgleichen** setzt voraus, dass in Lexware buchhaltung Online-Banking eingerichtet ist. Mehr dazu erfahren Sie im Kapitel 13 »Kontoauszüge erfassen Teil 2«.

4.9 Übungen zur Eingabe ins Programm

Voraussetzungen für die Übungen		
Hinweise zu den Eingaben	Es wird im Januar gebucht. Verwenden Sie bitte keine Belegnummernkreise.	

ÜBUNG 4/1 STAPELBUCHUNG ERFASSEN UND ÄNDERN

1. Erfassen Sie bitte folgenden Tankbeleg, der vom Bankkonto abgebucht wurde, unter **Buchen → Stapelbuchen**. Geben Sie dabei zuerst den Buchungstext »Tanken« ein.

Buchen → Stapelbuchen						
Datum	Beleg	Text	Betrag	SOLL SKR 03/04	HABEN SKR 03/04	Steuer
10.01.		Tanken/ Diesel	95,00	4530/6530	1210/1810	VSt 19 %

2. Nach dem Klick auf **Buchen** sehen Sie Ihre Eingabe in der Liste unter der Buchungsmaske. Ändern Sie nun den Buchungstext von »Tanken« auf »Tanken Diesel«.
3. Schließen Sie bitte die Buchungsmaske. Sollte die Frage erscheinen »Möchten Sie die Buchungen in das Journal übertragen« wählen Sie »Nein«. So bleibt die Buchung eine Stapelbuchung. Öffnen Sie im Menü **Ansicht** den Buchungsstapel und ändern Sie bitte den Buchungstext diesmal von »Tanken Diesel« auf »Diesel«.

LÖSUNG 4/1

Der Buchungstext wurde nun mehrmals geändert, einmal direkt in der Buchungsmaske, danach über den Buchungsstapel im Menü **Ansicht**. Keine dieser Änderung ist sichtbar, Sie sehen nur die neueste Eingabe.

5 Arbeiten mit Belegnummern und Buchungsvorlagen

Lexware buchhaltung bietet einige Funktionen, die die tägliche Arbeit erleichtern. Die Verwendung von Belegnummernkreisen ist sehr nützlich, um Ihre Buchungen und Belege nachher schneller zu finden. Und für Buchungen, die sich öfter wiederholen, können Sie Buchungsvorlagen anlegen. Das erspart Ihnen in Zukunft nicht nur die Kontensuche, Sie müssen tatsächlich weniger eingeben.

5.1 Belegnummernkreise anlegen

Die Belegnummernkreise sind zu empfehlen, wenn Sie jeweils eigene Nummernkreise pro Bankkonto, Kasse oder für Rechnungen führen möchten. Die Belegnummernkreise können Sie im Menü **Verwaltung → Belegnummern** oder direkt bei der Belegerfassung festlegen.

BEISPIEL

Angenommen, Sie legen Belegnummernkreise für Kasse »K« und für Bank »B« fest, dann können Sie beim Buchen unterscheiden, ob es sich um einen Kassenbeleg oder einen Bankbeleg handelt. Im Journal steht dann nicht nur die jeweilige Belegnummer, sondern zusätzlich der Buchstabe »K« oder »B«. So finden Sie Ihre Buchungen im Journal bzw. Ihren Beleg im Ordner schneller wieder.

Zusätzlich können Sie die Belegnummern automatisch hochzählen lassen. Das ist zum Beispiel für EB-Werte und Kassenbelege von Vorteil, das Programm schlägt Ihnen bei jeder neuen Buchung automatisch die nächste Nummer vor.

Achtung

Wählen Sie die Funktion **automatisch Hochzählen**, müssen Sie unter **aktuelle Nummer** die zuletzt vergebene Belegnummer eingeben. Ohne diese Funktion erfassen Sie hier die erste gewünschte Belegnummer.

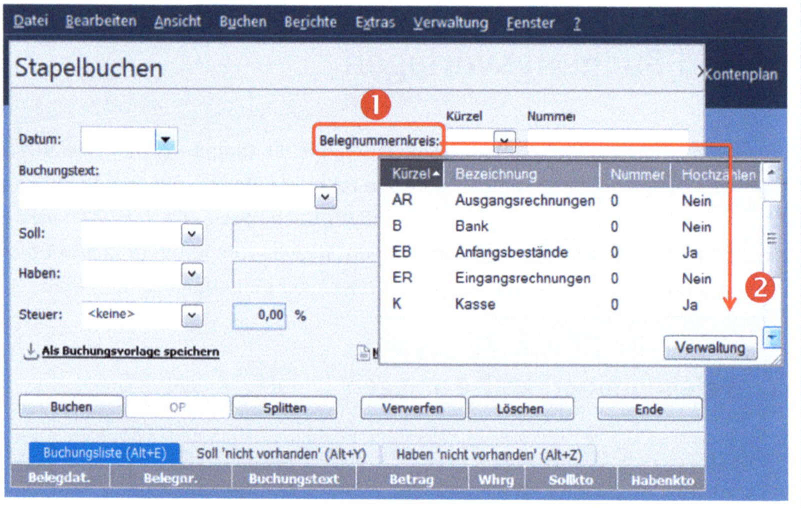

Abb. 1: Belegnummernkreise über die Buchungsmaske anlegen: Öffnen Sie über den Pfeil unter **Kürzel** ❶ die Liste der angelegten Belegnummernkreise. Mit einem Klick auf **Verwaltung** ❷ können Sie vorhandene Nummernkreise bearbeiten und neue anlegen.

Tipp

In jedem neuen Buchungsjahr beginnt die Nummerierung automatisch bei Null bzw. Eins.

5.2 Belegnummernkreise verwenden

Im folgenden Journal sehen Sie die Buchungen von Anfangsbeständen, nur bei den letzten beiden Buchungen wurde der Belegnummernkreis »EB« verwendet.

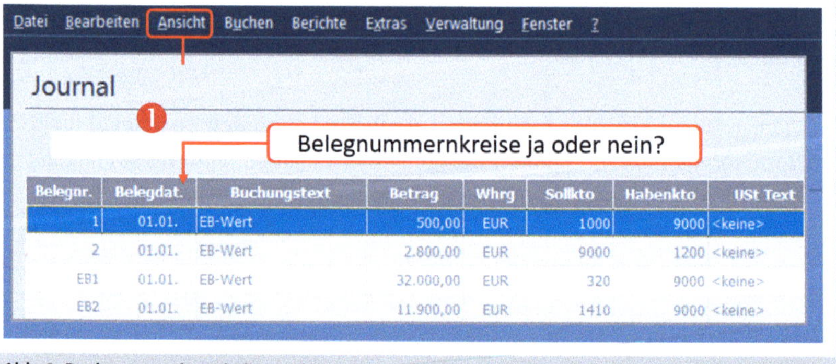

Abb. 2: Buchungen mit und ohne Belegnummernkreise: Hier sehen Sie vier Buchungen über Eröffnungswerte ❶. Die ersten beiden wurden ohne und die letzten beiden wurden mit Belegnummernkreisen gebucht. Das Kürzel »EB« zeigt, dass es sich um Eröffnungsbuchungen handelt.

5.3 Buchungsvorlagen anlegen

Für immer wiederkehrende Buchungen können Sie Buchungsvorlagen in der Software anlegen. Die Verwendung von Buchungsvorlagen erspart Ihnen viel Handarbeit, wie z. B. die Eingabe von Konten, von Buchungstexten, ggf. des Betrages usw. Sie können die Buchungsvorlagen direkt in der Buchungsmaske anlegen.

Buchen Sie zum Beispiel unter **Buchen → Einnahmen/Ausgaben in den Stapel** Ihre Miete, dann können Sie diese Buchung über die Funktion **Als Buchungsvorlage speichern** direkt anlegen. Es öffnet sich ein weiteres Fenster, in dem Sie die Daten für die Vorlage überprüfen und speichern können. Ist die Vorlage gespeichert, gelangen Sie zurück zur Buchungsmaske. Nun müssen Sie Ihre Buchung noch mit einem Klick auf **Buchen** abschließen.

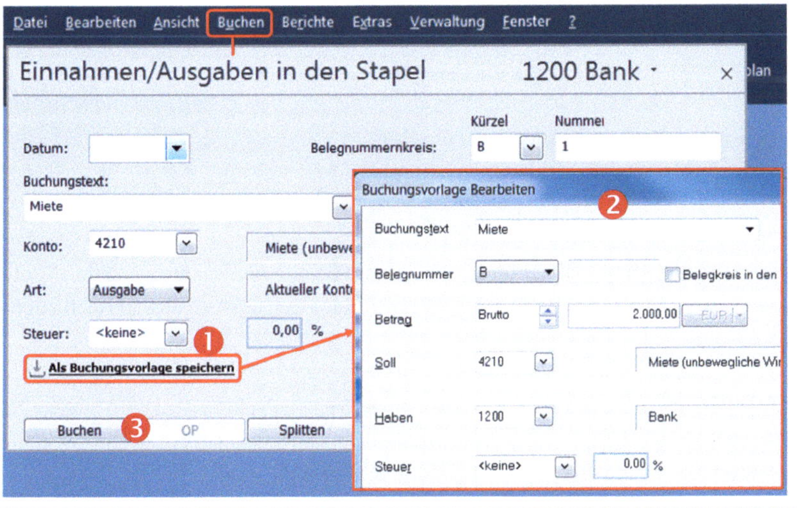

Abb. 3: Die Buchungsvorlage »Miete« anlegen: Sie erfassen die Buchung der Miete und klicken kurz vor dem Buchen auf **Als Buchungsvorlage speichern ❶**. Es öffnet sich ein Fenster, in dem Sie die Vorlage überprüfen und bearbeiten können ❷. Sowie die Vorlage gespeichert ist, klicken Sie auf **Buchen ❸**.

Rechts neben der Buchungsmaske unter **Buchungsvorlagen anlegen** oder unter **Verwaltung → Buchungsvorlagen** sehen Sie, welche Buchungsvorlagen bereits angelegt sind. In den Versionen basis und plus zum Beispiel hat Lexware bereits einige Vorlagen angelegt, in den Versionen pro und premium nicht.

Hier können Sie unter **Bearbeiten** die Buchungsvorlagen ändern oder anpassen und unter **Neu** eigene Buchungsvorlagen anlegen. Es besteht auch die Möglichkeit, die Buchungsvorlagen zu nummerieren, die Nummern hinterlegen Sie im Feld **Suchnummer**.

Bei der Vorlage »Barzahlung Kunde« handelt es sich um eine Einnahme, das Erlöskonto steht im Haben. Im Soll steht das Konto Kasse, deshalb wird Ihnen diese Vorlage nur für Kassenbuchungen zur Verfügung stehen. Hier wurde kein Betrag hinterlegt, da er wohl immer unterschiedlich sein wird.

Abb. 4: Übersicht Buchungsvorlagen: Unter **Verwaltung → Buchungsvorlagen** sehen Sie die angelegten Buchungsvorlagen. Bei einer Einnahme wie der »Barzahlung Kunde« ❶ wird das Erlöskonto im Haben gebucht. Bei einer Ausgabe wie »Miete« ❷ wird das Kostenkonto im Soll gebucht.

Bei der Vorlage »Miete« ist neben dem Text, dem Belegnummernkreis und den Konten sogar der Betrag hinterlegt. Rufen Sie diese Vorlage auf, müssen Sie nur noch auf **Buchen** klicken.

Bei der Vorlage »Büromaterial« ist weder ein Betrag noch ein Gegenkonto angegeben. In diesem Fall wird Ihnen die Vorlage überall zur Verfügung stehen, vielleicht zahlen Sie Büromaterial abwechselnd mal bar und mal über die Bank.

5.4 Buchungsvorlagen verwenden

Jetzt soll die Buchungsvorlage »Miete« verwendet werden. Möchten Sie im nächsten Monat unter **Buchen → Einnahmen/Ausgaben in den Stapel** Ihre Miete in Höhe von 2.000,00 Euro buchen, geht es jetzt viel schneller. In diesem Fall geben Sie im Textfeld den Buchstaben »M« oder das Wort »Miete« ein.

Je nach Einstellung der Buchungsmaske wird die Buchungsvorlage sofort angezeigt oder erst durch das Öffnen der Auswahlleiste. Sowie die Vorlage sichtbar ist, wählen Sie sie mit einem Doppelklick aus oder bestätigen mit »Enter«.

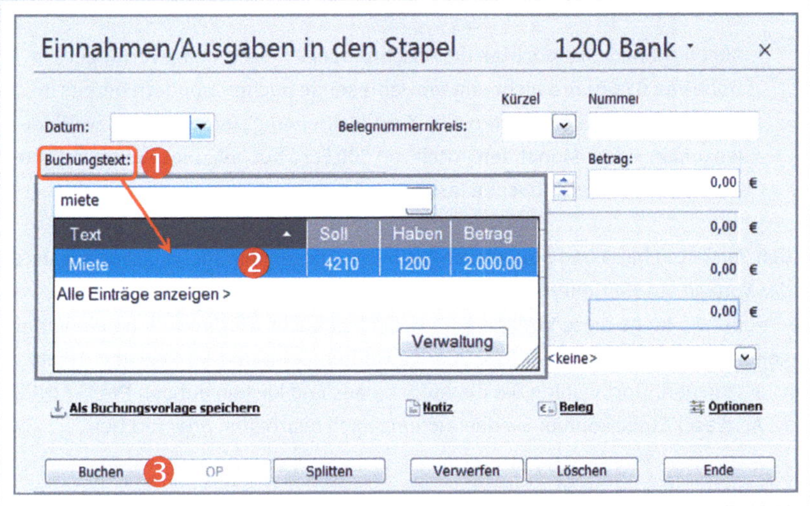

Abb. 5: Die Buchungsvorlage »Miete« verwenden: Geben Sie im Feld Buchungstext das Wort »Miete« ❶ ein, öffnet sich die Liste der vorhandenen Buchungsvorlagen ❷ . Hier können Sie die Miete auswählen, mit »Enter« bestätigen, und schon wird die Buchungsmaske ausgefüllt und Sie können buchen ❸ .

Dadurch werden der Buchungstext, der Betrag und das Konto in die Buchungsmaske übernommen. Der Text und alle Daten aus der Vorlage sind nur Vorschläge, sie können während der Eingabe jederzeit geändert oder ergänzt werden. Sowie die Vorlage aufgerufen wurde, müssen Sie nur noch auf **Buchen** klicken.

Tipp

Noch schneller geht es mit der Plustaste. Sowie alle Daten erfasst sind, können Sie über die Plustaste (Turbotaste) direkt die Buchung abschließen.
Es ist empfehlenswert, mit der »Enter«-Taste von Feld zu Feld zu springen und die Pfeiltasten auf der Tastatur zu nutzen. Stehen Sie zum Beispiel auf dem Datumsfeld, gelangen Sie zum nächsten Tag über den »Pfeil nach oben«. In allen Feldern können Sie durch die Verwendung der Pfeiltasten viel Tipperei und Mausklicks sparen.

5.5 Buchungsvorlagen automatisch buchen lassen

Vollständig angelegte Buchungsvorlagen können Sie vom Programm automatisch buchen lassen. Mit vollständig ist gemeint, dass der Text, der Betrag sowie die beiden Konten immer gleich bleiben. Für diese Buchungen können Sie in der Vorlage einen Serientyp anlegen.

BEISPIEL

Angenommen, Sie möchten die Abschreibungen Ihres Anlagevermögens in Höhe von 6.000 Euro nicht erst am Jahresende buchen, sondern bereits im laufenden Jahr. Sie möchten also die Abschreibungssumme durch zwölf teilen und in jedem Monat den Anteil von 500 Euro buchen. Diese Buchung können Sie automatisch buchen lassen.

In den Versionen basis und plus klicken Sie beim Anlegen der Buchungsvorlage unten in der Vorlage auf »Serientyp«, es öffnet sich ein weiteres Fenster. Hier legen Sie fest, wann und wie lange diese Vorlage automatisch gebucht werden soll. Ist die Vorlage angelegt und gespeichert, wird sie zum gewählten Zeitpunkt im Register »Heute zu tun« erscheinen. Dort wählen Sie die Aufgabe aus und klicken auf den Pfeil »Ausführen«. An dieser Stelle können Sie die Buchung auch bearbeiten oder löschen.

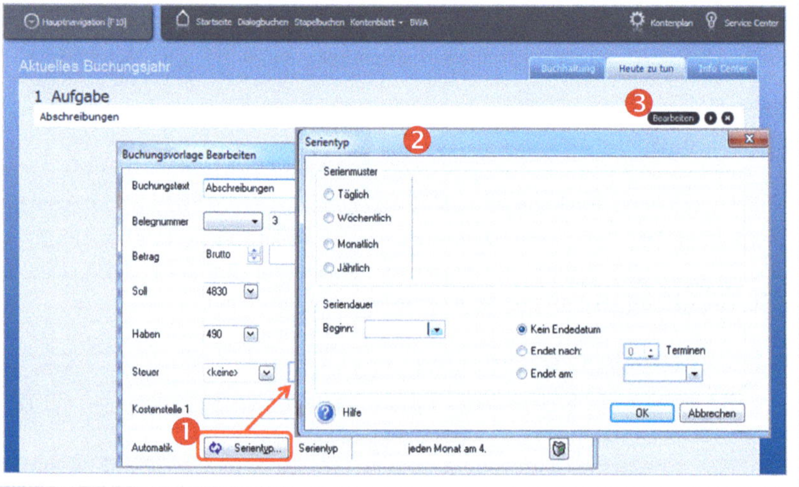

Abb. 6: Serientyp für Buchungsvorlage anlegen (basis und plus): Klicken Sie beim Anlegen einer Vorlage auf das Feld »Serientyp« ❶ . Hier hinterlegen Sie das »Serienmuster« ❷ . Ist die Vorlage gespeichert, steht die Buchung zum entsprechenden Zeitpunkt im Register »Heute zu tun« ❸ zur Buchung bereit.

In den Versionen pro und premium können Sie die Automatik erst erfassen, wenn die Buchungsvorlage angelegt ist. Suchen Sie sich die Vorlage unter **Verwaltung → Buchungsvorlagen** aus und klicken Sie unten auf **Aufgaben**. Ist das Fenster »Aufgabe« geöffnet, können Sie rechts auf »Serientyp« klicken und die Daten hinterlegen. Danach wird sie zum gewählten Zeitpunkt unter **Ansicht → Termine und Aufgaben** erscheinen.

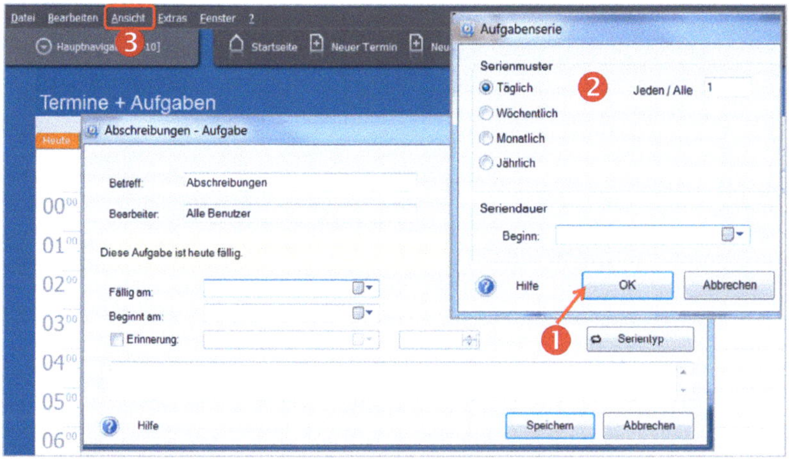

Abb. 7: Serientyp für Buchungsvorlage anlegen (pro und premium): Ist das Fenster »Aufgabe« der Buchungsvorlage geöffnet, klicken Sie auf das Feld »Serientyp« ❶. Hier hinterlegen Sie das »Serienmuster« ❷. Ist die Vorlage gespeichert, steht die Buchung zum entsprechenden Zeitpunkt unter **Ansicht → Termine und Aufgaben** ❸ zur Buchung bereit.

Das Anlegen von automatisierten Buchungsvorlagen ist sinnvoll für die Buchung von Abschreibungen, von anteiliger Privatnutzung Kfz oder regelmäßig wiederkehrenden Rechnungen. Hängt die Buchung allerdings mit einer Zahlung oder einem Geldeingang zusammen, müssen Sie Folgendes beachten: Werden zum Beispiel Mieten und Versicherungen automatisch gebucht, müssen Sie diese im Kontoauszug vorab kennzeichnen, damit sie beim Erfassen der Kontoauszüge nicht doppelt gebucht werden.

Im Menü **Verwaltung → Konfigurationsassistent → Allgemein** können Sie hinterlegen, ob die wiederkehrenden Buchungen ins Journal oder in den Stapel gebucht werden.

5.6 Übungen zur Eingabe ins Programm

Voraussetzungen für die Übungen		
Einstellungen	Überprüfen Sie, ob in den Firmenstammdaten der Haken bei »unterschiedliche Belegnummernkreise« gesetzt ist.	

ÜBUNG 5/1 BELEGNUMMERNKREISE ANLEGEN

Legen Sie bitte folgende Belegnummernkreise an. Wählen Sie für die Belegnummernkreise K, EB und U die Funktion **automatisch Hochzählen** und tragen Sie hier jeweils unter **aktuelle Nummer** eine Null ein.

K = Kasse
B = Bank
AR = Ausgangsrechnungen
ER = Eingangsrechnungen
EB = Eröffnungsbilanzwerte (Anfangsbestände)
U = Umbuchungen

ÜBUNG 5/2 BUCHUNGSVORLAGE BEIM BUCHEN ANLEGEN

Erfassen Sie bitte die Miete, die vom Bankkonto abgebucht wird, unter **Einnahmen/Ausgaben in den Stapel** und legen Sie dafür gleichzeitig eine Buchungsvorlage an.

Buchen → Einnahmen/Ausgaben in den Stapel → 1210/1810 Bank 1					
Datum	Buchungs-text	Betrag	Konto SKR 03/04	Kategorie	Steuer
02.01.	Miete	2.000,00	4210/6310	Ausgabe	keine

ÜBUNG 5/3 BUCHUNGSVORLAGEN VORAB ANLEGEN

Legen Sie bitte folgende Buchungsvorlagen im Menü **Verwaltung** an:

Buchungstext	Sollkonto SKR 03/04	Habenkonto SKR 03/04	Betrag
Barzahlung Kunde	1000/1600	8400/4400	0,00
Büromaterial	4930/6815		0,00

LÖSUNG 5/1

Unter **Verwaltung → Belegnummernkreise** können Sie die Nummernkreise nicht nur anlegen, sondern auch jederzeit ändern und ergänzen.

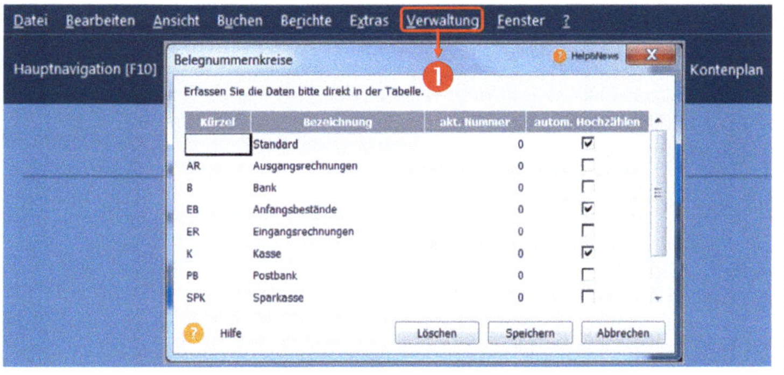

Abb. 8: Belegnummernkreise überprüfen: Öffnen Sie über ❶ **Verwaltung** das Fenster »**Belegnummernkreise**«.

LÖSUNG 5/2

Ist die Buchung erfasst, klicken Sie zunächst auf **Als Buchungsvorlage speichern**. Nach dem Speichern gelangen Sie zurück zur Buchungsmaske, wo Sie die Eingabe mit dem Klick auf **Buchen** abschließen können. Für jede Buchung, die sich regelmäßig wiederholen wird, lohnt es sich, eine Buchungsvorlage anzulegen.

LÖSUNG 5/3

Unter **Verwaltung → Buchungsvorlagen** können Sie Ihre Eingaben überprüfen. Die Daten in Ihrem Programm müssten nun mit denen der Abb. 4 im Kapitel 5.3 übereinstimmen.

6 Programmeinstellungen überprüfen

Grundsätzlich ist das Programm Lexware buchhaltung richtig eingestellt und Sie können damit arbeiten. Aber vielleicht können Sie die Software noch mehr an Ihre Bedürfnisse anpassen. Sie sollten diese Einstellungen für sich ausprobieren und testen. Nur so können Sie herausfinden, welche für Sie hilfreich sind und welche nicht. Sie können alle Einstellungen auch jederzeit wieder ändern.

6.1 Die allgemeinen Einstellungen überprüfen

Im Menü **Extras → Optionen** können Sie zum Beispiel unter **Allgemein** eine tägliche Erinnerung an die Datensicherung hinterlegen. Sie können dort auch festlegen, ob beim Programmstart die zuletzt bearbeitete Firma oder die Firmenübersicht geöffnet werden soll.

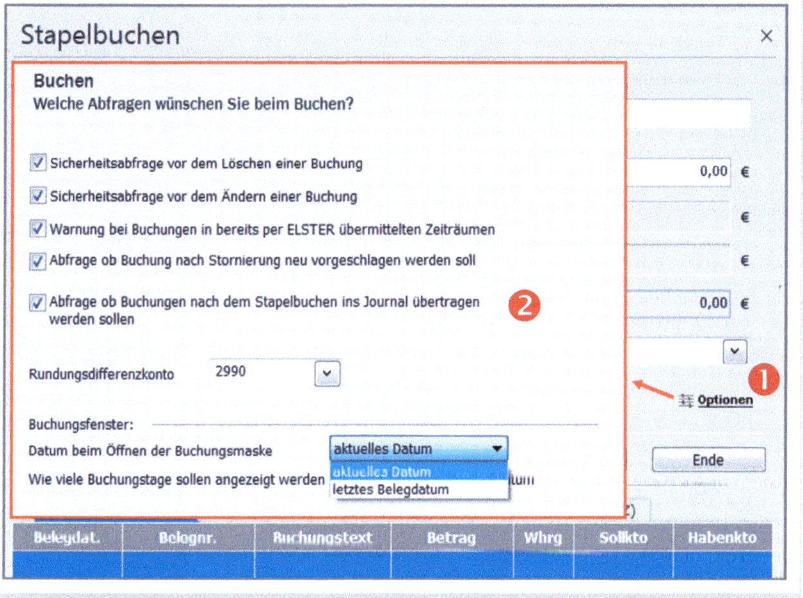

Abb. 1: Einstellungen im Register Buchen: Klicken Sie in der Buchungsmaske auf **Optionen** ❶, öffnet sich dieses Fenster ❷. Hier sind zum Beispiel alle Sicherheitsabfragen aktiviert.

Diese Programmoptionen können Sie auch direkt in der Buchungsmaske öffnen, über die Funktion **Optionen.** Im Register **Buchen** sehen Sie unter anderem, welche Sicherheitsabfragen aktiviert sind und welche nicht.

Sie können hier auch festlegen, welches Datum beim Öffnen der Buchungsmaske gezeigt werden soll, das aktuelle Datum oder das letzte Belegdatum.

6.2 Ihre Buchungsmasken einrichten

Über **Optionen** im Register **Buchungsmaske** können Sie die Buchungsmasken auf Ihre Bedürfnisse einstellen. Sollen die Auswahllisten automatisch geöffnet werden oder möchten Sie das manuell machen?

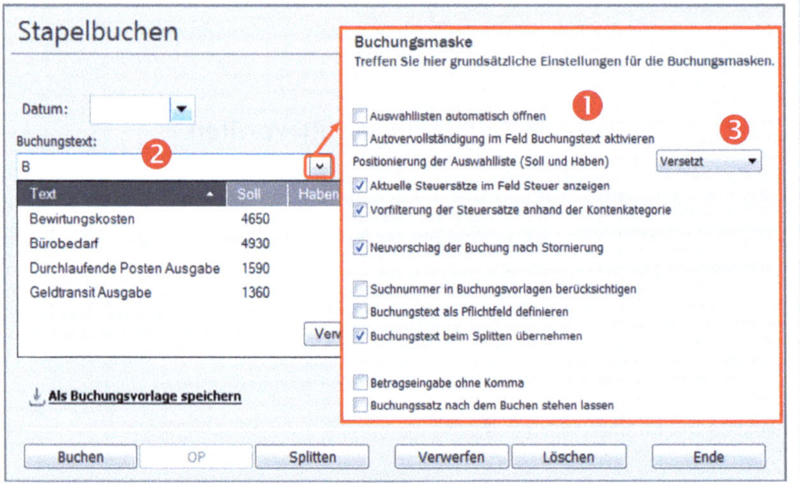

Abb. 2: Einstellungen im Register Buchungsmaske Teil 1: Deaktivieren Sie hier die Funktion »Auswahllisten automatisch öffnen« ❶ , können Sie diese Liste ❷ nur manuell öffnen. Dann können Sie auch die Einstellung »Autovervollständigung im Feld Buchungstext aktivieren« ❸ verändern.

Über die Funktion **Autovervollständigung im Feld Buchungstext aktivieren** wird beispielsweise die Auswahl der Buchungsvorlagen automatisch geöffnet. All diese Einstellungen sollten Sie Schritt für Schritt für sich testen, hier sehen Sie nur einen Vorschlag.

Sie können sich auch während des Buchens in der Buchungsmaske die Inhalte der Sachkonten anzeigen lassen. Sowie Sie im Kontenfeld die Nummer eingegeben und mit »Enter« bestätigt haben, sehen Sie unten den Inhalt des Kontos. Es gibt drei Ansichten zur Auswahl, die **Buchungsliste**, das **Konto Soll** und das **Konto Haben**.

In den Versionen basis und plus müssen Sie hier entscheiden, welche Buchungen Sie sehen möchten, die Buchungen aus dem Stapel oder die aus dem Journal. Sinnvoll wäre es, hier **Stapel** zu wählen, denn die Journalbuchungen sehen Sie im Menü **Ansicht**.

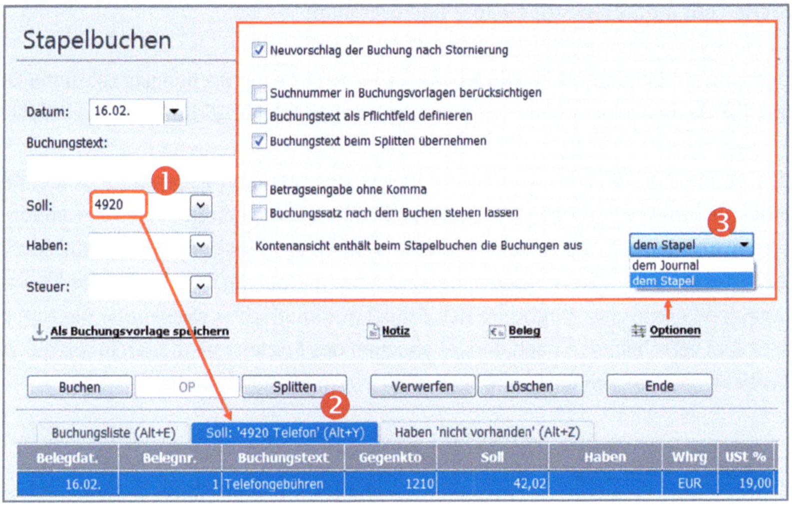

Abb. 3: Einstellungen im Register Buchungsmaske Teil 2: Geben Sie im Feld »Soll« die Kontonummer »4920« ein ❶, können Sie unten sehen, was bereits auf das Konto ❷ gebucht wurde. Ist unter **Optionen** »Stapel« ❸ ausgewählt, sehen Sie hier nur die Stapelbuchungen.

Sehr sinnvoll ist auch die Einstellung **Neuvorschlag der Buchung nach Stornierung**, die das Programm nach einer Stornierung dazu veranlasst, den alten Buchungssatz in die Buchungsmaske zu übertragen. Sie brauchen dann die Daten nur zu korrigieren, statt neu einzugeben. Alle weiteren Einstellungen sollten Sie für sich ausprobieren, auch hier sehen Sie nur einen Vorschlag.

6.3 Arbeiten mit mehreren Buchungsstapeln und Perioden

Die Versionen pro und premium bieten Ihnen weitere Funktionen für das Buchen. Sie können zum Beispiel mit **mehreren Stapeln** arbeiten und diese zu unterschiedlichen Zeiten ausbuchen. Das Buchen mit Belegdatum und **Perioden** bietet Ihnen noch mehr Auswertungsmöglichkeiten.

Auch die Kontenansicht unterhalb der Buchungsmaske können Sie hier auswählen. Bei der Auswahl »Journal und Stapel« sehen Sie alle Buchungen, die bisher auf dieses Konto gebucht wurden. Wählen Sie hier »Stapel«, sehen Sie nur die Stapelbuchungen und bei der Auswahl »Journal« sehen Sie nur die Journalbuchungen.

Arbeiten mit mehreren Stapeln (pro und premium)

Möchten Sie mit mehreren Stapeln arbeiten, können Sie in der Buchungsmaske unter **Optionen → Buchen** oder im Menü **Extras → Optionen → Buchen** diese Funktion einstellen.

Erfassen Sie zum Beispiel mehrere Kundenrechnungen und geben dem Stapel den Namen »Kundenrechnungen«, so können Sie ihn später getrennt von den anderen Stapeln ausbuchen. Ebenso können Sie Kassenbelege unter dem Namen »Kassenbelege« erfassen und später als alle anderen Buchungen ausbuchen. Lassen Sie das Feld **Stapel** leer, nennt das Programm den Stapel automatisch »unbekannt«. Die Namen der Stapel verschwinden nach dem Ausbuchen des Stapels, sie dienen Ihnen nur zur Übersicht, solange sich die Buchungen noch in den Stapeln befinden.

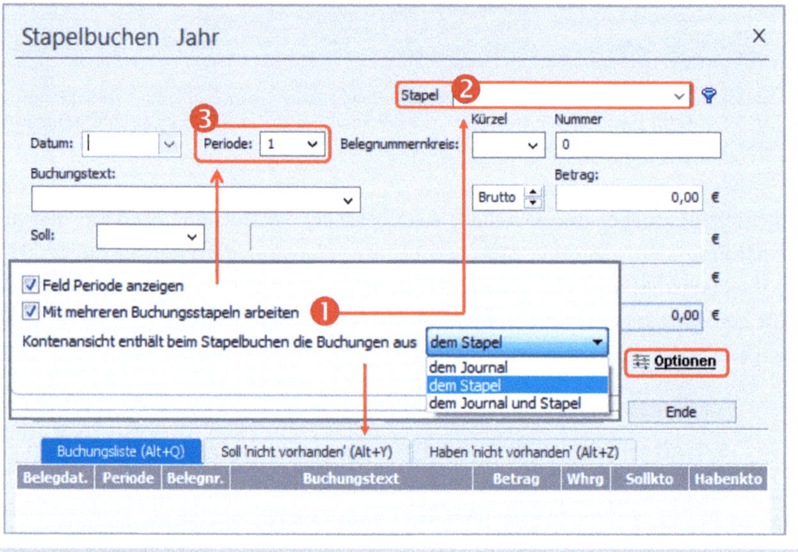

Abb. 4: Zusätzliche Einstellungen in pro und premium: Wählen Sie hier »Mit mehreren Buchungsstapeln arbeiten« ❶, erscheint in der Buchungsmaske das Eingabefeld »Stapel« ❷. Hier können Sie den Stapeln verschiedene Namen geben. Wählen Sie das Feld »Perioden anzeigen«, erscheint auch dieses ❸.

Arbeiten mit Belegdatum und Buchungsperioden (pro und premium)

Sowie Sie die Funktion »Buchen mit Perioden« eingeschaltet haben, wird das Programm für die Belege, die Sie im Januar buchen, zunächst die Periode 1 anbieten, für den Februar die Periode 2 und für den Dezember die Periode 12. Sie können aber zum Beispiel auch alle Jahresabschlussbuchungen mit dem Belegdatum 31.12. und der Periode 13 buchen. Auf diese Weise können Sie diese getrennt von den Dezemberbuchungen in verschiedenen Listen sehen. Welchen Vorteil das Buchen mit Perioden auch hat, sollen die folgenden Beispiele zeigen.

BEISPIEL DATEV-EXPORT

Angenommen, die Buchungen von Januar haben Sie schon an den Steuerberater übermittelt. Nun finden Sie Ende Februar einen Tankbeleg über 30 Euro vom 05.01. In diesem Fall sollten Sie den Beleg mit dem Belegdatum 05.01. in die Periode 2 buchen. So können Sie die Buchung zusammen mit den Buchungen von Februar (automatisch Periode 2) an den Steuerberater übermitteln. In diesem Fall müssen Sie beim DATEV-Export nicht den Monat Februar, sondern die Periode 2 auswählen und übertragen.

BEISPIEL UMSATZSTEUER-VORANMELDUNG

Angenommen, die Umsatzsteuer-Voranmeldung von Januar ist bereits an das Finanzamt übermittelt. Nun finden Sie Ende Februar einen Tankbeleg über 30 Euro vom 05.01. Der enthaltene Vorsteuerbetrag ist zu gering, um die Voranmeldung von Januar zu korrigieren. In diesem Fall können Sie den Beleg mit dem Belegdatum 05.01. in die Periode 2 buchen. So wird die enthaltene Vorsteuer in der Umsatzsteuer-Voranmeldung von Februar erfasst.

In der Buchungsmaske unter **Optionen** können Sie diese Funktion aktivieren und in Ihren Firmenstammdaten hinterlegen Sie, ob Sie mit 12, 13 oder 14 Perioden arbeiten möchten.

Buchungsperioden Handels- und Steuerbilanz (pro und premium)

Haben Sie in den Firmenstammdaten die Gewinnermittlungsart »Betriebsvermögensvergleich« gewählt und zusätzlich die Funktion »Handels- und Steuerbilanz«, werden automatisch 16 Perioden hinterlegt. Haben Sie dann Ihre Abschlussbuchungen in den entsprechenden Perioden gebucht, können Sie sich später zwei verschiedene Bilanzen ausdrucken. Eine Handels- und eine Steuerbilanz.

Die Handelsbilanz setzt sich aus den Buchungen der Perioden 1 bis 15 zusammen. In der Periode 16 müssen Sie dann das handelsrechtliche Ergebnis korrigieren und daraus ein steuerliches Ergebnis machen. In der Steuerbilanz erscheinen alle Buchungen der Perioden 1 bis 16. Mehr dazu im Kapitel 15 »Die wichtigsten Berichte ansehen und online übermitteln«.

6.4 Arbeit mit Notizen und digitalen Belegen

Sie haben die Möglichkeit, zu jeder Buchung eine Notiz zu hinterlegen sowie ein oder mehrere Belegdateien. Im Menü **Extras → Optionen → Notizen/Belege** können Sie eine oder beide Funktionen aktivieren. Sind alle Haken gesetzt, sind die Felder **Notiz** und **Beleg** in der Buchungsmaske zu sehen.

Die Buchungsmasken »Stapel- und Dialogbuchen mit digitalen Belegen« können Sie nur nutzen, wenn diese Belegfunktion hier aktiviert ist.

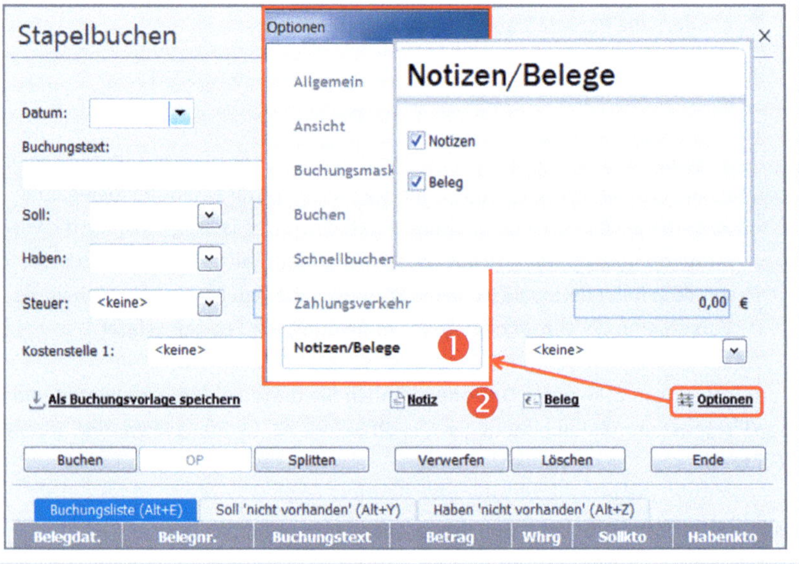

Abb. 5: Notizen /Belege aktivieren: Unter **Optionen → Notizen/Belege** sehen Sie die Einstellungen ❶. Sind die Funktionen aktiviert, sehen Sie die entsprechenden Felder in der Buchungsmaske ❷.

Funktionen Notizen und digitale Belege verwenden

Notizen können Sie direkt beim Erfassen der Buchung hinterlegen oder auch danach. Klicken Sie zum Beispiel während der Buchung auf das Notizfeld und schreiben Sie los. Anschließend speichern Sie die Notiz über »Speichern & Beenden«. Nach dem Buchen können Sie die Notiz jederzeit ändern, ergänzen oder wieder löschen. Auf die Buchung selbst hat das keinen Einfluss.

Das Gleiche gilt für die Hinterlegung von Belegdateien. Sie können Rechnungen, die Sie per PDF erhalten haben oder die per Post eingingen und eingescannt wurden, zur Buchung anfügen. Nach dem Klick auf das Feld **Beleg** wählen Sie die Datei über **Beleg einfügen** von Ihrer Festplatte aus. Über **Beenden** ist alles kopiert und gesichert. Sie haben jederzeit die Möglichkeit, weitere Dateien anzufügen oder bereits hinterlegte zu löschen.

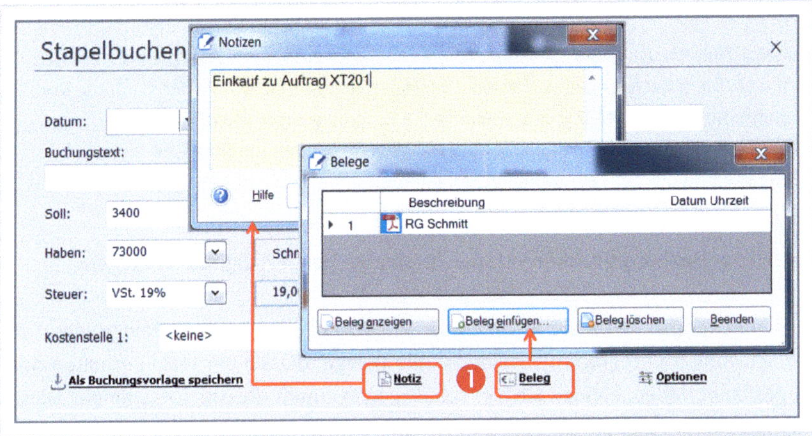

Abb. 6: Notizen/Beleg hinterlegen: Über die Felder **Notiz** und **Beleg** ❶ können Sie vor und nach dem Buchen Daten hinterlegen. Diese Daten können Sie jederzeit verändern, ohne dass die Buchung davon beeinflusst wird.

Ist die Buchungsmaske geschlossen, finden Sie die Buchung im Buchungsstapel oder im Journal. Um dort zu erkennen, ob eine Notiz oder eine Belegdatei hinterlegt wurde, müssen Sie ggf. die Bildschirmansicht anpassen.

Sind der Buchungsstapel oder das Journal geöffnet, wählen Sie rechts über **Listeneinstellungen** die Spalten »Notiz« und »Beleg« aus. Nach dem Klick auf **Speichern** sind diese beiden Spalten am Bildschirm sichtbar. Hier können Sie zum Beispiel auf das Feld **Notiz** klicken und schon öffnet sich das Notizfenster.

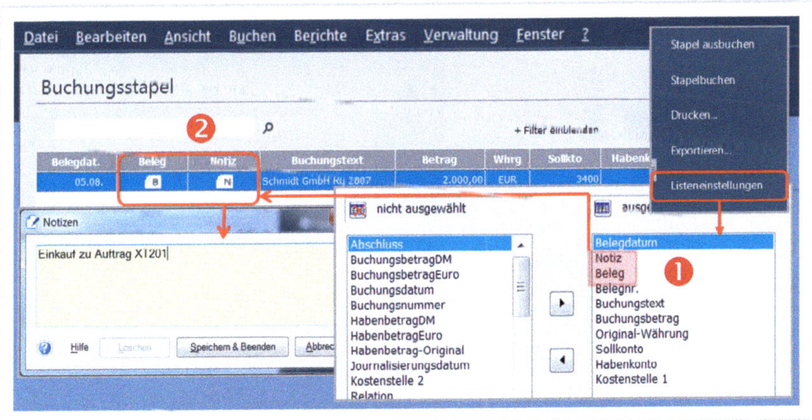

Abb. 7: Notizen/Belege nachträglich ansehen oder ändern: Ist der Buchungsstapel geöffnet, wählen Sie unter **Listeneinstellungen** die Spalten **Notiz** und **Beleg** aus ❶. Schon sind die Spalten sichtbar. ❷ Hinterlegte Daten können Sie hier jederzeit öffnen.

> **!** **Tipp**
>
> Das Notizfeld brauchen Sie vor allem dann, wenn Sie Rechnungen auf elektronischem Weg erhalten. Diese Rechnungen dürfen nicht verändert werden, auch nicht durch interne Buchungsanmerkungen. Natürlich können Sie die Rechnung ausdrucken, um Ihre Buchungshinweise zu vermerken. Möchten Sie aber weitgehend papierlos arbeiten, können Sie für diese Anmerkungen das Notizfeld nutzen.

Vorteil der Buchungsmasken »Stapel-/Dialogbuchen mit digitalen Belegen«

Diese Buchungsmasken bieten Ihnen die Möglichkeit, die digitalen Belege schon vor der Buchung im Programm abzulegen. Alle Belege, die Sie per E-Mail erhalten oder eingescannt haben, können Sie hier sozusagen in einem »Postfach« sammeln. Dieses Postfach heißt »Digitale Belege« und ist innerhalb der Buchungsmaske sichtbar. Für Rechnungen, die vorab in dieses Postfach eingespielt wurden, erfolgt die Verknüpfung von Beleg zu Buchung dann nur noch mit einem Klick.

Im Hintergrund sind alle Abläufe gleich. Grundsätzlich kopiert sich das Programm die Dateien und ist damit unabhängig von ihrem ursprünglichen Speicherort. Dateien, die Sie bereits mit einer Buchung verknüpft haben, finden Sie bei der Buchung, alle anderen stehen noch unter »Digitale Belege«.

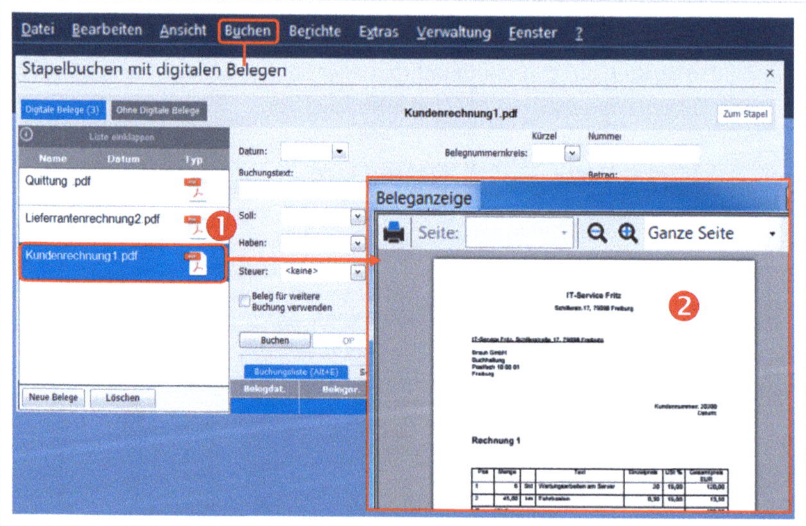

Abb. 8: Liste mit digitalen Belegen: Links aus der Liste »Digitale Belege« können Sie die passende Rechnung ❶ auswählen. Mit einem Doppelklick auf die Rechnung wird der Beleg ❷ angezeigt.

6.5 Allgemeine Einstellungen

Im Menü **Verwaltung → Konfigurationsassistent → Allgemein** sehen Sie die Vorkonfigurierung von Lexware. Diese können Sie bei Bedarf ändern. Verwenden Sie beim Buchen zum Beispiel keine Debitoren- und Kreditorenkonten, können Sie hier die Funktion »Arbeiten mit offenen Posten« deaktivieren. Dann werden im Programm die dafür vorgesehenen Eingabefelder und Berichte ausgeschaltet. Haben Sie wiederkehrende Buchungen hinterlegt, können Sie hier bestimmen, ob diese Buchungen direkt ins Journal gebucht werden oder erst in den Stapel. Diese Einstellungen können Sie jederzeit wieder rückgängig machen.

Außerdem können Sie hier festlegen, welche Buchungsjahre angezeigt werden sollen.

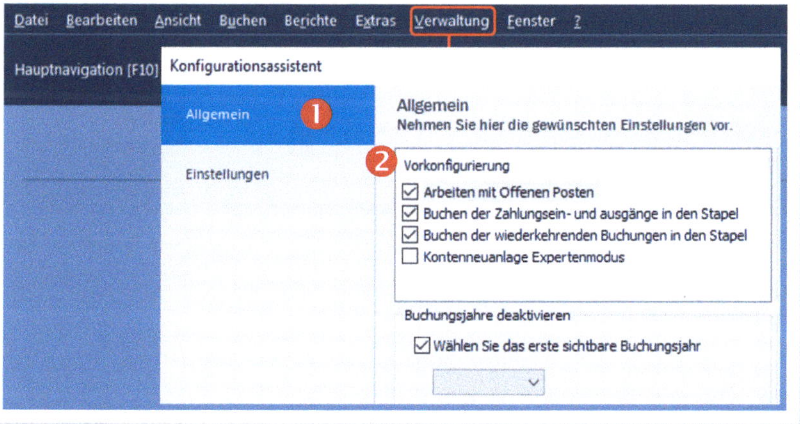

Abb. 9: Allgemeine Einstellungen: Unter **Verwaltung → Konfigurationsassistent → Allgemein** ❶ sehen Sie die Vorkonfiguration ❷. Hier ist zum Beispiel die Funktion »Ansicht Offene Posten mit Details darstellen« eingeschaltet.

6.6 Auswahl der Menüpunkte

Im Menü **Verwaltung → Konfigurationsassistent → Einstellungen** können Sie sehen, welche Menüpunkte in Lexware buchhaltung angezeigt werden und welche nicht. Links auf dem Bild sehen Sie die **Menüpunkte** im Programm und unter **Einstellungen → Buchen** sehen Sie, welche Buchungsmasken zur Auswahl stehen. Zum Beispiel sehen Sie hier, dass es »Einnahmen/Ausgaben« und »Einnahmen/Ausgaben in den Stapel« gibt. Diese unterscheiden sich, wie beim Stapelbuchen und Dialogbuchen, nur in der Buchungsart. In diesem Fall wurde nur die Buchungsmaske »Einnahmen/Ausgaben in den Stapel« ausgewählt. Sie können diese Menüpunkte jederzeit ein- und wieder ausschalten.

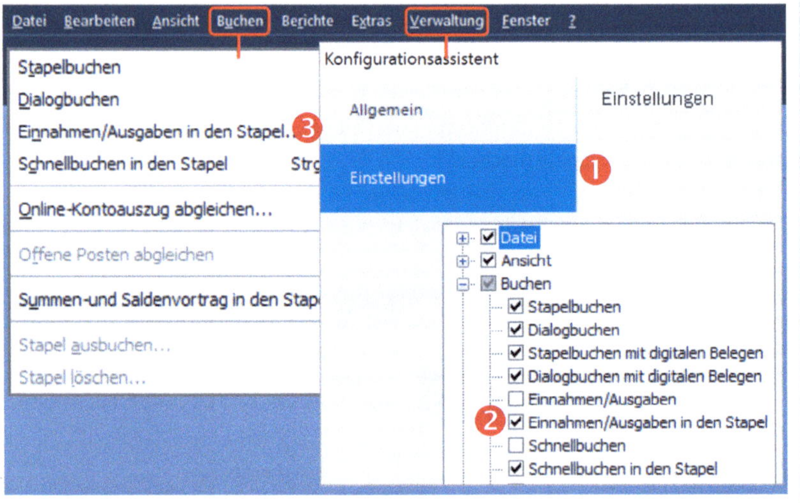

Abb.10: Menüpunkte einstellen: Unter **Verwaltung → Konfigurationsassistent → Einstellungen** ❶ können Sie sehen, welche Menüpunkte in Ihrem Programm aktiviert sind. Die Buchungsmasken, die hier einen Haken haben ❷, werden im Menü **Buchen** ❸ angezeigt.

6.7 Automatische Programmaktualisierung über das Internet

Selbst wenn die Software installiert wurde bzw. das neueste Update aufgespielt ist, arbeitet Lexware an der aktuellen Programmversion weiter. Sobald es Programmverbesserungen gibt oder Anpassungen aufgrund gesetzlicher Änderungen erforderlich sind, bietet Ihnen Lexware kostenlose Updates. Um Sie über Neuerungen zu informieren, hat Lexware einen Info Service eingerichtet.

In Ihrer Taskleiste finden Sie eine kleine grüne Weltkugel. Mit einem Doppelklick auf diese Kugel öffnen Sie den Info Service. Hier sehen Sie, wann das Programm zuletzt nach Updates gesucht hat und ob es Neuigkeiten gibt.

Unter **Konfigurieren** ist in der Regel ausgewählt, dass die Aktualisierungen automatisch gesucht, heruntergeladen und installiert werden. Diese Einstellungen können Sie jederzeit ändern und an Ihre Bedürfnisse anpassen. Vielleicht möchten Sie nur informiert werden und die Dateien selbst herunterladen und installieren.

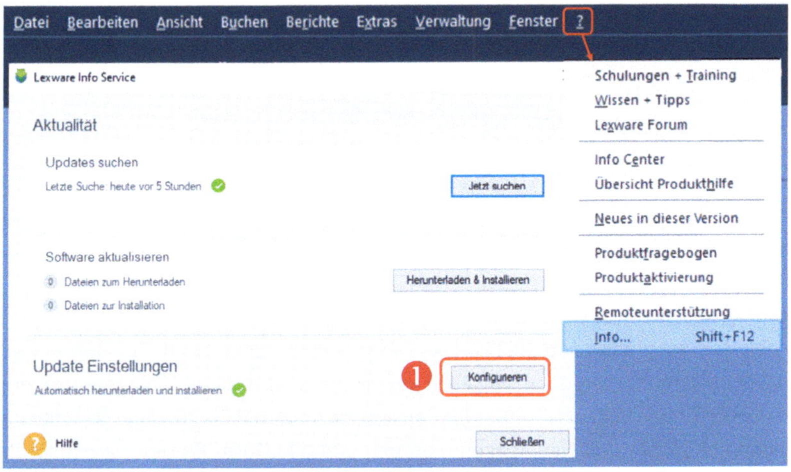

Abb. 11: Lexware Info Service aktivieren: Klicken Sie in der Taskleiste auf die grüne Weltkugel, öffnet sich dieses Fenster. Unter **Konfigurieren** ❶ können Sie die Einstellungen überprüfen und anpassen.

Tipp

Die Versionsnummer Ihres Programms finden Sie im Menü **?** → **Info.**

Update-Einstellung in den Versionen pro und premium

Die Programmversionen Lexware buchhaltung pro und premium sind netzwerkfähig, d. h. mehrere Benutzer können mit der Software arbeiten. In diesem Fall wird das Update zunächst auf dem Server eingespielt und dann erst bei den Benutzern. Auf diese Weise kann der Administrator die Installationen auf den Rechnern richtig verwalten.

6.8 Hinweise zur DSGVO

Im Menü **Extras** → **Datenschutz** finden Sie verschiedene Informationen und Funktionen zum Thema Datenschutz.

Kundendaten sperren oder löschen

Persönliche Kundendaten, die nicht gespeichert werden müssen, sollten beim Debitorenkonto gelöscht werden. Das Debitorenkonto selbst kann nur gelöscht werden, solange es noch nicht bebucht wurde, oder wenn es bebucht wurde und die Aufbewahrungspflicht abgelaufen ist. Wird ein Debitorenkonto nicht mehr genutzt, kann es gesperrt werden, solange keine Löschung möglich ist. So hat nicht mehr jeder Zugriff auf die Daten.

Kunden Auskunft erteilen

Bittet Sie ein Kunde um Auskunft, welche Daten über ihn gespeichert sind, können Sie über das Programm einen entsprechenden Brief vorbereiten. Dazu öffnen Sie das Debitorenkonto, wählen im Bereich **Anschrift** die Funktion »Auskunft erteilen«. Da das Schreiben nur die Daten zeigt, die in der Software gespeichert sind, müssen Sie es um die Daten ergänzen, die außerhalb gespeichert sind.

Das Gleiche gilt auch für Lieferantendaten beim Kreditorenkonto.

Den Zugriff steuern über Kennwörter

In den Versionen basis und plus können Sie im Menü **Extras** durch Passwortvergabe die Nutzungsrechte vergeben. Für jede Firma sind drei verschiedene Passwörter möglich, eines für den Vollzugriff, eines für den eingeschränkten Zugriff ohne Berichte und bestimmte Lösch- und Neuanlagefunktionen und das Dritte für den Betriebsprüfer mit Begrenzung auf bestimmte Buchungsjahre.

In den Versionen pro und premium können Sie im Menü **Extras** in der Benutzerverwaltung verschiedene Benutzer anlegen, Passwörter hinterlegen und Rechte vergeben. Wer welche Firma und welche Buchungsjahre bearbeiten darf, wer was eingeben und sehen darf, kann hier individuell für jeden Nutzer hinterlegt werden.

7 Anfangsbestände erfassen, im ersten Jahr mit der Software

Erledigen Sie zum ersten Mal die Buchführung mit Lexware buchhaltung, müssen Sie einige Daten manuell erfassen, die schon beim nächsten Jahreswechsel automatisch übernommen werden können. Dazu gehören vor allem die Anfangsbestände der Konten. Zunächst zeigen wir Ihnen den wohl häufigsten Fall, den Start zum 1. Januar. Erst danach erfahren Sie, wie Sie vorgehen, wenn Sie im laufenden Jahr in das Programm einsteigen, weil Ihr Unternehmen gerade erst gegründet wurde oder die Buchführung bisher mit einer anderen Software erledigt wurde.

7.1 Welche Anfangsbestände werden wann erfasst?

Die Schlussbilanz des Vorjahres ist gleichzeitig die Eröffnungsbilanz des aktuellen Jahres. Und da die Schlussbilanz in der Regel erst ein paar Monate nach dem 31.12. fertiggestellt wird, gibt es am 01.01. noch keine vollständige Eröffnungsbilanz.

Für die Belegerfassung zu Beginn des neuen Jahres ist die Eröffnungsbilanz zunächst nicht erforderlich, hierfür genügt die Erfassung der Anfangssalden der Geldkonten laut Kassenbuch und Kontoauszügen vom 31.12.

BEISPIEL

Erfassen Sie die Positionen Ihres Kontoauszugs, rechnet das Programm parallel den Kontostand mit. Dafür braucht die Software den Anfangsbestand. Nach den Eingaben können Sie dann den Saldo im Programm mit Ihrem Original-Kontoauszug vergleichen. So erkennen Sie auf einen Blick, ob Sie sich vertippt haben oder nicht.

Solange die Bilanz des Vorjahres nicht vorliegt und nicht alle Anfangsbestände erfasst wurden, sind noch nicht alle Berichte brauchbar. Angenommen, im März fordert Ihre Bank ein vorläufiges Ergebnis, zum Beispiel eine Bilanz bzw. Gewinn- und Verlustrechnung. Wie aussagekräftig sind diese Berichte zu diesem Zeitpunkt?

Ohne Anfangsbestände ist eine Bilanz nicht brauchbar, sie zeigt nur die Zugänge und Abgänge des aktuellen Jahres, aber noch nicht die Bestände. In der Gewinn- und Verlustrechnung dagegen werden nur Aufwendungen und Erlöse des laufenden Jahres erfasst, keine Anfangsbestände. Sie zeigt ein vorläufiges Ergebnis und kann z.B. an die Bank weitergeleitet werden.

7.2 Hinweis für Einnahmen-Überschussrechner

Eigentlich genügt es, im Rahmen der Einnahmen-Überschussrechnung lediglich die Betriebseinnahmen und -ausgaben zu erfassen. Die Eingabe der Anfangsbestände ist nicht erforderlich. Arbeiten Sie allerdings mit einem Buchführungsprogramm, ist es vorteilhaft, die Anfangsbestände Ihrer Bankkonten und ggf. Ihrer Kasse einzugeben. Damit nutzen Sie eine sehr hilfreiche Kontrollfunktion, nämlich den Vergleich der Banksalden von Programm und Kontoauszug.

Bei der Einnahmen-Überschussrechnung gibt es den Bericht »Eröffnungsbilanz« nicht, die Kontobestände finden Sie im Bericht »Einnahmen-Überschussrechnung mit Kontennachweis« sowie im Bericht »Summen- und Saldenliste«.

7.3 Belegnummernkreis für Anfangsbestände

Anfangsbestände nennt man auch Eröffnungsbilanzwerte, kurz EB-Werte. Wenn Sie für die Anfangsbestände einen eigenen Nummernkreis führen möchten, getrennt von allen anderen Buchungen, empfiehlt es sich, den Belegnummernkreis »EB« anzulegen und beim Buchen zu verwenden. Mehr dazu im Kapitel 5.1 »Belegnummernkreise anlegen«.

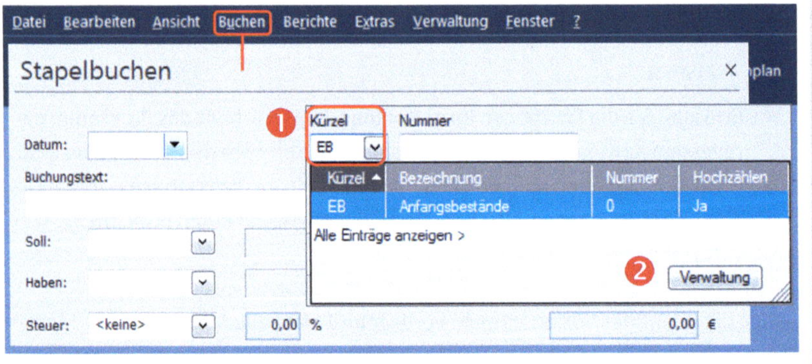

Abb. 1: Belegnummernkreis für Anfangsbestände: Wählen Sie in der Buchungsmaske unter Belegnummernkreis das Kürzel »EB« ❶ aus. Über **Verwaltung** ❷ können Sie vorhandene Nummernkreise bearbeiten und neue anlegen.

7.4 Anfangsbestände buchen

Unter **Buchen → Stapelbuchen** können Sie die Anfangsbestände erfassen. Diese werden über das Konto »9000 Saldenvorträge Sachkonten« erfasst. Man spricht hier auch von Saldenvorträgen.

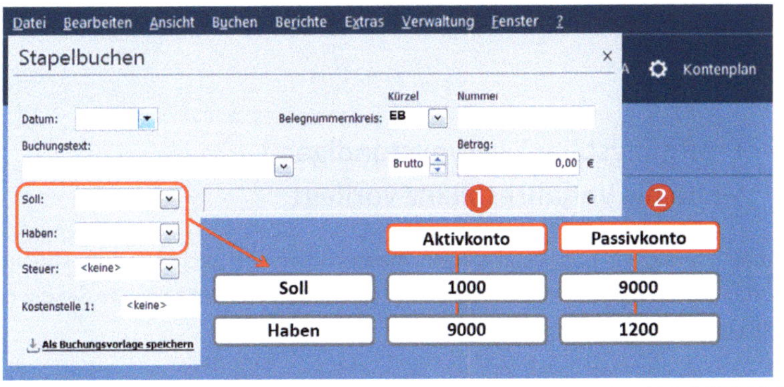

Abb. 2: Anfangsbestände erfassen unter Stapelbuchen: Aktivkonten ❶ werden im »Soll« und Passivkonten ❷ im »Haben« gebucht, das Gegenkonto für die Anfangsbestände von Sachkonten ist »9000«.

7.5 Anfangsbestände von Kasse und Bank erfassen

Die Anfangsbestände finden Sie auf den Kontoauszügen der Bank sowie im Kassenbuch, soweit dieses geführt wird. Geben Sie diese Werte zum 01.01. des Jahres ein, kann die Software die aktuellen Kontostände verfolgen.

BEISPIEL

Wurde der Anfangsbestand der Kasse in Höhe von 500,00 Euro erfasst, sehen Sie den Kontostand unter anderem in der Buchungsmaske »Einnahmen/Ausgaben in den Stapel«.

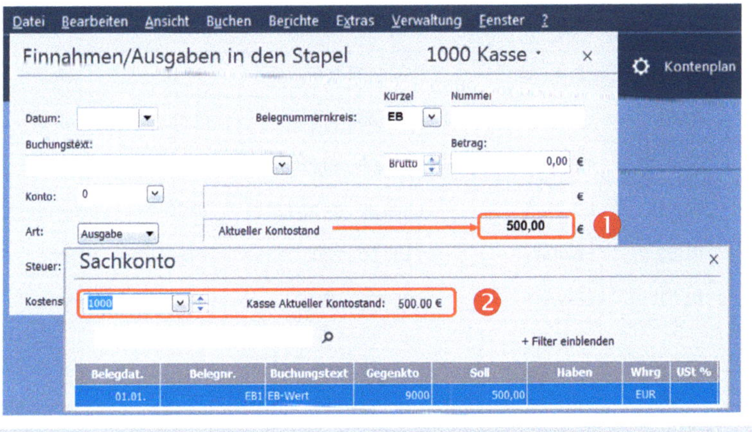

Abb. 3: Den Anfangsbestand finden: Nach dem Buchen steht der Anfangsbestand in der Buchungsmaske ❶ . Auf dem Sachkonto »1000/1600 Kasse« ❷ im Menü **Ansicht** sehen Sie ihn erst, wenn der Stapel ausgebucht wurde.

Alle anderen Anfangsbestände werden erst später erfasst, wenn die Schlussbilanz fertiggestellt ist.

7.6 Eröffnungsbilanz vervollständigen, wenn die Vorjahresbilanz vorliegt

Sie haben bereits ein paar Wochen oder Monate im neuen Buchungsjahr gebucht. Inzwischen wurde die Vorjahresbilanz fertiggestellt und erst jetzt können Sie die Eröffnungsbilanz vervollständigen.

Eröffnungsbilanz			
Aktiva		Passiva	
Pkw	32.000 Euro	Kapital	35.650 Euro
Forderungen	11.900 Euro	Bank	2.800 Euro
Kasse	500 Euro	Verbindlichkeiten	5.950 Euro
Summe	44.400 Euro	Summe	44.400 Euro

Jetzt müssen Sie also nur noch die fehlenden Anfangsbestände erfassen, in diesem Fall alle außer »Kasse« und »Bank«.

BEISPIEL

Hier sehen Sie alle Buchungen dazu.

Buchen → Stapelbuchen					
Datum	Text	Betrag	SOLL SKR 03/04	HABEN SKR 03/04	Steuer
Anfangsbestände					
01.01.	EB-Wert	500,00	1000/1600	9000	keine
01.01.	EB-Wert	2.800,00	9000	1200/1800	keine
01.01.	EB-Wert	32.000,00	0320/0520	9000	keine
01.01.	EB-Wert	11.900,00	1410/1210	9000	keine
01.01.	EB-Wert	35.650,00	9000	0880/2010	keine
01.01.	EB-Wert	5.950,00	9000	1610/3310	keine

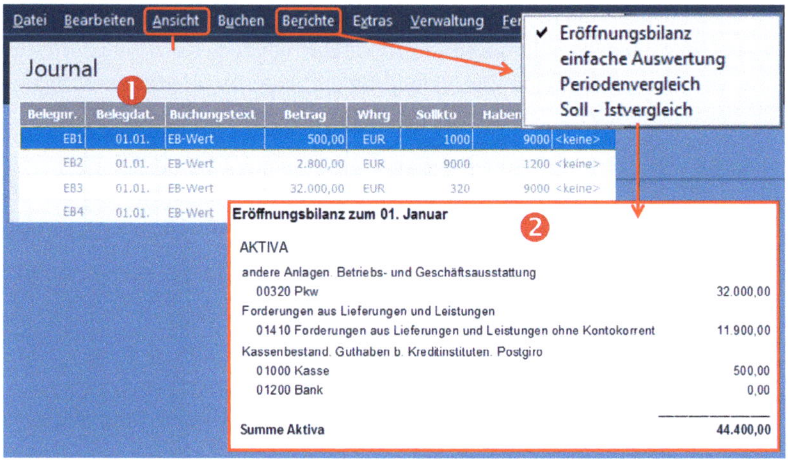

Abb. 4: Die gebuchten Anfangsbestände: Die einzelnen Buchungen stehen im Journal ❶ und die Eröffnungsbilanz erhalten Sie unter **Berichte → Auswertungen,** wenn Sie oben rechts »Eröffnungsbilanz« ❷ auswählen.

Tipp

Schon im Folgejahr bietet Ihnen das Programm die Möglichkeit, die EB-Werte automatisch zu übernehmen. Bei den Versionen basis und plus über den technischen Jahresabschluss und bei den Versionen pro und premium direkt beim Anlegen eines neuen Buchungsjahres. Mehr dazu in den Kapiteln 16 und 17 »Was ist beim Jahreswechsel zu beachten? (buchhaltung basis und plus)« und »Was ist beim Jahreswechsel zu beachten? (buchhaltung pro und premium)«.

7.7 Vorteile von Debitoren und Kreditoren

Bisher wurden in der Eröffnungsbilanz die offenen Forderungen und Verbindlichkeiten jeweils in einer Summe erfasst. In der Praxis handelt es sich dabei aber meistens um mehrere Rechnungen.

Möchten Sie zusätzlich die »Offene-Posten-Verwaltung« (OP-Verwaltung) des Programms nutzen? Möchten Sie die Forderungen pro Kunde sehen und die Verbindlichkeiten pro Lieferant? Dann müssen Sie für jeden Kunden ein Debitorenkonto anlegen und für jeden Lieferanten ein Kreditorenkonto.

BEISPIEL

Bei den offenen Forderungen von 11.900 Euro handelt es sich um zwei Rechnungen an unterschiedliche Kunden, für die bereits Debitorenkonten angelegt wurden:

Name des Kunden	Rechnungsbetrag	Debitorennr.
Sabine Anders, RG 234	4.760 Euro	10100
Braun GmbH, RG 236	7.140 Euro	20200
Summe	11.900 Euro	

Und bei den offenen Verbindlichkeiten handelt es sich um zwei Rechnungen von zwei verschiedenen Lieferanten, für die ebenfalls die Kreditorennummern angelegt wurden:

Name des Lieferanten	Rechnungsbetrag	Kreditorennr.
Haufe-Lexware GmbH & Co. KG, RG 2703	2.380 Euro	71000
Bürohandel Maurer, RG 119	3.570 Euro	72000
Summe	5.950 Euro	

Die Anfangsbestände von Debitorenkonten werden über das Konto »9008 Saldenvorträge Debitoren« erfasst, die der Kreditorenkonten über das Konto »9009 Saldenvorträge Kreditoren«.

BEISPIEL

Die Anfangsbestände der Forderungen und Verbindlichkeiten werden dann nicht mehr in einer Summe erfasst, sondern pro Debitoren- und Kreditorenkonto.

In der Bilanz werden die offenen Forderungen nach wie vor in einer Summe ausgewiesen. Aber Sie erhalten zusätzlich eine Übersicht der Forderungen pro Kunde, wenn Sie in der Druckauswahl der Bilanz unter **Auswertung** die »Personenkontenaufstellung« auswählen. Zusätzlich sehen Sie in den Offenen-Posten-Listen (OP-Listen), welche Rechnungen welcher Kunden noch nicht bezahlt wurden, also noch offen sind. Das Gleiche gilt für die Kreditoren und Verbindlichkeiten.

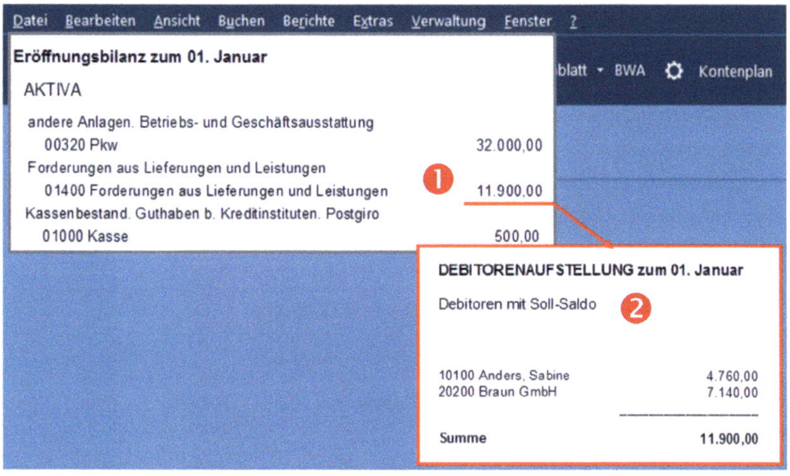

Abb. 5: Der Vorteil von Debitoren: Verwenden Sie beim Buchen Debitorenkonten, sehen Sie danach in der Bilanz ❶ Ihre Forderungen in einer Summe und in einer Debitorenaufstellung ❷ die Forderungen pro Kunde.

Mehr zu Debitoren und Kreditoren in Kapitel 10 »Debitoren anlegen und Kundenrechnungen erfassen«, in Kapitel 11 »Kreditoren anlegen und Eingangsrechnungen erfassen« und in Kapitel 12 »Kontoauszüge erfassen Teil 1 – Ausgleich von OP-Debitoren und Kreditoren«.

7.8 Anfangsbestände erfassen beim Einstieg im laufenden Jahr

Es ist ein Unterschied, ob Sie Ihr Unternehmen gerade erst gegründet haben oder die Firma bereits besteht und die Buchführung zuvor mit einer anderen Software gebucht wurde.

Haben Sie Ihr Unternehmen im März eröffnet und möchten nun mit der Buchführung beginnen, gibt es in der Regel nicht viel zu tun. Der Umfang der ersten Eröffnungsbilanz ist meist sehr gering. Die Erfassung der Anfangsbestände erfolgt genauso wie in den vorherigen Schritten beschrieben.

7.9 Bisher wurde mit einer anderen Software gearbeitet

Hat Ihr Steuerberater bisher Ihre Buchführung erledigt oder haben Sie vorher mit einem anderen Programm gearbeitet, müssen Sie nicht alle Buchungen noch einmal erfassen, sondern nur die Summen und Salden der Konten. D. h., gebucht werden die Anfangsbestände der Aktiv- und Passivkonten sowie die Summen der Konten (Jahresverkehrszahlen). Diese Werte finden Sie zum Beispiel in der letzten Summen- und Saldenliste.

Summen- und Saldenliste zum 30.06.							
		Eröffnungsbilanz		**Summen**		**Salden**	
Konto SKR 03/04	Bezeichnung	Aktiva	Passiva	Soll	Haben	Soll	Haben
0880/2010	Variables Kapital		22.500				22.500
1200/1800	Bank	22.500			17.850	4.650	
1576/1406	Vorsteuer			2.850		2.850	
3400/5400	Wareneingang			15.000		15.000	
		22.500	22.500	17.850	17.850	22.500	22.500

Im Programm unter **Buchen → Summen- und Saldenvortrag** können Sie diese Summen- und Saldenliste einfach abschreiben. Hier handelt es sich um eine Eingabemaske, während Sie die Werte dort eintragen, wird im Hintergrund gebucht.

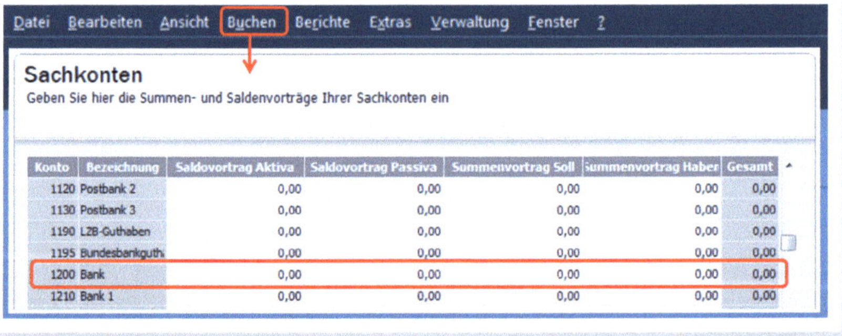

Abb. 6: Ein Teil der Eingabemaske Summen- und Saldenvortrag: In diese Felder können Sie die Werte Ihrer Summen- und Saldenliste eintragen. Nach dem Klick auf **Buchen** erfasst das Programm automatisch die richtigen Gegenkonten.

Natürlich können Sie die Buchungen unter **Buchen → Stapelbuchen** auch manuell erfassen.

BEISPIEL

Hier sehen Sie die entsprechenden Buchungen dazu.

Buchen → Stapelbuchen					
Datum	Text	Betrag	SOLL SKR 03/04	HABEN SKR 03/04	Steuer
Anfangsbestände					
01.01.	EB-Wert	22.500,00	1200/1800	9000	keine
01.01.	EB-Wert	22.500,00	9000	0880/2010	keine
Summen pro Konto					
30.06.	Summen	17.850,00	9090	1200/1800	keine
30.06.	Summen	2.850,00	1576/1406	9090	keine
30.06.	Summen	15.000,00	3400/5400	9090	keine

Nachdem diese Buchungen erfasst wurden, sollten Sie im Menü **Berichte** ebenfalls eine Summen- und Saldenliste drucken. Stimmen beide Listen überein, haben Sie richtig gebucht.

7.10 Übungen zur Eingabe ins Programm

Voraussetzungen für die Übungen		
Einstellungen	Überprüfen Sie, ob in den Firmenstammdaten der Haken bei »unterschiedliche Belegnummernkreise« gesetzt ist. Unter Verwaltung – Belegnummern sollte der Belegnummernkreis »EB« für Eröffnungsbilanzwerte angelegt sein, Kapitel 5, Übung 5.1.	
Hinweise zu den Eingaben	Es wird am 01.01. gebucht, zu diesem Datum sollten noch keine Buchungen vorhanden sein. Die letzte Übung ist nur für Bilanzierende. Da noch keine Debitoren- und Kreditorenkonten angelegt sind, werden die Forderungen und Verbindlichkeiten in der Übung auf Sachkonten gebucht.	

ÜBUNG 7/1 ANFANGSBESTÄNDE DER GELDKONTEN BUCHEN

Die Kontoauszüge und das Kassenbuch liegen Ihnen vor. An diesen Beständen wird sich nichts mehr ändern. Buchen Sie bitte unter **Buchen → Stapelbuchen** den positiven Anfangssaldo der Kasse von +500 Euro und den negativen Saldo der Bank von -2.800 Euro. Verwenden Sie dazu den Belegnummernkreis »EB- Eröffnungsbilanzwerte«.

Buchen → Stapelbuchen						
Datum	Beleg	Text	Betrag	SOLL SKR 03/04	HABEN SKR 03/04	Steuer
01.01.	EB 1	EB-Wert	500,00	1000/1600	9000	keine
01.01.	EB 2	EB-Wert	2.800,00	9000	1200/1800	keine

Stimmen Ihre Eingaben, können Sie die Buchungen ins Journal übertragen und unter **Buchen → Stapel** ausbuchen.

ÜBUNG 7/2 RESTLICHE ANFANGSBESTÄNDE BUCHEN – NUR FÜR BILANZIERENDE

Erfassen Sie bitte unter **Buchen → Stapelbuchen** die fehlenden Anfangsbestände.

Buchen → Stapelbuchen						
Datum	Beleg	Text	Betrag	SOLL SKR 03/04	HABEN SKR 03/04	Steuer
01.01.	EB 3	EB-Wert	32.000,00	0320/0520	9000	keine
01.01.	EB 4	EB-Wert	11.900,00	1410/1210	9000	keine
01.01.	EB 5	EB-Wert	35.650,00	9000	0880/2010	keine
01.01.	EB 6	EB-Wert	5.950,00	9000	1610/3310	keine

Stimmen Ihre Eingaben, können Sie die Buchungen ins Journal übertragen und unter **Buchen → Stapel** ausbuchen.

LÖSUNG 7/1

In der Buchungsmaske **Einnahmen/Ausgaben in Stapel** sehen Sie zum Beispiel den aktuellen Kontostand, genauso wie unter **Ansicht → Sachkonto.**

LÖSUNG 7/2

Unter **Ansicht → Journal** finden Sie Ihre Buchungen. Unter **Berichte → Auswertungen → Bilanz** können Sie die Eröffnungsbilanz ansehen, wenn Sie in der Berichtsauswahl **Eröffnungsbilanz** auswählen statt **einfache Auswertung.**

8 Kassenbelege schnell und effektiv erfassen

Für die Erfassung von Kassenbelegen ist die Buchungsmaske »Einnahmen/Ausgaben in den Stapel« zu empfehlen. Hier lernen Sie die Vorteile kennen.

Sind Belegnummernkreis, Anfangsbestand und einige Buchungsvorlagen erst einmal erfasst, geht das Buchen ganz schnell. Ihre Eingaben können Sie jederzeit ändern und in verschiedenen Berichten ansehen.

8.1 Buchungsmaske und Belegnummernkreis festlegen

Sie öffnen die Buchungsmaske unter **Buchen → Einnahmen/Ausgaben in den Stapel** und wählen in der Kontenauswahl das Konto »1000/1600 Kasse« aus. Hier müssen Sie nur ein Konto eingeben, denn das Konto »1000/1600 Kasse« bucht die Software im Hintergrund automatisch. Sie steuern durch die Eingabe von **Einnahme** oder **Ausgabe**, wie es gebucht wird.

Achtung

In der Kontenauswahl finden Sie alle Konten der Kategorie »Finanzkonto«, d. h. nur Finanzkonten können Sie über diese Buchungsmaske buchen. Möchten Sie zum Beispiel ein Verrechnungs- oder Darlehenskonto damit buchen, müssen Sie vor der ersten Buchung im Kontenplan für dieses Konto die Kategorie »Finanzkonto« wählen. Mehr dazu im Kapitel 4.6 »Buchungsmaske Einnahmen/Ausgaben in den Stapel«.

Für die Erfassung von Kassenbelegen empfiehlt es sich, den Belegnummernkreis »K« zu verwenden. So können Sie die Kassenbelege getrennt von allen anderen Buchungen nummerieren. Ist dieser Belegnummernkreis noch nicht angelegt, können Sie das bei der Erfassung des ersten Kassenbeleges erledigen.

Nach der Eingabe des Datums klicken Sie im Feld **Belegnummernkreis-Kürzel** auf den Pfeil. Hier sehen Sie alle angelegten Belegnummernkreise und über die Funktion **Verwaltung** können Sie neue Belegnummernkreise anlegen und die bereits vorhandenen ändern. Mehr dazu im Kapitel 5.1 »Belegnummernkreise anlegen«.

8.2 Anfangsbestand kontrollieren

Bevor Sie mit der Erfassung der Kassenbelege beginnen, müssen Sie den Kassenstand im Programm mit Ihrem tatsächlichen Stand vergleichen.

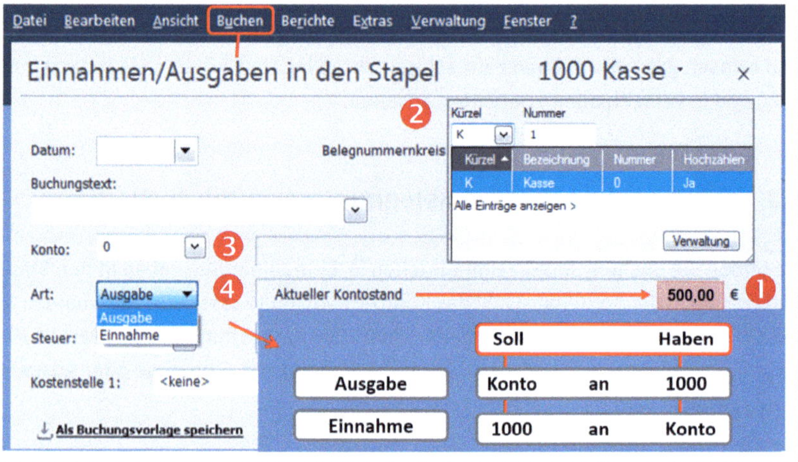

Abb. 1: Buchungsmaske für Kassenbelege: Hier sollten Sie zuerst den Kontostand kontrollieren ❶ und beim Buchen den Belegnummernkreis »K« verwenden ❷. Sie müssen nur ein Konto eingeben ❸ und über die Auswahl **Einnahme** oder **Ausgabe** ❹ wählen.

Wer ein Kassenbuch führt, muss darauf achten, dass der Kassenstand niemals negativ wird. Ein Bankkonto kann einen positiven oder negativen Saldo haben, eine Kasse niemals. Was könnten Sie sich herausnehmen, wenn nichts mehr drin ist?

Wenn Geld in der Kasse fehlt, müssen Sie einen entsprechenden Betrag einlegen, bevor Sie die Zahlung tätigen. Entweder heben Sie das Geld vom Geschäftskonto ab und legen es in die Kasse ein oder Sie legen es aus Ihrem privaten Geldbeutel ein. Für diesen Geldeingang erstellen Sie dann einen sogenannten Eigenbeleg. Kommt das Geld vom Geschäftskonto, buchen Sie ihn auf das Konto »1360/1460 Geldtransit«. Wird es privat eingelegt, buchen Sie bei Personenfirmen auf das Konto »1890/2180 Privateinlage« und bei Kapitalgesellschaften auf das Konto »0730/3510 Verbindlichkeiten gegenüber Gesellschaftern«.

Tipp

Bei einem Beleg, den Sie unterwegs mit dem privaten Geldbeutel gezahlt haben, haben Sie zwei Möglichkeiten. Entweder tragen Sie den Beleg ein und entnehmen das Geld aus der Kasse oder Sie erfassen zunächst eine Privateinlage/Verbindlichkeit gegen Gesellschafter in Höhe des Rechnungsbetrags und dann erst den Beleg.

8.3 Was ist bei Einnahmen-Überschussrechnern zu beachten?

Einnahmen-Überschussrechner müssen nur in besonderen Fällen einen Kassenbericht führen, nämlich dann, wenn durch die Kasse die Bareinnahmen ermittelt werden (Gastronomie, Einzelhandel etc.). Alle anderen Einnahmen-Überschussrechner sind nicht dazu verpflichtet. Hier werden die Ausgaben in der Regel aus dem privaten Geldbeutel bezahlt, und da sie keinen Kassenbestand führen, werden alle Barbelege einfach nur nach Datum sortiert abgelegt, nummeriert und gebucht.

In diesem Fall sollten Sie die Bezeichnung des Kontos »Kasse« umbenennen in »Barbelege«. Alternativ können Sie ein Verrechnungskonto speziell für die Einnahmen-Überschussrechnung verwenden (z. B. 1371/1486), wenn Sie es vorher als Finanzkonto speichern. Dann ist die Erfassung eines Anfangsbestands nicht erforderlich und der Saldo des Kontos darf auch negativ werden. Durch die Umbenennung ist klar, dass Sie keinen Kassenbericht führen, sondern Ihre Barbelege erfassen.

8.4 Kassenbelege erfassen

Sie erfassen das Datum, die Belegnummer, den Buchungstext sowie den Bruttobetrag ohne Vorzeichen. Anschließend müssen Sie das entsprechende Konto erfassen und **Einnahme** oder **Ausgabe** wahlen.

Im Feld **Konto** erfassen Sie zum Buchen die Kontonummer. Haben Sie in den Firmenstammdaten die »Umsatzsteuerpflicht« gewählt und ist das Konto »Bürobedarf« ausgewählt, wird im Feld **Steuer** »VSt. 19 %« erscheinen.

Stimmt der vorgeschlagene Steuersatz mit Ihrem Beleg überein, können Sie auf **Buchen** klicken und schon ist der Beleg erfasst. Automatisch wird im Hintergrund der Nettobetrag auf das Konto »Bürobedarf« gebucht und die enthaltene Steuer auf das Konto »Abziehbare Vorsteuer 19 %«.

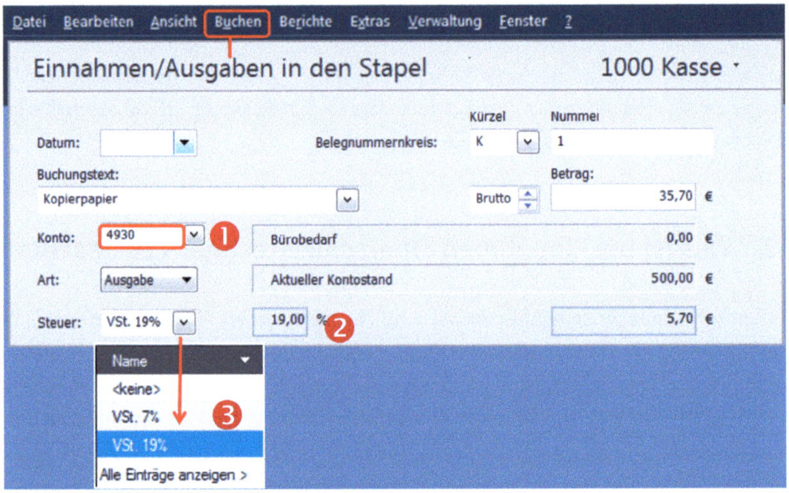

Abb. 2: Kassenbeleg erfassen: Ist das Konto gewählt ❶, müssen Sie nur noch den Steuersatz kontrollieren ❷ und ggf. anpassen ❸.

8.5 Kontrolle des Steuersatzes

Geben Sie ein Konto ein, wird in den meisten Fällen auch ein Steuersatz in die Buchungsmaske eingetragen, »USt.« für Umsatzsteuer und »VSt.« für Vorsteuer. Dieser Steuersatz ist in den Einstellungen des Kontos hinterlegt und darf nicht in allen Fällen einfach geändert werden. Stimmt also der vorgeschlagene Steuersatz beim Buchen nicht mit Ihrem Beleg überein, ist Folgendes zu beachten.

Bei **Ausgaben** können Sie den Steuersatz von zum Beispiel »VSt. 19 %« auf »VSt. 7 %« ändern, wenn es sich um eine inländische Rechnung mit Umsatzsteuer handelt. Beim Einkauf im Ausland müssen Sie spezielle Konten verwenden, bei denen bestimmte Funktionen für das korrekte Ausfüllen der Umsatzsteuerformulare hinterlegt sind. Für Fälle mit Steuerschuldumkehr nach § 13b UStG bzw. dem Reverse-Charge-Verfahren gibt es den Steuersatz »USt/VSt 19 %«. Mehr dazu erfahren Sie im Kapitel 9.4 »Einstellungen zur Umsatzsteuer – Eigenschaften«. Eine Übersicht zu Aufwandskonten sowie Buchungshinweise zu den verschiedenen Sonderfällen finden Sie unter www.iris-thomsen.de/kontenplan/aufwandskonten/ oder direkt über den QR-Code.

Bei **Einnahmen** müssen Sie unbedingt das Ertragskonto mit dem richtigen Steuersatz wählen oder die entsprechenden Konten für Sonderfälle wie steuerfreie innergemeinschaftliche Lieferungen, Ausfuhrlieferungen und § 13b Fälle (Dienstleistungen für das Ausland und bestimmte inländische Lieferungen und Leistungen). Nur so kann die Software die Umsatzsteuerformulare richtig ausfüllen. Eine Übersicht zu Ertragskonten sowie zu den Sonderfällen finden Sie unter www.iris-thomsen.de/kontenplan/ertragskonten/ oder direkt über den QR-Code.

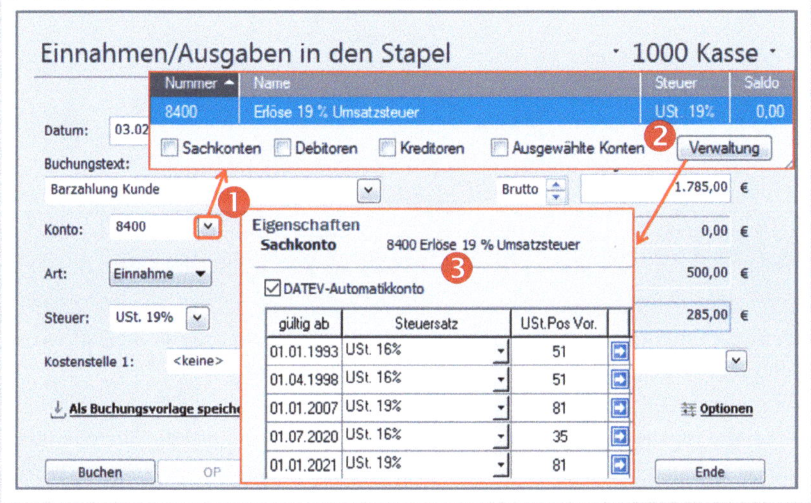

Abb. 3: Die Eigenschaften des Kontos 8400 ansehen: Klicken Sie neben dem Konto auf den Pfeil ❶ und wählen das Konto »8400/4400« aus, dann können Sie mit einem Klick auf **Verwaltung** ❷ die Eigenschaften des Kontos ansehen ❸ .

8.6 Buchungsvorlagen beim Buchen anlegen

Für Belege, die in Ihrem Unternehmen öfter vorkommen, können Sie Buchungsvorlagen anlegen, wie im Kapitel 5.3 »Buchungsvorlagen anlegen« beschrieben. Die Vorlagen können Sie auch direkt beim Buchen anlegen. Sind zum Beispiel alle Angaben für den Tankbeleg erfasst, gelangen Sie über die Funktion **Als Buchungsvorlage speichern** in die Verwaltung der Vorlagen. Da der Betrag bei Tankbelegen in der Regel unterschiedlich hoch ist, lässt man das Feld **Betrag** in der Buchungsvorlage einfach frei. Ist die Vorlage gespeichert, gelangen Sie über den Klick auf **Schließen** zurück zur Buchung und schließen diese über **Buchen** ab.

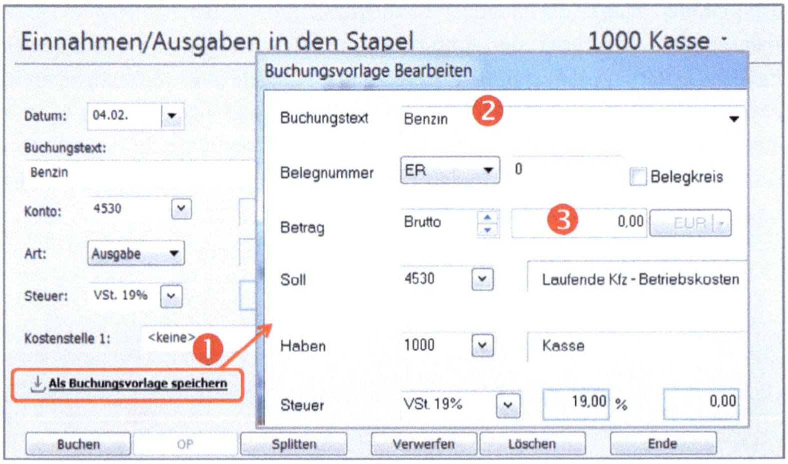

Abb. 4: Buchungsvorlage während der Eingabe anlegen: Erfassen Sie den Beleg in der Buchungsmaske und klicken Sie kurz vor dem Buchen auf **Als Buchungsvorlage speichern** ❶. Es öffnet sich dieses Fenster ❷, in dem Sie zum Beispiel im Betragsfeld »0 Euro« eintragen können ❸.

Falls Sie sich Nummern besser merken können als Texte, haben Sie die Möglichkeit die Buchungsvorlagen über das Feld **Suchnummer** zu nummerieren.

Alle bereits angelegten Buchungsvorlagen sehen Sie rechts neben der Buchungsmaske unter **Buchungsvorlagen anlegen** oder im Menü **Verwaltung → Buchungsvorlagen.** Hier können Sie die Vorlagen bearbeiten oder löschen.

8.7 Buchungsvorlagen verwenden

Möchten Sie nun den nächsten Tankbeleg erfassen, geben Sie im Feld **Buchungstext** den Buchstaben »B« oder das Wort »Benzin« ein. Je nach Einstellung der Buchungsmaske wird die Buchungsvorlage sofort angezeigt oder erst durch das Öffnen der Auswahlleiste. Sowie die Vorlage sichtbar ist, wählen Sie sie aus und bestätigen mit »Enter«.

Hierdurch werden der Buchungstext »Benzin« und das Konto »4530 Laufende Kfz-Kosten« automatisch in die Buchungsmaske übernommen. Schließlich geben Sie noch den Betrag ein und klicken auf **Buchen.**

! **Tipp**

Der Text aus der Vorlage ist übrigens nur ein Vorschlag, er kann während der Eingabe jederzeit geändert oder ergänzt werden.

In den Versionen pro und premium können Sie mit mehreren Stapeln arbeiten. Geben Sie hier dem Stapel zum Beispiel den Namen »Kassenbelege«, können Sie ihn getrennt von den anderen Buchungen früher oder später ausbuchen. Mehr dazu im Kapitel 6.3 »Arbeiten mit mehreren Buchungsstapeln und Perioden«.

8.8 Berichte ansehen – Ihre Buchungen sind noch im Stapel

In den Menüs **Ansicht** und **Berichte** können Sie die erfassten Buchungen ansehen. Ändern, löschen oder stornieren können Sie die Buchungen nur im Menü **Ansicht**. Und Ihre Ergebnisse sehen Sie nur im Menü **Berichte**.

Solange sich Ihre Buchungen noch im Stapel befinden, sehen Sie diese im Menü **Ansicht** nur im Buchungsstapel. Im Menü **Berichte** dagegen überall, wenn Sie beim Druck im Auswertungsbereich »Stapel« oder »Alle Buchungen« wählen. Das gilt auch für den Kassenbericht, den Sie unter **Extras → Kassenbuch** ansehen und drucken können.

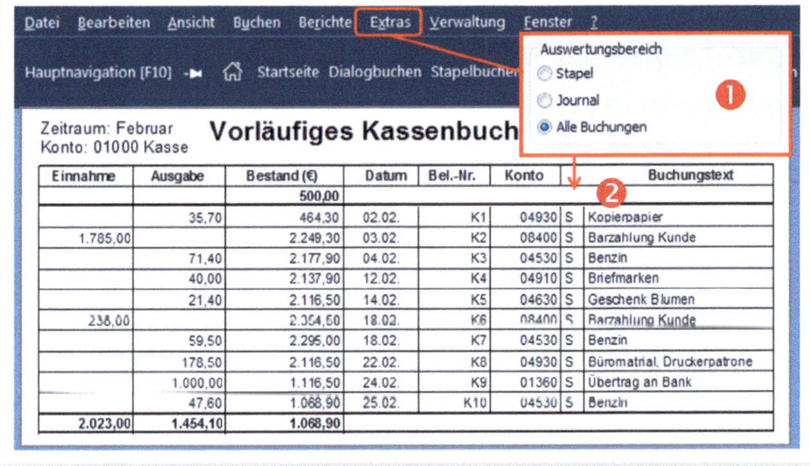

Einnahme	Ausgabe	Bestand (€)	Datum	Bel.-Nr.	Konto		Buchungstext
		500,00					
	35,70	464,30	02.02.	K1	04930	S	Kopierpapier
1.785,00		2.249,30	03.02.	K2	08400	S	Barzahlung Kunde
	71,40	2.177,90	04.02.	K3	04530	S	Benzin
	40,00	2.137,90	12.02.	K4	04910	S	Briefmarken
	21,40	2.116,50	14.02.	K5	04630	S	Geschenk Blumen
238,00		2.354,50	18.02.	K6	08400	S	Barzahlung Kunde
	59,50	2.295,00	18.02.	K7	04530	S	Benzin
	178,50	2.116,50	22.02.	K8	04930	S	Büromatrial, Druckerpatrone
	1.000,00	1.116,50	24.02.	K9	01360	S	Übertrag an Bank
	47,60	1.068,90	25.02.	K10	04530	S	Benzin
2.023,00	1.454,10	1.068,90					

Abb. 5: Der Kassenbericht: Unter **Extras → Kassenbuch** können Sie sich den Kassenbericht ansehen. Wählen Sie im Auswertungsbereich »Alle Buchungen« ❶ , sehen Sie am Kürzel »S« ❷ , dass sich noch alle Buchungen im Stapel befinden.

Stimmen Ihre Eingaben sowie der Kassenstand, sollten Sie den Stapel ausbuchen, bzw. Ihre Buchungen ins Journal übertragen. Erst dann können Sie zum Beispiel den Kassenbericht ohne das Wort »vorläufig« drucken und auf Ihre Belege heften.

8.9 Berichte ansehen – Ihre Buchungen sind im Journal

Sowie der Stapel ausgebucht wurde, sehen Sie Ihre Buchungen im Menü **Ansicht** im Journal und auf den Konten. Im Menü **Berichte** können Sie endgültige Auswertungen drucken, indem Sie im Auswertungsbereich »Journal« wählen.

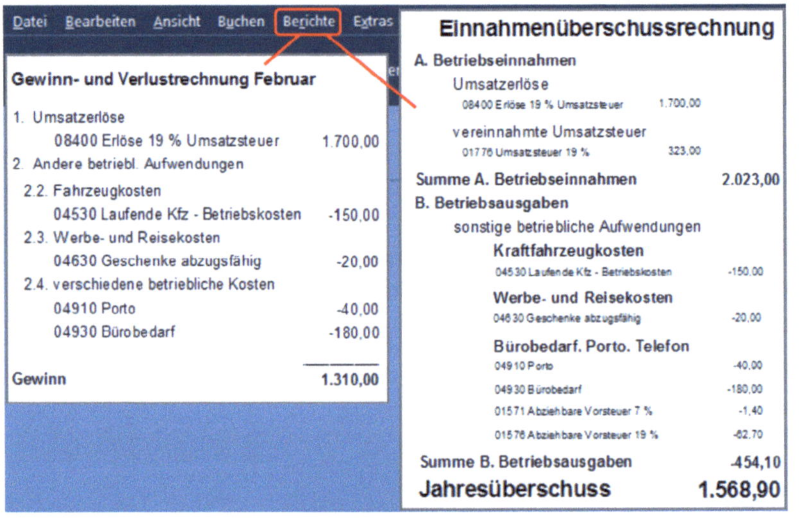

Abb. 6: Die Gewinn- und Verlustrechnung und die Einnahmen-Überschussrechnung.

8.10 Hinweis zu elektronischen Kassensystemen

In den vorherigen Abschnitten ging es um die Erfassung von Barbelegen im Buchführungsprogramm. Verwenden Sie ein elektronisches Kassensystem, können Sie die Belegbuchungen sicher automatisch in die Buchführung übertragen lassen.

Die Neuerungen zu elektronischen Kassensystemen betreffen lediglich die tägliche Aufzeichnung im Geschäftsbetrieb, also die Vorbereitung für die Buchführung.

Grundsätzlich muss eine Barkasse täglich geführt werden, d. h. Einnahmen und Ausgaben des Tages sind nachvollziehbar aufzuzeichnen. Eine offene Ladenkasse darf nach wie vor geführt werden und eine Einzelaufzeichnungspflicht besteht nur, wenn es zumutbar ist. Das Finanzamt kann jederzeit unangekündigt eine Kassenprüfung vornehmen, die sogenannte Kassennachschau.

Wird ein elektronisches Kassensystem genutzt, sind weitere Vorschriften einzuhalten. Jeder Umsatz ist einzeln aufzuzeichnen und die Daten sind zu speichern. Seit 2020 ist für jeden Umsatz ein Beleg an den Kunden auszugeben, in Papierform oder elektronisch. Und seit März 2021 muss das elektronische Kassensystem mit einer TSE Zertifizierung vom BSI ausgestattet sein und dem Finanzamt gemeldet werden. Mehr dazu und ob die Vorschriften bestehen bleiben, erfahren Sie unter www.iris-thomsen.de/bücher/informationen.

8.11 Übungen zur Eingabe ins Programm

Voraussetzungen für die Übungen		
Einstellungen	Überprüfen Sie bitte, ob in den Firmenstammdaten der Haken bei »unterschiedliche Belegnummernkreise« gesetzt ist. Unter Verwaltung – Belegnummern sollte der Belegnummernkreis »K« für Kasse angelegt sein, Kapitel 5, Übung 5.1.	
Hinweise zu den Eingaben	Der Anfangsbestand der Kasse zum 01.01. wurde bereits im Kapitel 7 in der Übung 7/1 gebucht. Die Buchungsvorlagen »Barzahlung Kunde« und »Büromaterial« wurden im Kapitel 5, Übung 5/3 erfasst. Gebucht wird im Februar, in diesem Monat sollten im Stapel keine Buchungen vorhanden sein.	

ÜBUNG 8/1 KASSENBELEG MIT VORSTEUER BUCHEN

Buchen Sie den Kassenbeleg »Kauf von Kopierpapier« unter **Einnahmen/Ausgaben in den Stapel → Kasse.** Der Beleg soll auf das Konto »4930/6815 Bürobedarf« gebucht werden. Vergessen Sie nicht, den vorgeschlagenen Steuersatz mit dem auf dem Beleg zu vergleichen. Kontrollieren Sie bitte nach der Buchung den Kontensaldo.

Buchen → Einnahmen/Ausgaben in den Stapel → 1000/1600 Kasse						
Datum	Beleg	Buchungstext	Betrag	Konto SKR 03/04	Kategorie	Steuer
01.01.		Anfangsbestand	500,00	Kontrolle		
02.02.	K 1	Kopierpapier	35,70	4930/6815	Ausgabe	VSt.19%
		Saldo	464,30	Kontrolle		

ÜBUNG 8/2 BARZAHLUNG VOM KUNDEN BUCHEN

Buchen Sie den Kassenbeleg »Barzahlung vom Kunden« unter **Einnahmen/Ausgaben in den Stapel → Kasse.** Dieser Beleg soll auf das Konto »8400/4400« gebucht werden, im Betrag sind 19% Umsatzsteuer enthalten. Kontrollieren Sie während der Eingabe die Eigenschaften dieses Kontos.

Buchen → Einnahmen/Ausgaben in den Stapel → 1000/1600 Kasse						
Datum	Beleg	Buchungstext	Betrag	Konto SKR 03/04	Kategorie	Steuer
03.02.		Anfangsbestand	464,30	Kontrolle		
03.02.	K 2	Barzahlung Kunde	1.785,00	8400/4400	Einnahme	USt.19%
		Saldo	2.249,30	Kontrolle		

ÜBUNG 8/3 BUCHUNGSVORLAGE BEIM BUCHEN ANLEGEN

Buchen Sie den Kassenbeleg »Benzin« unter **Einnahmen/Ausgaben in den Stapel → Kasse.** Legen Sie dabei bitte eine Buchungsvorlage für Benzin an und denken Sie daran, den Betrag in der Vorlage auf Null zu setzen.

Buchen → Einnahmen/Ausgaben in den Stapel → 1000/1600 Kasse						
Datum	Beleg	Buchungstext	Betrag	Konto SKR 03/04	Kategorie	Steuer
04.02.		Anfangsbestand	2.249,30	Kontrolle		
04.02.	K 3	Benzin	71,40	4530/6530	Ausgabe	VSt.19%
		Saldo	2.177,90	Kontrolle		

ÜBUNG 8/4: VERSCHIEDENE KASSENBELEGE BUCHEN

Erfassen Sie bitte folgende Kassenbelege unter **Einnahmen/Ausgaben in den Stapel → Kasse.** Für wiederkehrende Buchungen, wie das »Benzin«, sollten Sie die Buchungsvorlagen verwenden. Beachten Sie bitte auch, dass der Steuersatz bei Blumen auf »VSt. 7%« zu ändern ist.

Buchen → Einnahmen/Ausgaben in den Stapel → 1000/1600 Kasse						
Datum	Beleg	Buchungstext	Betrag	Konto SKR 03/04	Kategorie	Steuer
12.02.		Anfangsbestand	2.177,90	Kontrolle		
12.02.	K 4	Briefmarken	40,00	4910/6800	Ausgabe	keine
14.02.	K 5	Geschenk Blumen	21,40	4630/6610	Ausgabe	VSt.7 %
18.02.	K 6	Barzahlung Kunde	238,00	8400/4400	Einnahme	USt.19 %
18.02.	K 7	Benzin	59,50	4530/6530	Ausgabe	VSt.19 %
22.02.	K 8	Druckerpatrone	178,50	4930/6815	Ausgabe	VSt.19 %
24.02.	K 9	Übertrag an Bank	1.000,00	1360/1460	Ausgabe	Keine
25.02.	K 10	Benzin	47,60	4530/6530	Ausgabe	VSt.19 %
		Saldo	1.068,90	Kontrolle		

Denken Sie daran, vor und nach der Eingabe den Kassenstand zu kontrollieren.

ÜBUNG 8/5 KASSENBERICHT ANSEHEN – FÜR DIE VERSIONEN PLUS, PRO UND PREMIUM

Wenn Sie die Versionen plus, pro oder premium nutzen, sehen Sie sich bitte den Kassenbericht für den Monat Februar am Bildschirm an. Wählen Sie im Auswertungsbereich bitte »Alle Buchungen« und vergessen Sie nicht die Kontonummer der Kasse, in diesem Fall »1000/1600«, einzugeben. Wenn Sie die Version basis nutzen, sehen Sie sich bitte das Sachkontenblatt Kasse an.

ÜBUNG 8/6 BERICHTE FÜR BILANZIERENDE

Bilanzieren Sie, bzw. wurde in den Firmenstammdaten Betriebsvermögensvergleich gewählt, sehen Sie sich bitte unter **Berichte → Auswertungen → Bilanz** die Gewinn- und Verlustrechnung von Februar an.

ÜBUNG 8/7 BERICHTE FÜR EINNAHMEN-ÜBERSCHUSSRECHNER

Sind Sie Einnahmen-Überschussrechner, bzw. wurde dies in den Firmenstammdaten gewählt, sehen Sie sich bitte unter **Berichte → Auswertungen → Einnahmenüberschuss** die Einnahmen-Überschussrechnung von Februar an.

LÖSUNG 8/1

Der vorgeschlagene Steuersatz des Kontos »4930/6815 Bürobedarf« stimmt mit dem Beleg überein. Nach dem Klick auf »Buchen« sinkt der Kassenstand.

LÖSUNG 8/2

Beim gewählten Ertragskonto ist der Steuersatz USt. 19 % hinterlegt. Das Programm rechnet im Hintergrund die Steuer heraus und erfasst den Nettobetrag getrennt von der Steuer auf verschiedenen Konten.

LÖSUNG 8/3

Ist die Buchungsvorlage angelegt und gespeichert, können Sie diese schon bei der Buchung des nächsten Benzinbelegs verwenden.

LÖSUNG 8/4

Sind alle Belege erfasst und stimmt der Kontostand im Programm mit Ihrem überein, können Sie die Buchungsmaske schließen. Anschließend finden Sie Ihre Buchungen unter **Ansicht → Buchungsstapel**. Hier können Sie Ihre Eingaben ansehen und ggf. ändern oder löschen. Die angelegten Buchungsvorlagen finden Sie unter **Verwaltung → Buchungsvorlagen**.

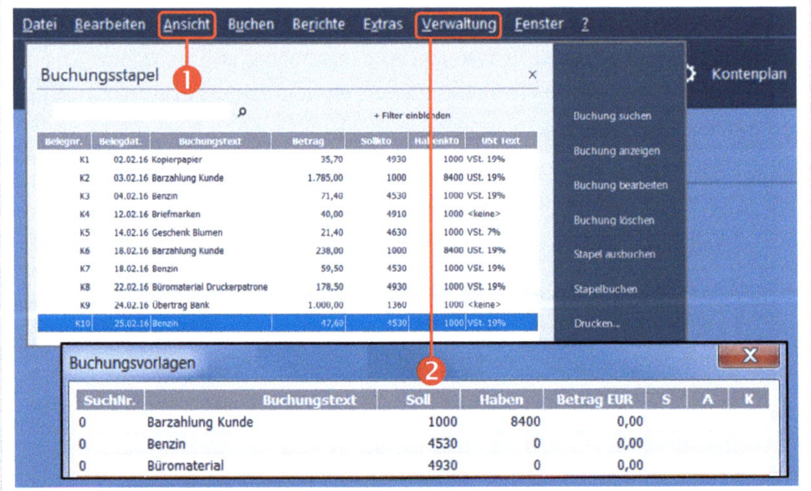

Abb. 7: Die Buchungen und die Buchungsvorlagen ansehen: Im Menü **Ansicht** können Sie den Buchungsstapel ❶ öffnen und im Menü **Verwaltung** können Sie sich alle angelegten Buchungsvorlagen ❷ ansehen und bearbeiten.

LÖSUNG 8/5

Unter **Extras → Kassenbuch** öffnen Sie den Kassenbericht. Buchungen, die sich noch im Stapel befinden, sind mit einem »S« gekennzeichnet. Das Sachkonto öffnen Sie im Menü **Berichte**. Ihr Kassenbericht im Programm müsste nun mit dem der Abb. 5 im Kapitel 8.8 übereinstimmen.

LÖSUNG 8/6

Beim Druck wählen Sie ganz oben rechts **einfache Auswertung**, den Monat **Februar** und im Auswertungsbereich **Journal**, dann erscheint die Gewinn- und Verlustrechnung ohne das Wort »vorläufig«. Die Ergebnisse in Ihrem Programm sollten mit denen der Abb. 6 im Kapitel 8.9 übereinstimmen.

LÖSUNG 8/7

Beim Druck wählen Sie ganz oben rechts **einfache Auswertung**, den Monat **Februar** und im Auswertungsbereich **Journal**, dann erscheint die Einnahmen-Überschussrechnung ohne das Wort »vorläufig«. Die Ergebnisse in Ihrem Programm sollten mit denen der Abb. 6 im Kapitel 8.9 übereinstimmen.

9 Umgang mit Kontenplan und Steuersätzen

Der Kontenrahmen bzw. die Konten sind die Grundlage für ein Buchführungsprogramm. Hier ist unter anderem hinterlegt, ob Umsatzsteuer herauszurechnen ist oder nicht und welche Zahlen in welche Berichte und Formulare eingetragen werden.

Beim Anlegen der Firma mussten Sie sich für einen der vielen Kontenrahmen entscheiden. Am Beispiel des Standardkontenrahmens SKR 03 erfahren Sie, wie die Konten schnell zu finden sind, wie ein Kontenrahmen aufgebaut ist und wie Sie diesen auf Ihre Bedürfnisse einstellen können.

9.1 Konten finden im Kontenplan

Die Konten finden Sie im Kontenplan und in jeder Buchungsmaske. Den Kontenplan öffnen Sie rechts oben am Bildschirm über **Kontenplan** oder unter **Ansicht → Kontenplan**. Ist der Kontenplan geöffnet, werden Ihnen im unteren Bereich alle Konten gezeigt. Klicken Sie mit der Maus auf das Feld **Nr.**, werden die Konten numerisch sortiert und mit einem Klick auf **Name** werden sie alphabetisch sortiert.

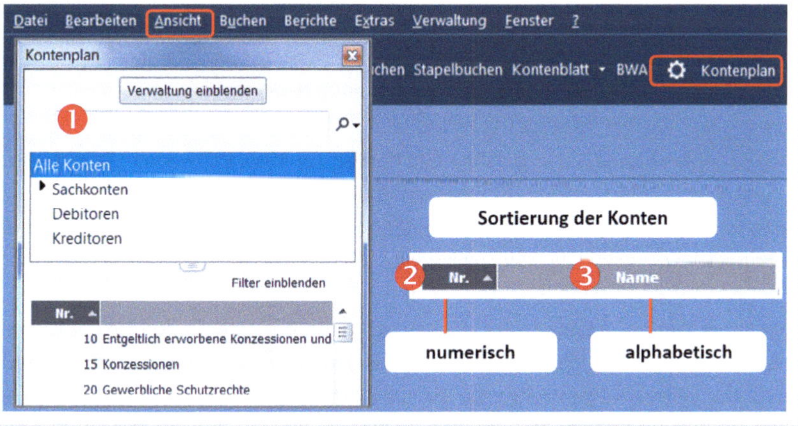

Abb. 1: Der Kontenplan im Programm: In das Suchfeld ❶ ganz oben können Sie Worte und Zahlen eingeben, um nach Konten zu suchen. Mit einem Klick auf die Felder **Nr.** ❷ oder **Name** ❸ können Sie die Konten sortieren.

Wenn Sie im Kontenplan zum Beispiel das Konto »Porto« suchen, geben Sie es oben im Suchfeld ein und schon wird das Konto angezeigt. Mit der Eingabe von Zahlen können Sie auch nach Kontonummern suchen.

9.2 Konten finden in der Buchungsmaske

Das Programm hilft Ihnen auch während der Eingabe, die Konten zu finden. Geben Sie in der Buchungsmaske im Feld **Konto** zum Beispiel Worte oder Teile von Worten ein, öffnet sich ein Fenster. Hier werden alle Konten angezeigt, die mit dem eingegebenen Wort beginnen und dieses Wort enthalten. Das Gleiche funktioniert auch mit Zahlen, geben Sie einen Teil der Kontonummer ein, wird die Software ebenfalls bei der Suche helfen.

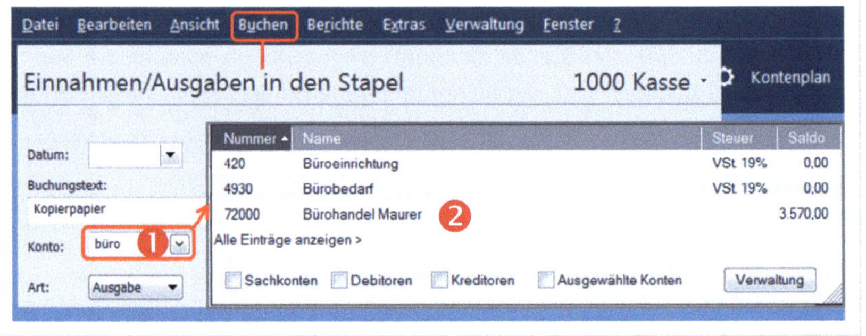

Abb. 2: Kontensuche in der Buchungsmaske: Geben Sie im Feld »Konto« das Wort »Büro« ein ❶ , öffnet sich ein Fenster ❷ . Hier werden alle Konten gezeigt, die dieses Wort enthalten.

Ist das Konto gefunden und wählen Sie es mit einem Doppelklick oder »Enter« aus, wird es in das Feld **Konto** übertragen.

9.3 Aufbau des Kontenrahmens – Kategorien

Im Kontenplan haben Sie ungefähr 1.000 Konten zur Auswahl, wovon Sie in der Praxis vielleicht 30 bis 100 Konten brauchen. Es ist also lohnend, sich einen Überblick zu verschaffen. Mehr zum Thema Kontenplan finden Sie unter www.iris-thomsen.de/kontenplan/ oder direkt über den QR-Code.

Ein Kontenplan ist systematisch aufgebaut. Im oberen Fenster finden Sie die Auswahl **Alle Konten** und direkt darunter die drei Bereiche **Sachkonten**, **Debitoren** und **Kreditoren**. Im unteren Kasten sehen Sie nur die Konten der Kategorie, die Sie im oberen Kasten ausgewählt haben. Das macht die Kontenauswahl übersichtlicher.

Achtung

Denken Sie daran, wenn Sie ein weiteres Konto suchen. In diesem Fall sollten Sie oben wieder auf Alle Konten klicken, um im unteren Bereich wieder alle Konten zur Auswahl zu haben.

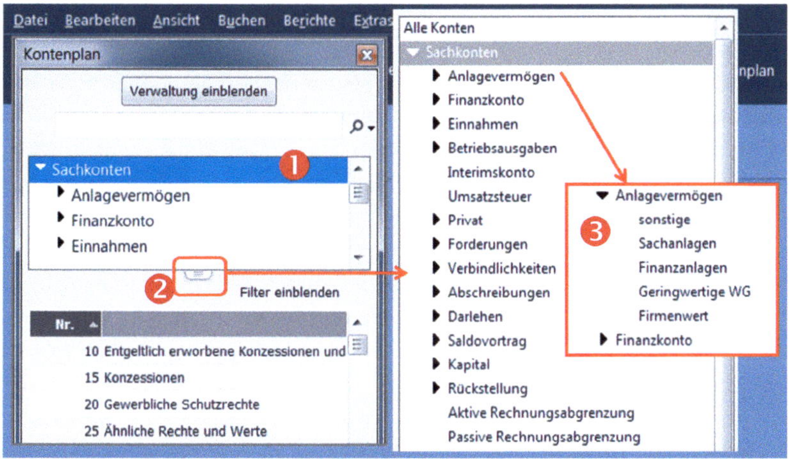

Abb. 3: Überblick Kontenplan: Mit einem Doppelklick auf **Sachkonten** ❶ sehen Sie, in welche Kategorien die Sachkonten eingeteilt sind. Ist das Fenster zu klein, können Sie es am unteren Rand ❷ größer ziehen. Rechts in der größeren Übersicht sehen Sie die Unterkategorien vom »Anlagevermögen«❸.

Tipp

Über die Funktion **Verwaltung einblenden** sehen Sie die gleichen Konten und Kategorien in einer größeren Übersicht.

Anhand des Erlöskontos »8400/4400« zeigen wir Ihnen, wie viele Einstellungen hinter einem Konto stecken.

BEISPIEL

Angenommen, folgender Kassenbeleg wurde auf das Konto »8400/4400« gebucht.

BUCHEN → EINNAHMEN/AUSGABEN IN DEN STAPEL → 1000/1600 KASSE

Datum	Beleg	Buchungstext	Betrag	Konto SKR 03/04	Kategorie	Steuer
03.02.	K 2	Barzahlung Kunde	1.785,00	8400/4400	Einnahme	USt.19 %

9.4 Einstellungen zur Umsatzsteuer – Eigenschaften

Öffnen Sie zum Beispiel das Konto »8400/4400« über die Funktion **Konto bearbeiten**, sehen Sie im Register **Eigenschaften** die Einstellungen zur Umsatzsteuer.

Bei diesem Konto ist der Steuersatz **USt. 19 %** hinterlegt. Deshalb erscheint dieser Steuersatz ebenfalls in der Buchungsmaske, wenn Sie das Konto »8400/4400« eingeben. Nach dem Buchen rechnet das Programm automatisch die enthaltene Umsatzsteuer heraus und erfasst sie getrennt vom Nettobetrag. Auf dem Konto »8400/4400« wird nur der Nettobetrag von 1.700 Euro erfasst und die Umsatzsteuer auf dem Konto »1776/3806«. Unter **Verwaltung → Steuersätze** sehen Sie, auf welches Konto die herausgerechnete Umsatzsteuer im Hintergrund gebucht wird.

Weiterhin steht in den Konteneinstellungen im Feld **USt. Pos. Vor.** die Zahl »81«, was zeigt, dass dieser Nettobetrag in der Umsatzsteuer-Voranmeldung im Feld »81« erfasst wird. Im Feld **USt. Pos. Erkl.** steht die Zahl »177«, d. h. dort wird der Nettobetrag in der Umsatzsteuer-Erklärung erfasst.

Die Einstellungen beim Konto »8400/4400« sind die Voraussetzung für die richtige Verarbeitung Ihrer Buchungen. Das Programm kann so zum einen den Nettobetrag getrennt von der Umsatzsteuer auf die entsprechenden Konten buchen und zum anderen Ihre Umsatzsteuerformulare richtig ausfüllen. Deshalb sollten Sie diese Einstellungen nicht verändern.

Abb. 4: Einstellungen zur Umsatzsteuer: Im Konto »8400/4400« unter Eigenschaften ist der Steuersatz »USt. 19 %« ❶ hinterlegt. Wohin die Steuer im Hintergrund gebucht wird, steht unter **Verwaltung → Steuersätze** ❷. Beim Steuersatz »USt. 19 %« wird auf das Konto »1776« gebucht ❸.

Hinweis zu den Steuersätzen

Bei den meisten Konten ist ein Steuersatz hinterlegt, der deshalb automatisch in der Buchungsmaske erscheint. Dabei steht »USt.« für Umsatzsteuer und »VSt.« für Vorsteuer. Was ist zu tun, wenn der Steuersatz des gewählten Kontos nicht mit Ihrem Beleg übereinstimmt? In diesem Fall müssen Sie unterscheiden, ob es sich um eine Einnahme oder Ausgabe handelt.

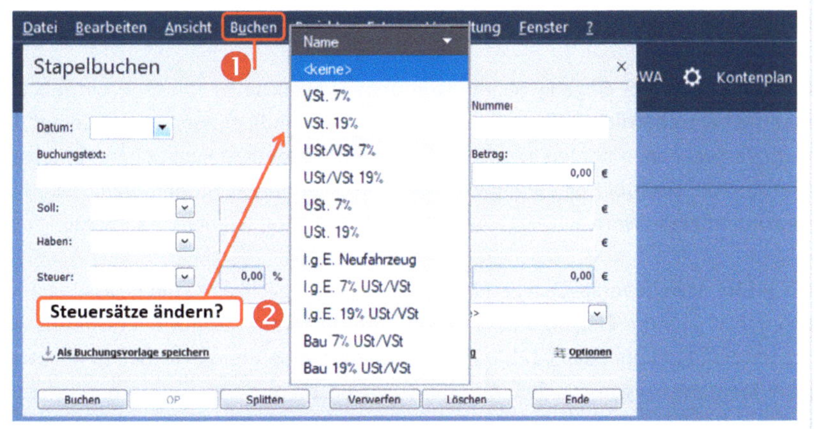

Abb. 5: Steuersätze beim Buchen: Ist bei Konten ein Steuersatz hinterlegt, erscheint dieser beim Buchen in der Buchungsmaske ❶ . Stimmt der Steuersatz nicht mit dem Beleg überein, genügt es nicht immer, den Steuersatz zu ändern ❷ . In bestimmten Fällen muss ein anderes Konto gewählt werden.

Bei Einnahmen das richtige Ertragskonto wählen

Bei Einnahmen wird in der Umsatzsteuer-Voranmeldung nicht nur die Umsatzsteuer eingetragen, sondern auch der Nettoumsatz. Diese Angaben sind beim Ertragskonto hinterlegt. Aus diesem Grund müssen Sie unbedingt das Ertragskonto mit dem richtigen Steuersatz wählen. Möchten Sie einen **Erlös mit 7 % Umsatzsteuer** buchen, verwenden Sie zum Beispiel das Konto »8300/4300 Umsatzerlöse 7 % USt«. Auch für **steuerfreie innergemeinschaftliche Lieferungen** (EU-Ausland) oder **Ausfuhrlieferungen** (Drittland) sowie die verschiedenen **Lieferungen und Leistungen nach § 13b UStG** gibt es eigene Ertragskonten, die Sie verwenden müssen.

Eine Übersicht zu Ertragskonten sowie zu den Sonderfällen finden Sie unter www.iris-thomsen.de/kontenplan/ertragskonten/.

Tätigt Ihr Unternehmen **Lieferungen und Leistungen über elektronische Schnittstellen an Privatkunden innerhalb der EU**, dann können Sie mit der Software in den Versionen pro und premium die Meldungen an das Bundeszentralamt für Steuern www.bzst.de (One-Stop-Shop – kurz OSS) übertragen. Wenn Sie dafür zum Beispiel die Konten »8320/4320« verwenden zusammen mit den Angaben zu EU-Land und Steuersatz. Mehr dazu unter www.lexware.de »Steuersätze und Erlöskonten für OSS-Umsätze«.

Bei Ausgaben nur in Sonderfällen das Konto wechseln
Handelt es sich um inländische Eingangsrechnungen mit Umsatzsteuer, können Sie in der Buchungsmaske den Vorsteuersatz von zum Beispiel »VSt. 19 %« auf »VSt. 7 %« ändern, da in der Umsatzsteuer-Voranmeldung nur der Vorsteuerbetrag erfasst wird, nicht der Nettobetrag.

Handelt es sich um Eingangsrechnungen ohne Umsatzsteuer mit dem Hinweis auf **innergemeinschaftlichen Erwerb** (Einkauf im EU-Ausland), müssen Sie unbedingt die dafür vorgesehenen Konten verwenden. Hier sind besondere Funktionen hinterlegt. Während der Nettobetrag eingegeben wird, ermittelt das Programm den Steuerbetrag und trägt die Werte in verschiedene Felder der Umsatzsteuer-Voranmeldung ein.

Für **§-13b- bzw. Reverse-Charge-Fälle** gibt es zwei Möglichkeiten der Erfassung. Hier handelt es sich um Eingangsrechnungen ohne Umsatzsteuer mit dem Hinweis auf Steuerschuldumkehr nach § 13b UStG bzw. dem Reverse-Charge-Verfahren (empfangene Dienstleistungen aus dem Ausland sowie bestimmte Lieferungen und Leistungen aus dem Inland).

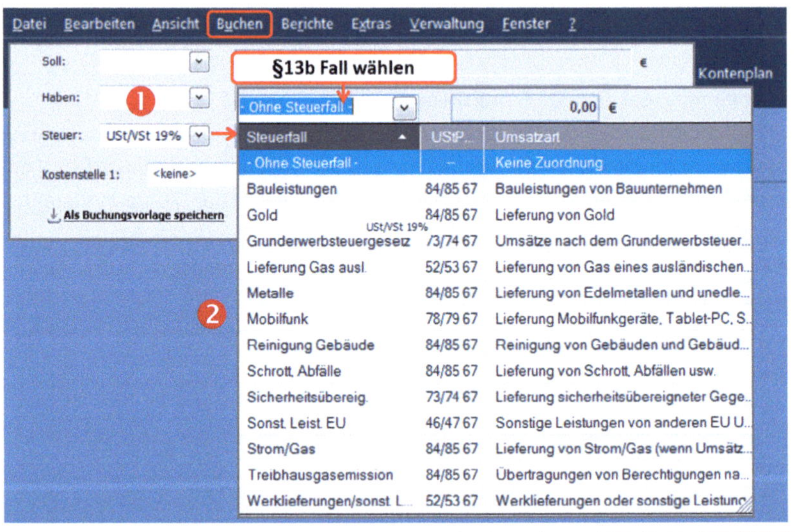

Abb. 6: Steuersatz für §-13b-Fälle: Wird der Steuersatz »USt/VSt 19 %« ❶ verwendet und geben Sie zusätzlich den entsprechenden Steuerfall ❷ an, zum Beispiel »sonstige Leistung EU« für eine empfangene Dienstleistung aus dem EU-Ausland, werden die Umsatzsteuerformulare richtig ausgefüllt.

Bei solchen Rechnungen wählen Sie in der Regel direkt das entsprechende Aufwandskonto aus, bei dem der richtige Steuersatz hinterlegt ist. Ist das Konto nicht vorhanden, wählen Sie zunächst den Steuersatz »USt/VSt 19 %« aus. Dadurch erscheint in der

Buchungsmaske ein Feld für die Auswahl des Steuerfalls. D. h. Sie buchen auf ein beliebiges Konto, erfassen den Steuersatz und wählen den entsprechenden Fall bzw. das gewünschte Feld aus einer Liste aus. Mit diesen Angaben kann die Software die Umsatzsteuerformulare ebenfalls richtig ausfüllen, es holt sich die Informationen vom Steuersatz und dem Steuerfall, nicht von den Konteneinstellungen.

Eine Übersicht zu Aufwandskonten sowie Buchungshinweise zu den verschiedenen Sonderfällen finden Sie unter www.iris-thomsen.de/kontenplan/aufwandskonten/ oder unter dem QR-Code.

9.5 Einstellungen zur Gewinnermittlung – Auswertung

Ist diese Firma auf die Gewinnermittlungsart »Bilanz« eingestellt, wird der Erlös von 1.700 Euro in der Gewinn- und Verlustrechnung erfasst. Im Register **Auswertung** ist hinterlegt, dass dieses Konto im Bericht unter der Überschrift »Umsatzerlöse« erscheinen wird.

Ist die Software auf »Einnahmen-Überschussrechnung« eingestellt, wird dieses Konto dort ebenfalls unter der Überschrift **Umsatzerlöse** stehen. Außerdem wird der Betrag im Feld »112« des amtlichen Formulars »Anlage EÜR« eingetragen.

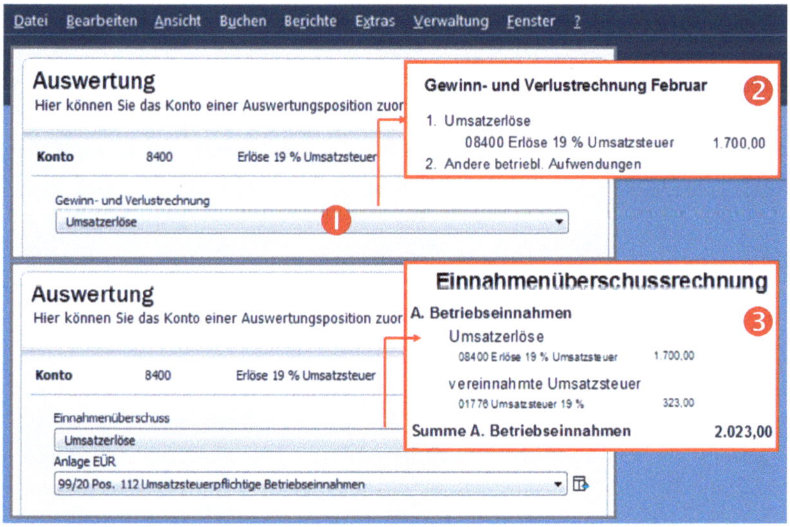

Abb. 7: Einstellungen zur Gewinnermittlung: Im Konto »8400/4400« unter »Auswertungen« ist die Kategorie Umsatzerlöse ❶ hinterlegt. Hier sehen Sie, wo das Konto in der Gewinn- und Verlustrechnung ❷ und in der Einnahmen-Überschussrechnung ❸ erscheinen wird.

9.6 Die Kontenbezeichnung anpassen

Grundsätzlich sind die Konten der Standardkontenrahmen ausreichend und richtig geschlüsselt. Bevor Sie also ein neues Konto anlegen, sollten Sie lieber ein vorhandenes auswählen und anpassen.

BEISPIEL

Angenommen, Sie möchten die Kontenbezeichnung des Kontos »8400/4400 Erlöse 19 % Umsatzsteuer« ändern und es »Erlöse Handel 19 % Umsatzsteuer« nennen.

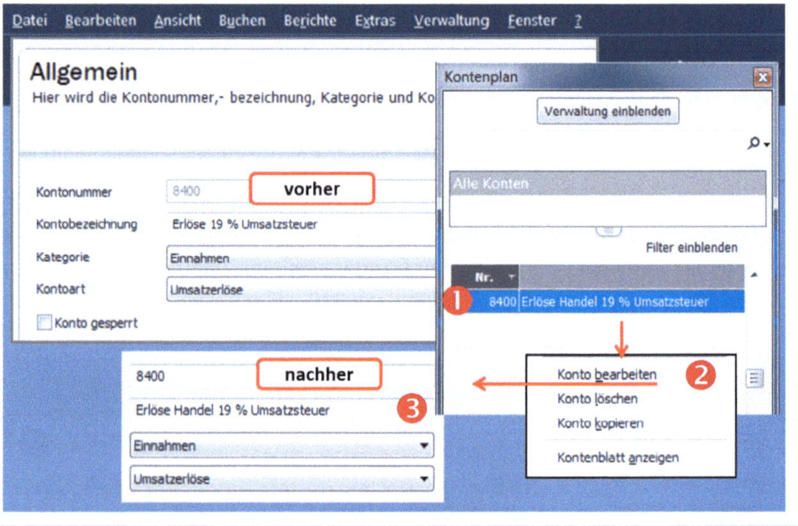

Abb. 8: Eine Kontenbezeichnung ändern: Wählen Sie das Konto »8400« im Kontenplan ❶ aus und öffnen es über die rechte Maustaste und die Funktion **Konto bearbeiten** ❷ . Ist das Konto geöffnet, können Sie die neue Kontenbezeichnung eintragen ❸ und Ihre Eingabe speichern. Anschließend steht das Konto mit der neuen Bezeichnung im Kontenplan.

Achtung

Die Kontenbezeichnung können Sie jederzeit ändern. Die Kategorie ist nur solange änderbar, bis auf das Konto gebucht wurde.

9.7 Konten neu anlegen durch Kopieren

Manchmal ist es aber doch notwendig, ein individuelles Konto anzulegen. In diesem Fall ist es empfehlenswert, ein ähnliches Konto zu kopieren.

Hinter jedem Konto sind sehr viele Einstellungen hinterlegt. Wenn Sie ein vergleichbares Konto kopieren, werden diese Einstellungen als Vorschlag übernommen. Das spart Ihnen nicht nur Arbeit, das verhindert auch Fehler.

Sie suchen das passende Konto aus und wählen über die rechte Maustaste **Konto kopieren**. Es öffnet sich das neue Konto, hier müssen Sie neben der Kontenbezeichnung auch eine neue Kontonummer eingeben. Die Einstellungen müssen Sie dann nur noch überprüfen und mit einem Klick auf **Speichern** ist das neue Konto angelegt.

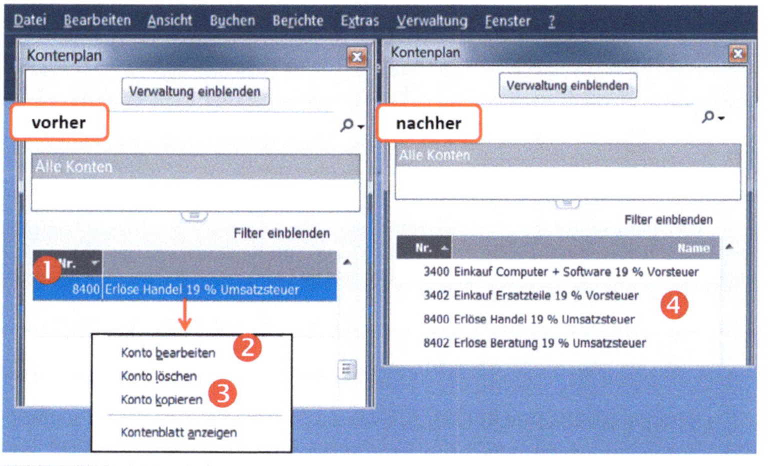

Abb. 9: Konten ändern und anlegen: Wählen Sie das Konto »8400/4400« ❶ mit der linken Maustaste aus und klicken Sie auf die rechte Maustaste. Über **Konto bearbeiten** ❷ können Sie die Kontenbezeichnung ändern und über **Konto kopieren** ❸ können Sie ein neues Konto anlegen. Anschließend stehen die neuen Konten ❹ im Kontenplan.

9.8 Die individuelle Kontenübersicht einrichten

Lexware buchhaltung bietet Ihnen die Möglichkeit, die Kontenauswahl zu verringern. Sie können sich nur die Konten anzeigen lassen, die Sie tatsächlich brauchen. Über die Funktion **Verwaltung einblenden** finden Sie zunächst alle Konten. Hier wählen Sie die Konten mit einem Haken aus, die in Ihrem individuellen Kontenplan stehen sollen.

Eine vielleicht einfachere Alternative ist die Funktion **Bebuchte Konten auswählen**. Allerdings setzt das voraus, dass Sie bereits auf Ihre Konten gebucht haben.

Sind die Konten ausgewählt, gelangen Sie über die Funktion **Verwaltung ausblenden** wieder zurück zum Kontenplan. Hier können Sie nun über **Filter einblenden** die individuellen Konten sehen und über die Funktion **Filter ausblenden** wieder alle Konten.

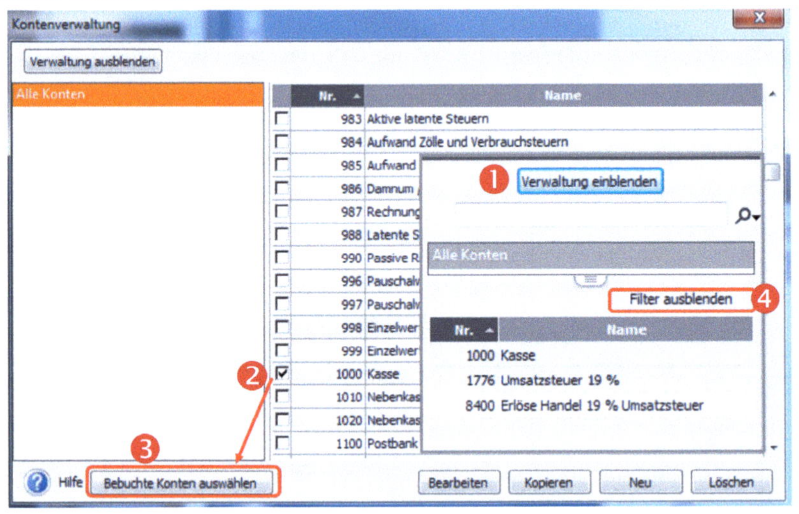

Abb. 10: Individuelle Kontenübersicht: Über **Verwaltung einblenden** ❶ öffnet sich dieses Fenster. Hier können Sie Konten manuell auswählen über einen Haken beim Konto ❷ oder automatisch über **Bebuchte Konten auswählen** ❸ . Danach können Sie im Kontenplan den Filter ein- oder ausblenden ❹ .

Achtung

Diesen Vorgang **Bebuchte Konten auswählen** müssen Sie regelmäßig wiederholen, um den individuellen Kontenplan zu aktualisieren.

Über **Datei → Drucken** können Sie den Kontenplan drucken. Hier haben Sie ebenfalls die Auswahl zwischen dem gesamten Kontenplan oder Ihrem individuellen.

!

Tipp

Hat Ihr Steuerberater bisher Ihre Buchführung erledigt, sollten Sie sich von ihm die letzte Summen- und Saldenliste oder eine BWA mit Kontennachweis geben lassen. Darin sehen Sie alle Konten, die er für Ihre Buchführung verwendet hat. Gerade am Anfang erspart Ihnen das viel Kontensucherei.

9.9 Regelmäßige Kontenaktualisierung

Den Kontenrahmen, den Sie beim Anlegen Ihrer Firma gewählt haben, verwenden Sie auch in den Folgejahren. Aufgrund gesetzlicher Änderungen kommen in der Regel in jedem Jahr neue Konten dazu und hin und wieder werden auch die Kontenbezeichnungen verändert. Über **Verwaltung → Kontenaktualisierung** können Sie Ihren Kontenplan regelmäßig aktualisieren, zum Teil automatisch und zum Teil manuell.

Was wird automatisch aktualisiert? Über die Funktion **Kontenaktualisierung** werden die neuen Konten zu Ihrem Kontenplan hinzugefügt und neue Kontenbezeichnungen werden bei den Konten aktualisiert, auf die Sie bisher noch nicht gebucht haben.

Was müssen Sie manuell erledigen? Alle Änderungen an Konten, auf die Sie bereits gebucht haben. Dafür stellt Ihnen das Programm eine Liste mit allen Änderungshinweisen bereit. Diese sollten Sie regelmäßig bearbeiten, damit Ihr Kontenplan auf dem aktuellsten Stand bleibt.

9.10 Übungen zur Eingabe ins Programm

ÜBUNG 9/1 KONTOBEZEICHNUNG ÄNDERN

Das Unternehmen verkauft Computer und Software und bietet darüber hinaus Beratung an. Es möchte die Erlöse aus dem Handel getrennt von der Beratung erfassen auf zwei verschiedenen Erlöskonten. Auch beim Wareneinkauf möchte das Unternehmen den Einkauf von Computern und Software, getrennt vom Einkauf der Ersatzteile, erfassen.
Öffnen Sie bitte den Kontenplan und ändern Sie zunächst die Kontenbezeichnungen von folgenden Konten.

Kontonummer SKR 03/04	**Bezeichnung vorher**	**Bezeichnung neu**
8400/4400	Erlöse 19 % Umsatzsteuer	Erlöse Handel 19 % USt.
3400/5400	Wareneingang 19 % Vorsteuer	Einkauf Computer + Software 19 % VSt.

ÜBUNG 9/2 NEUE KONTEN ANLEGEN

Das Unternehmen verkauft Computer und Software und bietet darüber hinaus Beratung an. Die Erlöse aus dem Handel werden auf dem Konto »8400/4400« erfasst. Nun fehlt noch das Konto für die Erlöse aus der Beratung. Beim Wareneinkauf wird der Einkauf von Computern und Software auf dem Konto »3400/5400« erfasst. Es fehlt also das Konto für den Einkauf von Ersatzteilen.
Kopieren Sie bitte die Konten »8400/4400« und »3400/5400« und erfassen Sie jeweils die neue Kontonummer sowie die neue Kontenbezeichnung.

Konto als Kopiervorlage	Neues Konto
Kopie vom Konto 8400/4400 Erlöse Handel 19 % USt	8402/4402 Erlöse Beratung 19 % USt.
Kopie vom Konto 3400/5400 Einkauf Computer + Software 19 % Vorsteuer	3402/5402 Einkauf Ersatzteile 19 % Vorsteuer

LÖSUNG 9/1

Ist der Kontenplan geöffnet, wählen Sie das entsprechende Konto mit der linken Maustaste aus. Über die rechte Maustaste und die Funktion **Konto bearbeiten** öffnet sich das Konto. Sowie Sie die Kontenbezeichnung geändert haben, können Sie die Eingabe speichern.

LÖSUNG 9/2

Konten kopieren Sie über die Funktion **Konto kopieren**. Hier ändern Sie die Kontonummer sowie die Kontenbezeichnung und mit einem Klick auf **Weiter** werden die Konteneinstellungen gezeigt. Diese müssen Sie lediglich überprüfen.
Sind alle Änderungen erledigt, finden Sie die geänderten sowie die neuen Konten im **Kontenplan**.

10 Debitoren anlegen und Kundenrechnungen erfassen

Möchten Sie die offenen Forderungen nicht nur in einer Summe sehen, sondern auch pro Kunde? Dann müssen Sie für jeden Kunden ein Debitorenkonto anlegen und die Rechnungen der verschiedenen Kunden auf die entsprechenden Debitorenkonten buchen. Man spricht hier von der »Offenen Posten-Verwaltung«, kurz OP-Verwaltung. Hier erfahren Sie, welche Vorbereitungen zu treffen sind, wenn Sie zum ersten Mal mit Lexware buchhaltung arbeiten, und wie einfach doch die regelmäßigen Arbeiten zu erledigen sind.

10.1 Die Vorteile von Debitorenkonten

Legen Sie für einen Kunden ein eigenes Debitorenkonto vollständig an, können Sie das Programm mit allen Extras nutzen.

Sie sehen nicht nur den Gesamtumsatz, sondern auch den Umsatz pro Kunde. Denn Sie buchen zum Beispiel alle Rechnungen an den Kunden Braun GmbH auf das Debitorenkonto »Braun GmbH«. Auf diesem Konto erfassen Sie auch die Geldeingänge. Folglich sehen Sie in der Offenen-Posten-Liste, welche Rechnungen dieser Kunden bezahlt hat und welche noch offen sind.

Liegt Ihnen eine Einzugsermächtigung des Kunden vor, können Sie mit dem Programmmodul »Zahlungsverkehr« das Geld automatisch einziehen. Und wenn Kunden länger nicht zahlen, können Sie ihnen mit dem Programmmodul »Mahnwesen« Zahlungserinnerungen schreiben.

10.2 Für welchen Kunden lohnt es sich, ein Debitorenkonto anzulegen?

Wie viele Kunden haben Sie? Haben Sie diese Kunden öfter oder nur einmal? Sie müssen entscheiden, für welche Kunden Sie eine Offene-Posten-Übersicht brauchen und für welche Kunden Sie die Module »Zahlungsverkehr« und »Mahnwesen« nutzen möchten.

Haben Sie zum Beispiel sehr viele verschiedene Kunden und möchten Sie auf Zahlungsverkehr und Mahnwesen verzichten, können Sie Ihre Kunden auch in Gruppen einteilen wie zum Beispiel »Debitor A-Diverse«, »Debitoren-Großhandel«, »Debitoren Endkunden« usw. Damit verringern sich zwar die Anzahl der Debitorenkonten, aber auch die Möglichkeiten in der Software.

10.3 Was ist bei der Einnahmen-Überschussrechnung zu beachten?

Einnahmen-Überschussrechner können die Kundenrechnungen freiwillig erfassen, dann ist allerdings Folgendes zu beachten:

Ist das Programm auf »Ist-Versteuerung« eingestellt, passt alles. Ihre Erlöse erscheinen bei Zahlungseingang in der Einnahmen-Überschussrechnung sowie in der Umsatzsteuer-Voranmeldung. Das gilt auch für den Fall, dass Sie die Rechnung erst nach dem Zahlungseingang erfassen, wie später im Kapitel beschrieben.

Unterliegen Sie dagegen der Soll-Versteuerung und ist das Programm so eingestellt, stimmt nur Ihre Umsatzsteuer-Voranmeldung. Die Einnahmen-Überschussrechnung stimmt erst, wenn Sie die offenen Rechnungen von den Erlösen wieder abziehen. Denn nur die Kundenrechnungen zählen zu den Betriebseinnahmen, die tatsächlich gezahlt wurden.

10.4 Debitorenkonten anlegen

Arbeiten Sie mit den Lexware-Programmen Faktura oder Warenwirtschaft, haben Sie dort Ihre Kunden bereits angelegt. Je nach Programmversion können die Daten automatisch oder manuell in Lexware buchhaltung übertragen werden. In diesem Fall können Sie diesen Schritt auslassen.

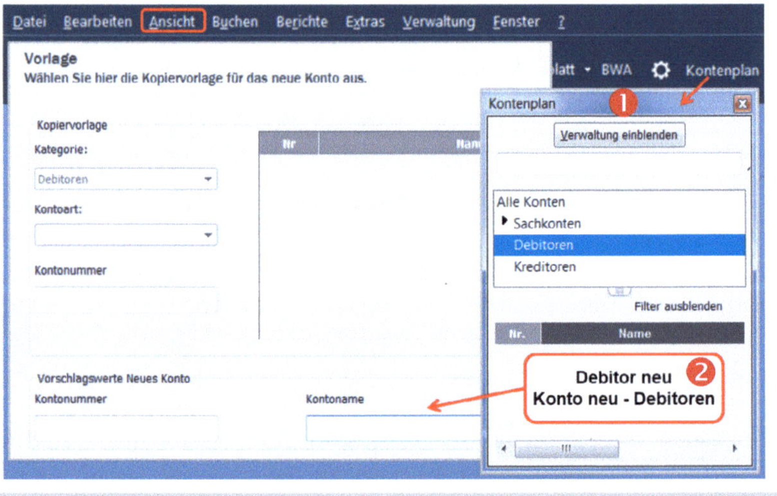

Abb. 1: Debitorenkonto anlegen Teil 1: Ist der Kontenplan ❶ geöffnet, gehen Sie mit der Maus auf den unteren Bereich ❷ und wählen über die rechte Maustaste »Debitor neu«. In den Versionen pro und premium klicken Sie auf »Konto neu« und wählen dann die Kategorie »Debitoren« aus.

Um ein Debitorenkonto im Programm anzulegen, öffnen Sie den Kontenrahmen, entweder rechts oben am Bildschirm über **Kontenplan** oder unter **Ansicht → Kontenplan.**

Dann öffnet sich das Fenster zur Eingabe der Kundendaten. Hier geben Sie die Debitorennummer bzw. die **Kontonummer** sowie den **Namen** ein, zum Beispiel 10100 »Anders, Sabine«. Mit einem Klick auf **Weiter** öffnet sich ein weiteres Fenster, in dem Sie Ihre Eingaben noch einmal überprüfen können.

Tipp **!**

Debitorenkonten sind nicht vier- sondern fünfstellig. Die Nummern können frei gewählt werden, wobei sie in der Praxis häufig mit 10000 oder 20000 beginnen.

Im nächsten Fenster geben Sie die **Kundennummer** sowie den **Kundennamen** ein. Wenn Sie keinen weiteren Kundennummernkreis führen, sollten Sie hier die Debitorennummer wiederholen. Jetzt fehlt nur noch das vereinbarte Zahlungsziel, das unter **Zahlungskonditionen** einzutragen ist. Dieses Eingabefenster sehen Sie im nächsten Abschnitt.

Für die Buchführung bzw. die Offene-Posten-Übersicht sind nun alle Daten erfasst, die Sie brauchen. Sie können also alle weiteren Felder frei lassen und das neue Konto speichern. Möchten Sie für diesen Kunden auch das Modul »Mahnwesen« nutzen, müssen Sie neben dem Kundennamen auch die vollständige Adresse hinterlegen. Mehr dazu im Kapitel 19 »Das Mahnwesen nutzen«.

In den Programmversionen basis und plus kommen Sie nach der Adresseingabe direkt auf das Fenster **Bank**. Im letzten Fenster **Zahlungskonditionen** erfassen Sie das vereinbarte Zahlungsziel.

In den Programmversionen pro und premium wird nach der Adresseingabe das Eingabefenster geschlossen und die Adresse erscheint in einer Tabelle. Von hier aus öffnen Sie über **Weiter** ebenfalls die Fenster **Zahlungskonditionen** und **Bankverbindung**, nur in einer anderen Reihenfolge.

Mehr zum Zahlungsverkehr mit dem Programm erfahren Sie im Kapitel 20 »Den Zahlungsverkehr erledigen«.

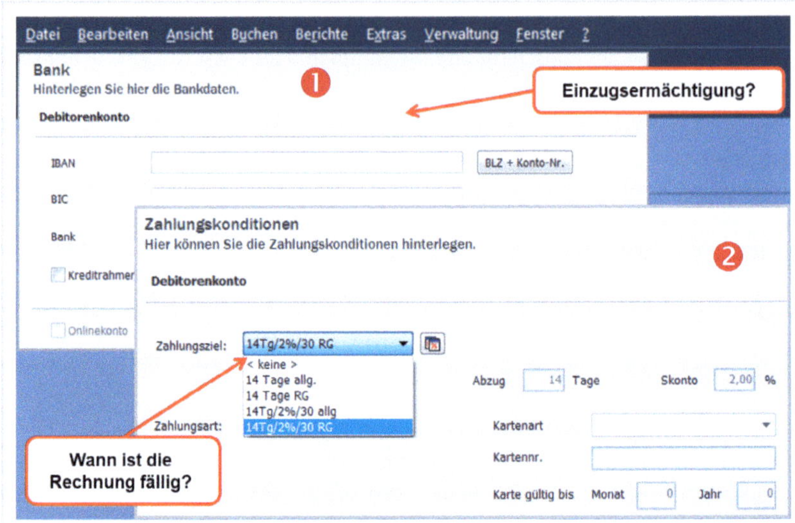

Abb. 2: Debitorenkonto anlegen Teil 2: Eine Bankverbindung ❶ müssen Sie nur erfassen, wenn Sie das Modul »Zahlungsverkehr« nutzen, um Geld von Ihrem Kunden einzuziehen. Die Zahlungskonditionen ❷ sind wichtig für die OP-Verwaltung und für das Modul »Mahnwesen«.

10.5 Angaben im Debitorenkonto ändern oder ergänzen

Ist das Debitorenkonto angelegt, können Sie dort jederzeit Änderungen vornehmen. Dazu müssen Sie das Konto im Kontenplan aufrufen und über **Konto bearbeiten** öffnen. In den Versionen basis und plus öffnen sich die Eingabefelder genauso wie bei der Neuanlage eines Kontos. In der bekannten Ansicht können Sie Ihre Eingaben überprüfen und auch ändern.

Öffnen Sie in den Versionen pro und premium ein Debitorenkonto über **Konto bearbeiten**, ist die Ansicht etwas anders als bei der Neuanlage. Das liegt daran, dass Sie in diesen Versionen bei einem Debitorenkonto mehrere Adressen hinterlegen können. Wenn Sie nun Daten ändern möchten, müssen Sie vorher im Register **Anschrift** aus einer Tabelle die entsprechende Adresse heraussuchen. Danach gelangen Sie über **Weiter** in die gewohnten Eingabefelder.

Achtung

Arbeiten Sie mit den Versionen pro und premium und möchten Sie eine zusammenfassende Meldung mit dem Programm erstellen, müssen Sie im Debitorenkonto die Umsatzsteuer-Identifikationsnummer Ihres Kunden hinterlegen.

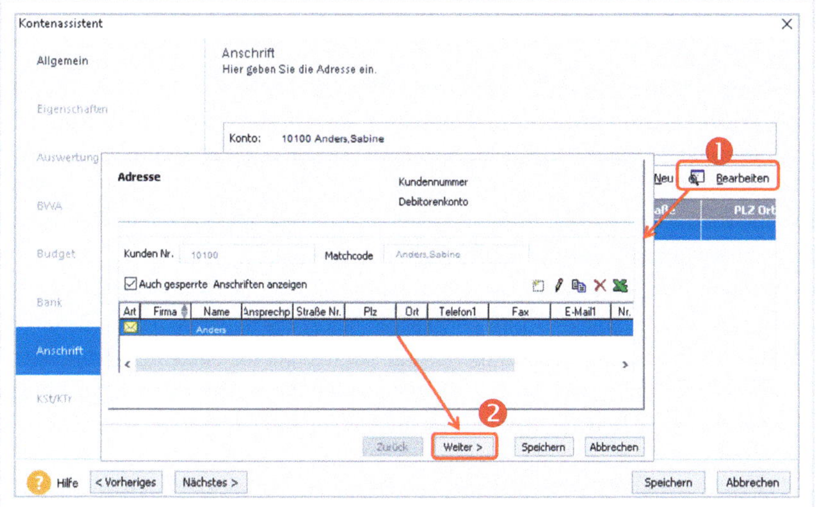

Abb. 3: Angaben im Debitorenkonto ändern in pro und premium: Ist das Debitorenkonto geöffnet, wählen Sie im Register »Anschrift« die Adresse aus und öffnen mit einem Klick auf **Bearbeiten** ❶ ein weiteres Fenster. Erst über **Weiter** ❷ gelangen Sie zu den bekannten Eingabefeldern.

10.6 Belegnummernkreis für Rechnungen

Wenn Sie Ihre Buchführung zum ersten Mal mit Lexware buchhaltung erledigen, sind weitere Vorbereitungen notwendig, die bereits beim nächsten Jahreswechsel automatisch übernommen werden. Dazu gehören die Belegnummernkreise sowie die Anfangsbestände der Debitorenkonten.

Für die Erfassung von Kundenrechnungen sollten Sie den Belegnummernkreis »KR oder AR – Ausgangsrechnungen« verwenden, so können Sie diese Rechnungen getrennt von den anderen Buchungen nummerieren. Ohne Belegnummernkreise nummeriert die Software alle Buchungen fortlaufend. Ist der Belegnummernkreis noch nicht angelegt, können Sie das bei der Erfassung der ersten Buchung erledigen. Mehr dazu im Kapitel 5.1 »Belegnummernkreise anlegen«.

Für die Funktion »**Offene Posten automatisch abgleichen**«, die im Abschnitt 12.9 beschrieben ist, ist es erforderlich, die Rechnungsnummer im Feld »**Belegnummer**« zu erfassen, nicht im Buchungstext.

10.7 Anfangsbestände von Debitorenkonten erfassen

Alle Kundenrechnungen, die zusammen mit einem Debitorenkonto in das Programm eingegeben werden, finden Sie automatisch in der Offenen-Posten-Liste. Rechnungen, die bisher mit einer anderen Software erfasst wurden, kennt das Programm nicht.

Bei einem Neueinstieg in das Programm zum 01.01. haben Sie zwei Möglichkeiten, wie Sie die Anfangsbestände von Forderungen erfassen können:

- Variante 1: Entweder Sie buchen die Anfangsbestände aller Kunden auf das Konto »1410/1210 Forderungen« und erfassen ab sofort die neuen Kundenrechnungen über die Debitorenkonten. In diesem Fall buchen Sie die Geldeingänge der alten Rechnungen auf das Konto »1410/1210« und die der neuen Rechnungen auf das entsprechende Debitorenkonto. Beschrieben im Kapitel 7 »Anfangsbestände erfassen, im ersten Jahr mit Lexware buchhaltung«.
- Variante 2: Oder Sie erfassen bereits die Anfangsbestände pro Kunde auf den entsprechenden Debitorenkonten, wie es das folgende Beispiel zeigt.

BEISPIEL

Die Gesamtsumme der Forderungen von 11.900 Euro setzt sich zusammen aus 4.760 Euro der Firma Anders, Sabine und 7.140 Euro der Firma Braun GmbH.

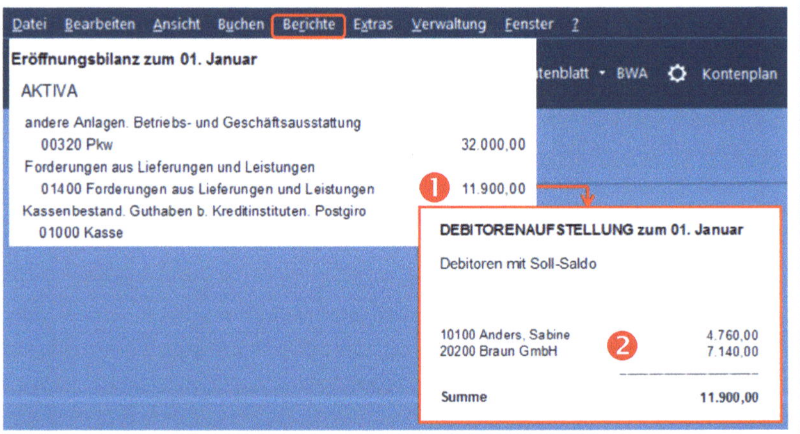

Abb. 4: Der Vorteil von Debitoren: Hier sehen Sie in der Bilanz ❶ die offenen Forderungen in einer Summe. Wählen Sie in der Druckauswahl der Bilanz unter **Auswertung** die »Personenkontenaufstellung« ❷ , werden Ihnen zusätzlich die Forderungen pro Kunde gezeigt.

Für die Erfassung der Anfangsbestände auf Debitorenkonten ist die Buchungsmaske **Stapelbuchen** zu empfehlen, diese öffnen Sie im Menü **Buchen**.

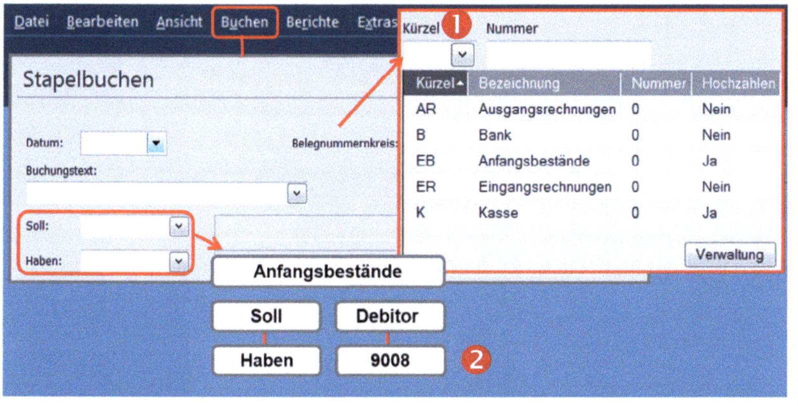

Abb. 5: Anfangsbestände buchen: Ist das Datum erfasst, klicken Sie im Feld »Belegnummernkreis → Kürzel« auf den Pfeil ❶ und wählen »EB« aus. Die Anfangsbestände von Debitorenkonten werden über das Konto »9008 Saldenvorträge Debitoren«❷ gebucht.

Über die Funktion **Verwaltung** können Sie neue Belegnummernkreise anlegen und die vorhandenen ändern.

Sind die Anfangsbestände von Debitorenkonten, d.h. Ihre offenen Forderungen, einmal erfasst, kann die Software Ihre Bestände fortführen. Vorausgesetzt, alle Kundenrechnungen und alle Geldeingänge werden auf den entsprechenden Debitorenkonten erfasst. Diese Bestände können schon beim nächsten Jahreswechsel automatisch in das Folgejahr übertragen werden.

10.8 Kundenrechnungen erfassen

Erstellen Sie Ihre Kundenrechnungen mit den Programmen Lexware Faktura oder Warenwirtschaft, entfällt das Buchen, denn auch hier können die Buchungen übertragen werden. Kundenrechnungen werden immer nach dem gleichen Schema eingegeben, das Debitorenkonto wird im **Soll** und das Erlöskonto im **Haben** gebucht und bei Korrekturrechnungen (Gutschriften) drehen Sie die Buchung einfach um.

Tipp !

Suchen Sie zum Beispiel das Debitorenkonto des Kunden Braun GmbH, können Sie im Feld **Soll** statt Zahlen auch Worte eingeben, in diesem Fall »Braun GmbH«. Schon wird das Konto im Kasten angezeigt und kann ausgewählt werden.

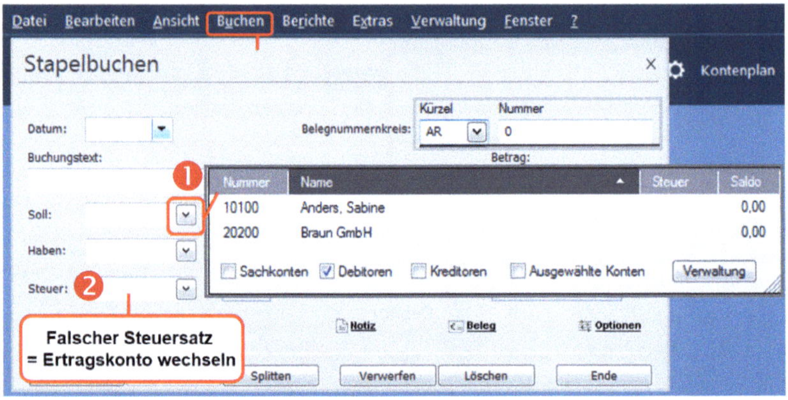

Abb. 6: Tipps zur Buchungsmaske: Klicken Sie beim Feld »Soll« auf den Pfeil ❶, werden alle Konten gezeigt und mit einem Haken bei »Debitoren« nur noch die Debitorenkonten. Sowie Sie ein Ertragskonto im Feld »Haben« eingeben, wird gleichzeitig im Feld »Steuer« ❷ ein Steuersatz eingetragen.

Stimmt der eingetragene Steuersatz nicht mit Ihrem Beleg überein, müssen Sie ein anderes Ertragskonto wählen, eines mit dem passenden Steuersatz. Nur so kann die Software die Umsatzsteuerformulare richtig ausfüllen. Das gilt auch für diese Sonderfälle

- Steuerfreie innergemeinschaftliche Lieferungen (EU-Ausland),
- Ausfuhrlieferungen (Drittland).

Bei folgenden Erträgen sind neben den Steuersätzen weitere Angaben erforderlich, wie im Kapitel 9.4 »Einstellungen zur Umsatzsteuer – Eigenschaften« beschrieben.

- Steuerschuldumkehr nach §13b (Reverse-Charge-Verfahren – Dienstleistungen für das Ausland und bestimmte inländische Lieferungen und Leistungen),
- Lieferungen und Leistungen über elektronische Schnittstellen an Privatkunden innerhalb der EU, sobald diese EU-Privatverkäufe insgesamt 10.000 Euro im Jahr überschreiten. Meldung über One-Stop-Shop, OSS.

!

Tipp

Eine Übersicht zu Ertragskonten sowie zu den Sonderfällen finden Sie unter www.iris-thomsen.de/kontenplan/ertragskonten/ oder mit dem QR-Code.

10.9 OP-Debitoren und Debitorenkonten ansehen

Sobald die Kundenrechnungen erfasst sind, können Sie die Offene-Posten-Liste ansehen, sie heißt im Programm **OP-Debitoren**.

In den Menüs **Ansicht** und **Berichte** finden Sie zum einen **OP-Debitoren** und zum anderen **Debitorenkonto**. Was ist der Unterschied?

In der Liste **OP-Debitoren** sehen Sie alle offenen Kundenrechnungen. Eine Rechnung bleibt dort solange stehen, bis der Geldeingang gebucht wurde, danach ist sie weg. Diese Liste steht Ihnen immer zur Verfügung, wenn es offene Rechnungen gibt, hier sehen Sie die offenen Rechnungen aus Vorjahren genauso wie die aus dem laufenden Jahr.

Auf dem **Debitorenkonto** dagegen sehen Sie die Buchungen des laufenden Jahres, den Anfangsbestand sowie alle Rechnungen und alle Geldeingänge, die auf das Konto gebucht wurden. Die Schlussbestände der Debitorenkonten können Sie beim Jahreswechsel in das Folgejahr übertragen lassen, d. h. die Erfassung der Anfangsbestände erfolgt automatisch. Mehr dazu in den Kapiteln 16 und 17 »Was ist beim Jahreswechsel zu beachten? – (basis und plus)« und »Was ist beim Jahreswechsel zu beachten? – (pro und premium)«.

10.10 Kundenrechnungen erfassen – erst nach Zahlungseingang

Bei Geschäften im Internet kommt es häufig vor, dass der Kunde vorauszahlt und die Warenlieferung sowie die Berechnung erfolgen erst danach. In diesem Fall wird der Geldeingang zuerst auf das Debitorenkonto gebucht und beim späteren Erfassen der Kundenrechnung ist Folgendes zu beachten: Sie erfassen die Rechnung wie vorher beschrieben, doch bevor Sie die Buchung über **Buchen** abschließen, müssen Sie auf das Feld **OP** klicken. Dadurch öffnet sich das **OP-Fenster**, hier wählen Sie den entsprechenden Zahlungseingang aus und klicken dann auf **Buchen**.

Hinweis zur Ist-Versteuerung
Unterliegen Sie der Ist-Versteuerung und ist die Software so eingestellt, wird die Kundenrechnung erst bei Geldeingang in den Umsatzsteuerformularen erfasst. In diesem Fall erfolgt der Eintrag zum Tag des Geldeingangs, allerdings erst, wenn die Rechnung eingegeben wurde. Erfassen Sie also einen Geldeingang nicht auf ein Ertragskonto, sondern auf ein Debitorenkonto, müssen Sie später auch die Rechnung erfassen, damit der Fall richtig verbucht werden kann.

Hinweis zur Soll-Versteuerung
Unterliegt das Unternehmen der Soll-Versteuerung und ist das Programm so eingestellt, wird die abzuführende Umsatzsteuer bei Rechnungserfassung in die Formulare eingetragen. D. h. die Rechnungen müssen in jedem Fall erfasst werden, wenn auch später. Mehr dazu im Kapitel 12.10 »Geldeingang oder Zahlung vor Rechnungserfassung«.

10.11 Übungen zur Eingabe ins Programm

Voraussetzungen für die Übungen		
Einstellungen	Überprüfen Sie bitte, ob in den Firmenstammdaten der Haken bei »unterschiedliche Belegnummernkreise« gesetzt ist. Unter Verwaltung – Belegnummern sollten die Belegnummernkreise »EB« für Eröffnungswerte und »AR« für Ausgangsrechnungen angelegt sein, Kapitel 5, Übung 5/1.	
Hinweise zu den Eingaben	Gebucht wird im März, in diesem Monat sollten keine Buchungen im Stapel vorhanden sein.	

ÜBUNG 10/1 FÜR KUNDEN DEBITORENKONTEN ANLEGEN

Legen Sie bitte folgende Kunden im Programm an. Geben Sie nur die Daten ein, die für die Offene-Posten-Übersicht notwendig sind.

	Kunde Anders	Kunde Braun
Kontonummer	10100	20200
Kontoname	Anders, Sabine	Braun GmbH
Kundennummer	10100	20200
Name	Anders	
Vorname	Sabine	
Firma		Braun GmbH
Anrede und Adresse	bitte weglassen	bitte weglassen
Bank	bitte weglassen	bitte weglassen
Zahlungskonditionen	14 Tage 2 %, 30 RG	14 Tage 2 %, 30 RG

Im Kontenplan wählen Sie im unteren Bereich über die rechte Maustaste die Funktion **Debitor neu** bzw. **Konto neu – Debitor**. Um ein Debitorenkonto anzulegen, müssen Sie mehrere Eingabefenster durchlaufen, in denen Sie aber nicht alle Felder ausfüllen müssen. Für die OP-Übersicht sind nur wenige Daten notwendig.

ÜBUNG 10/2 ERFASSTE ANFANGSBESTÄNDE VON FORDERUNGEN STORNIEREN

Die Eröffnungsbilanz wurde bereits im Kapitel 7 Übung 7/2 erfasst. Der Anfangsbestand der offenen Forderungen wurde in einer Summe wie folgt gebucht:

Buchen → Stapelbuchen					
Datum	Text	Betrag	SOLL SKR 03/04	HABEN SKR 03/04	Steuer
01.01.	EB-Wert	11.900,00	1410/1210	9000	keine

Inzwischen wurden Debitorenkonten angelegt, auf denen Sie später auch die Anfangsbestände erfassen möchten. Aus diesem Grund sollten Sie nun die o.a. Buchung stornieren, wenn Sie diese im Journal finden.

ÜBUNG 10/3 ANFANGSBESTÄNDE VON DEBITORENKONTEN

Bei den offenen Forderungen von 11.900 Euro handelt es sich um zwei Kundenrechnungen von zwei verschiedenen Kunden. Buchen Sie bitte unter **Buchen → Stapelbuchen** die Anfangsbestände mit dem Belegnummernkreis »**EB**«.

Buchen → Stapelbuchen						
Datum	Beleg	Text	Betrag	SOLL SKR 03/04	HABEN SKR 03/04	Steuer
01.01.	EB 234	RG 234	4.760,00	10100	9008	keine
01.01.	EB 236	RG 236	7.140,00	20200	9008	keine

Stimmen Ihre Eingaben, können Sie die Buchungen ins Journal übertragen, d.h. den Stapel ausbuchen unter **Buchen → Stapel ausbuchen.**

ÜBUNG 10/4 KUNDENRECHNUNGEN ERFASSEN

Buchen Sie bitte folgende Kundenrechnungen unter **Buchen → Stapelbuchen**.

Buchen → Stapelbuchen						
Datum	Beleg	Text	Betrag	SOLL SKR 03/04	HABEN SKR 03/04	Steuer
02.03.	AR 125	RG 125	5.950,00	10100	8400/4400	USt.19 %
03.03.	AR 126	RG 126	4.760,00	20200	8400/4400	USt.19 %
09.03.	AR 127	RG 127	7.140,00	10100	8400/4400	USt.19 %
10.03.	AR 128	RG 128	2.380,00	20200	8400/4400	USt.19 %

Stimmen Ihre Eingaben, sollten Sie den Stapel ausbuchen unter **Buchen → Stapel ausbuchen**.

LÖSUNG 10/1

Sowie Sie die Eingaben gespeichert haben, finden Sie das Konto im **Kontenplan** unter **Debitoren.** Von hier aus können Sie dann das nächste Konto anlegen.

LÖSUNG 10/2

Im Menü **Ansicht** öffnen Sie das **Journal** und suchen die Buchung vom 01.01. Ist die Buchung gefunden und ausgewählt, klicken Sie rechts am Bildschirm auf **Buchung stornieren.**

LÖSUNG 10/3

Bilanzierende sehen die Anfangsbestände unter **Berichte → Auswertungen → Bilanz** und Einnahmen-Überschussrechner unter **Berichte → OP-Debitoren.**

LÖSUNG 10/4

Unter **Berichte → OP-Debitoren** können Sie sich die OP-Liste ansehen und ausdrucken, unter **Ansicht → OP-Debitoren** erscheint die Liste am Bildschirm.

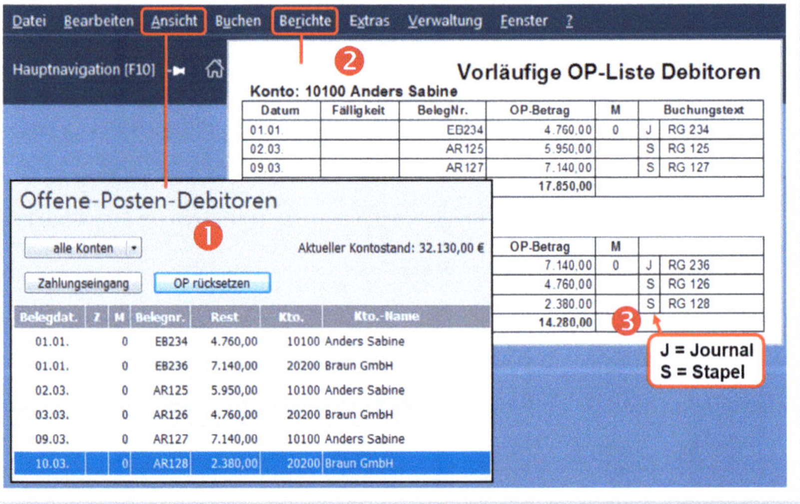

Abb. 7: Berichte OP-Debitoren: Unter »Ansicht« ❶ sehen Sie die OP-Liste erst, wenn Sie die Buchungen ins Journal übertragen bzw. den Stapel ausgebucht haben. Unter »Berichte« sehen Sie die OP-Liste ❷ jederzeit. Journalbuchungen erkennen Sie in der Liste am »J« und Stapelbuchungen am »S« ❸ .

11 Kreditoren anlegen und Eingangsrechnungen erfassen

Möchten Sie für Ihre eingehenden Rechnungen eine Offene-Posten-Verwaltung mit Lexware buchhaltung führen? In diesem Fall müssen Sie für jeden Lieferanten ein Kreditorenkonto anlegen und die Rechnungen der verschiedenen Lieferanten auf die entsprechenden Kreditorenkonten buchen. Dann sehen Sie die offenen Verbindlichkeiten pro Lieferant oder Handwerker.

Arbeiten Sie zum ersten Mal mit dem Programm, sind einige Vorbereitungen zu treffen. Doch die regelmäßigen Arbeiten sind ganz leicht zu erledigen.

11.1 Die Vorteile von Kreditorenkonten

Für einen Lieferanten, für den Sie ein eigenes Kreditorenkonto anlegen, können Sie im Programm nicht nur eine OP-Verwaltung führen, sondern auch Rechnungen damit bezahlen.

Buchen Sie zum Beispiel alle Rechnungen von der Firma Maurer auf das Kreditorenkonto »Bürohandel Maurer« und erfassen Sie auf diesem Konto auch die Zahlungen, sehen Sie in der Offene-Posten-Liste, welche Rechnungen dieses Lieferanten bezahlt und welche noch offen sind.

Möchten Sie mit Lexware buchhaltung die Lieferantenrechnungen bezahlen, können Sie das auf Knopfdruck mit dem Programmmodul »Zahlungsverkehr« tun. Mehr dazu im Kapitel 20 »Den Zahlungsverkehr erledigen«.

11.2 Für welchen Lieferanten lohnt es sich, ein Kreditorenkonto anzulegen?

Wie viele Lieferanten haben Sie? Haben Sie diese Lieferanten öfter oder nur einmal? Sie müssen entscheiden, für welche Lieferanten Sie eine Offene-Posten-Übersicht brauchen und für welchen Lieferanten Sie das Modul »Zahlungsverkehr« nutzen möchten.

Haben Sie zum Beispiel sehr viele verschiedene Lieferanten und möchten Sie auf Zahlungsverkehr verzichten, können Sie Ihre Lieferanten auch in Gruppen einteilen wie zum Beispiel »Kreditoren A-Diverse«, »Kreditoren B-Diverse«, »Kreditoren-Großhandel« usw. Damit verringern sich zwar die Anzahl der Kreditorenkonten, aber auch die Möglichkeiten im Programm.

11.3 Was ist bei der Einnahmen-Überschussrechnung zu beachten?

Einnahmen-Überschussrechner können die Eingangsrechnungen freiwillig erfassen, dann ist allerdings Folgendes zu beachten:

Wenn Sie freiwillig Ihre Eingangsrechnungen erfassen, stimmt in der Regel Ihre Umsatzsteuer-Voranmeldung. Dadurch wird auch die enthaltene Vorsteuer aus den offenen Rechnungen in die Umsatzsteuerformulare eingetragen. Hintergrund: Vorsteuer ist in dem Jahr abzugsfähig, in dem die Rechnung vorliegt. Deshalb müssen Sie am Jahresende alle offenen Lieferantenrechnungen heraussuchen, für die der Vorsteuerabzug im Abschlussjahr möglich ist. Voraussetzung für den Vorsteuerabzug ist erstens, dass eine einwandfreie Rechnung vorliegt und zweitens, dass die Lieferung bzw. Leistung erbracht wurde und die Zahlung erfolgte.

Die Einnahmen-Überschussrechnung stimmt erst, wenn Sie alle offenen Eingangsrechnungen wieder von den Ausgaben abziehen. Denn zu den Betriebsausgaben zählen nur tatsächlich gezahlte Rechnungen.

11.4 Kreditorenkonten anlegen

Erledigen Sie Ihre Bestellungen und Wareneinkäufe mit den Lexware Programmen Faktura oder Warenwirtschaft, haben Sie dort Ihre Lieferanten bereits angelegt. Je nach Softwareversion können die Daten automatisch oder manuell in Lexware buchhaltung übertragen werden. In diesem Fall können Sie diesen Schritt auslassen.

Um ein Kreditorenkonto im Programm anzulegen, müssen Sie den Kontenplan öffnen, entweder rechts oben am Bildschirm über **Kontenplan** oder unter **Ansicht → Kontenplan**.

Jetzt öffnet sich das Eingabefenster für die Lieferantendaten. Hier geben Sie die Kreditorennummer bzw. die Kontonummer sowie den Namen ein, zum Beispiel »72000 Bürohandel Maurer«. Mit einem Klick auf **Weiter** öffnet sich ein weiteres Fenster, in dem Sie Ihre Eingaben noch einmal überprüfen können.

! **Tipp**

Kreditorenkonten sind nicht vier- sondern fünfstellig. Die Nummern können frei gewählt werden, wobei sie in der Praxis häufig mit 70000 beginnen.

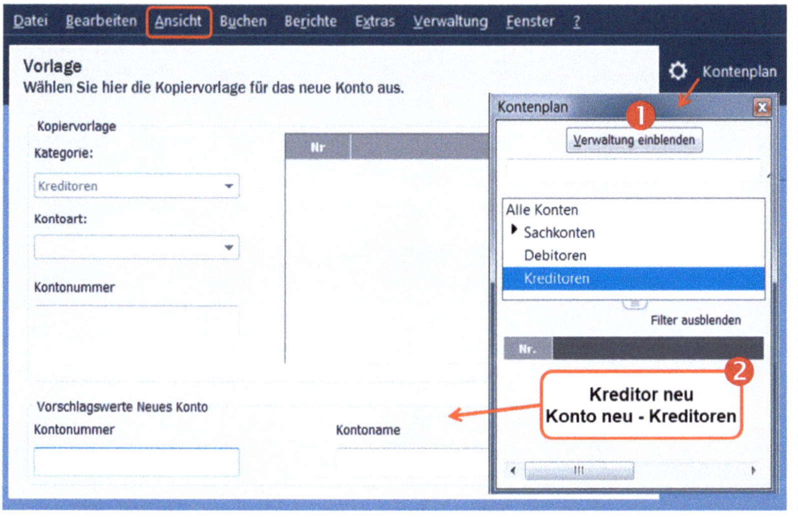

Abb. 1: Kreditorenkonto anlegen Teil 1: Ist der Kontenplan ❶ geöffnet, gehen Sie mit der Maus auf den unteren Bereich ❷ und wählen über die rechte Maustaste **Kreditor neu.** In den Versionen pro und premium klicken Sie auf **Konto neu** und wählen dann die Kategorie **Kreditoren** aus.

Im dritten Fenster geben Sie die Lieferantennummer sowie den Lieferantennamen ein. Wenn Sie keinen eigenen Nummernkreis führen, sollten Sie hier die Kreditorennummer wiederholen. Jetzt fehlt nur noch das vereinbarte Zahlungsziel, das unter **Zahlungskonditionen** einzutragen ist. Dieses Eingabefenster sehen Sie im nächsten Abschnitt.

Für die Buchführung bzw. die Offene-Posten-Übersicht sind damit alle Daten erfasst, die Sie brauchen. Sie können also alle weiteren Felder frei lassen und das neue Konto speichern.

In den Programmversionen basis und plus kommen Sie nach der Adresseingabe direkt auf das Fenster **Bank**. Im letzten Fenster **Zahlungskonditionen** geben Sie das vereinbarte Zahlungsziel ein.

In den Programmversionen pro und premium wird nach der Adresseingabe das Eingabefenster geschlossen und die Adresse erscheint in einer Tabelle. Von hier aus öffnen Sie über **Weiter** ebenfalls die Fenster **Zahlungskonditionen** und **Bankverbindung**, nur in einer anderen Reihenfolge.

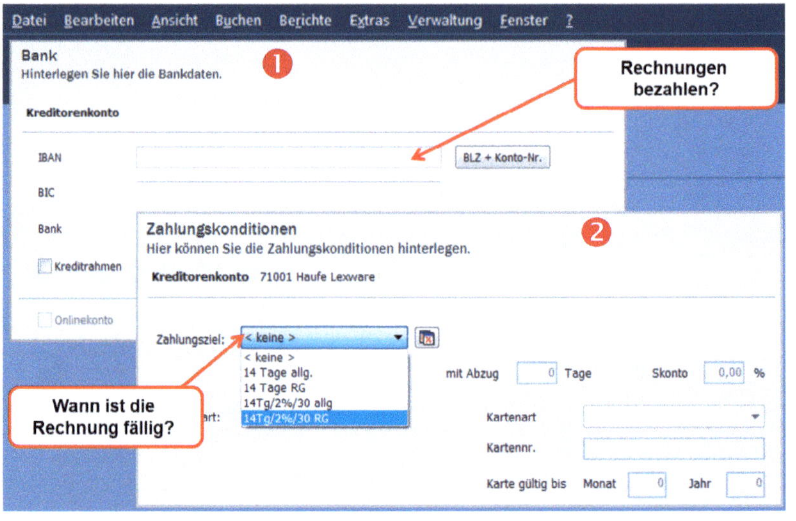

Abb. 2: Kreditorenkonto anlegen Teil 2: Eine Bankverbindung ❶ müssen Sie nur erfassen, wenn Sie das Modul »Zahlungsverkehr« nutzen und Rechnungen bezahlen möchten. Geben Sie die Zahlungskonditionen ❷ ein, kann das Programm auch mögliche Skonti berechnen.

11.5 Angaben im Kreditorenkonto ändern oder ergänzen

Möchten Sie bei einem Kreditorenkonto Änderungen vornehmen, müssen Sie das Konto im Kontenplan aufrufen und über **Konto bearbeiten** öffnen. In den Versionen basis und plus sehen Sie die ausgefüllten Eingabefelder direkt. Diese können Sie nun bearbeiten.

Öffnen Sie in den Versionen pro und premium ein Kreditorenkonto über **Konto bearbeiten**, sehen Sie die Eingabefelder noch nicht. Das liegt daran, dass Sie in diesen Versionen bei einem Kreditorenkonto mehrere Adressen hinterlegen können. Wenn Sie nun Daten ändern möchten, müssen Sie vorher im Register **Anschrift** aus einer Tabelle die entsprechende Adresse heraussuchen. Danach kommen Sie in ein weiteres Fenster, in dem Sie über **Weiter** in die gewohnten Eingabefelder gelangen.

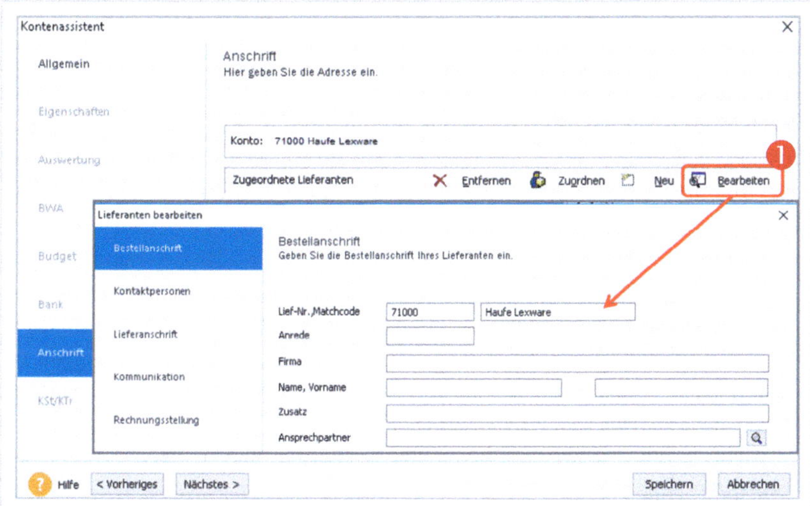

Abb. 3: Angaben im Kreditorenkonto ändern in pro und premium: Ist das Kreditorenkonto geöffnet, wählen Sie im Register »Anschrift« die Adresse aus und mit einem Klick auf »Bearbeiten« ❶ gelangen Sie zu den bekannten Eingabefeldern.

11.6 Belegnummernkreis für Rechnungen

Wenn Sie Ihre Buchführung zum ersten Mal mit Lexware buchhaltung erledigen, sind weitere Vorbereitungen notwendig, die bereits beim nächsten Jahreswechsel automatisch übernommen werden. Dazu gehören die Belegnummernkreise sowie die Anfangsbestände der Kreditorenkonten.

Für die Erfassung von Eingangsrechnungen sollten Sie den Belegnummernkreis »ER« für Eingangsrechnungen verwenden, so können Sie die Eingangsrechnungen getrennt von den anderen Buchungen nummerieren. Ist der Belegnummernkreis noch nicht angelegt, können Sie das bei der Erfassung der ersten Rechnung erledigen. Mehr dazu im Kapitel 5.1 »Belegnummernkreise anlegen«.

11.7 Anfangsbestände von Kreditorenkonten erfassen

Alle Eingangsrechnungen, die zusammen mit einem Kreditorenkonto in das Programm eingegeben werden, finden Sie automatisch in der Offenen-Posten-Liste. Rechnungen, die vorher mit einer anderen Software erfasst wurden, nicht. Bei einem Neueinstieg in das Programm zum 01.01. haben Sie zwei Möglichkeiten, wie Sie die Anfangsbestände von Ihren offenen Eingangsrechnungen erfassen können:

- Variante 1: Entweder Sie buchen die Anfangsbestände aller Lieferanten auf das Konto »1610/3310 Verbindlichkeiten« und erfassen ab sofort die neuen Eingangsrechnungen über die Kreditorenkonten. In diesem Fall buchen Sie die Zahlungen der alten Rechnungen auf das Konto »1610« und die der neuen Rechnungen auf das entsprechende Kreditorenkonto. Beschrieben im Kapitel 7 »Anfangsbestände erfassen, im ersten Jahr mit Lexware buchhaltung«.
- Variante 2: Oder Sie erfassen bereits die Anfangsbestände pro Lieferant auf den entsprechenden Kreditorenkonten, wie im folgenden Beispiel gezeigt.

BEISPIEL

Die Gesamtsumme der Verbindlichkeiten von 5.950 Euro setzt sich zusammen aus 2.380 Euro der Firma Haufe-Lexware und 3.570 Euro der Firma Maurer.

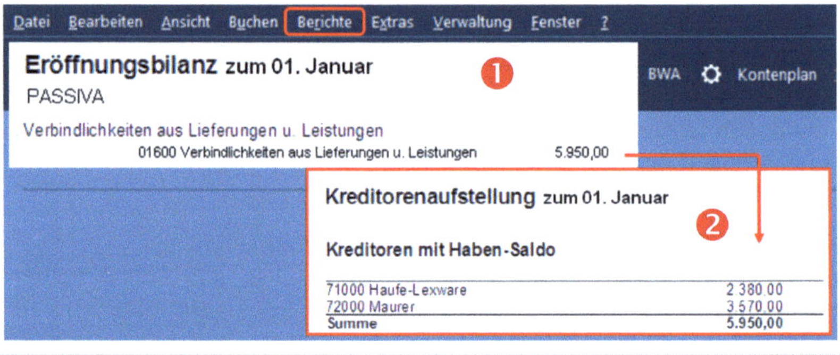

Abb. 4: Vorteil von Kreditoren: In der Bilanz ❶ sehen Sie die offenen Verbindlichkeiten in einer Summe. Wählen Sie in der Druckauswahl der Bilanz unter **Auswertung** die »Personenkontenaufstellung« ❷, werden Ihnen die Verbindlichkeiten pro Lieferant gezeigt.

Für die Erfassung der Anfangsbestände öffnen Sie die Buchungsmaske **Stapelbuchen** im Menü **Buchen**. Möchten Sie einen neuen Belegnummernkreis anlegen oder einen vorhandenen ändern, öffnen Sie die Funktion **Verwaltung** oben beim **Belegnummernkreis →Kürzel**.

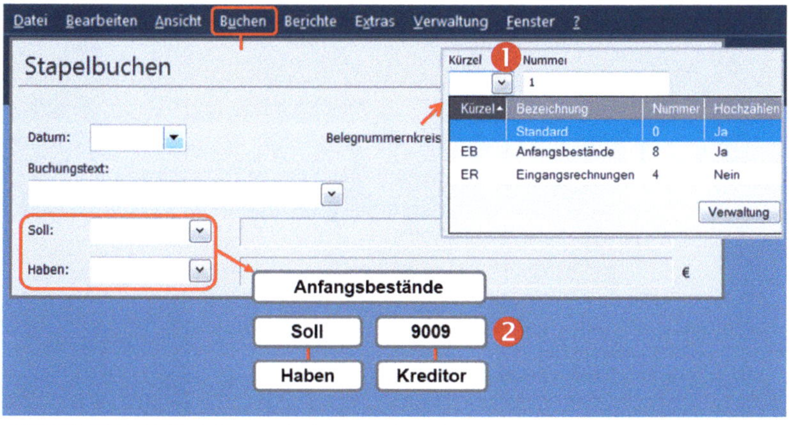

Abb. 5: Anfangsbestände buchen: Ist das Datum erfasst, klicken Sie im Feld **Belegnummernkreis → Kürzel** auf den Pfeil ❶ und wählen »EB« aus. Dann sehen Sie alle angelegten Belegnummernkreise. Die Anfangsbestände von Kreditorenkonten werden über das Konto »9009 Saldenvorträge Kreditoren« ❷ gebucht.

Sind die Anfangsbestände der Kreditorenkonten, d.h. Ihre offenen Verbindlichkeiten, einmal erfasst, kann die Software Ihre Bestände fortführen. Vorausgesetzt, alle Eingangsrechnungen und alle Zahlungen werden auf den entsprechenden Kreditorenkonten erfasst. Diese Bestände können schon beim nächsten Jahreswechsel automatisch in das Folgejahr übertragen werden.

11.8 Eingangsrechnungen erfassen

Erfassen Sie Ihre Eingangsrechnungen in dem Programm Lexware Warenwirtschaft, können die Buchungen übertragen werden.

Eingangsrechnungen werden immer nach dem gleichen Schema eingegeben. Das Aufwandskonto wird im **Soll** und das Kreditorenkonto im **Haben** gebucht und bei Korrekturrechnungen (Gutschriften) drehen Sie die Buchung einfach um.

Tipp !

Suchen Sie zum Beispiel das Kreditorenkonto der Firma Maurer, können Sie im Kontenfeld statt Zahlen auch Worte eingeben, in diesem Fall »Maurer«. Schon wird das Konto im Kasten angezeigt und kann ausgewählt werden.

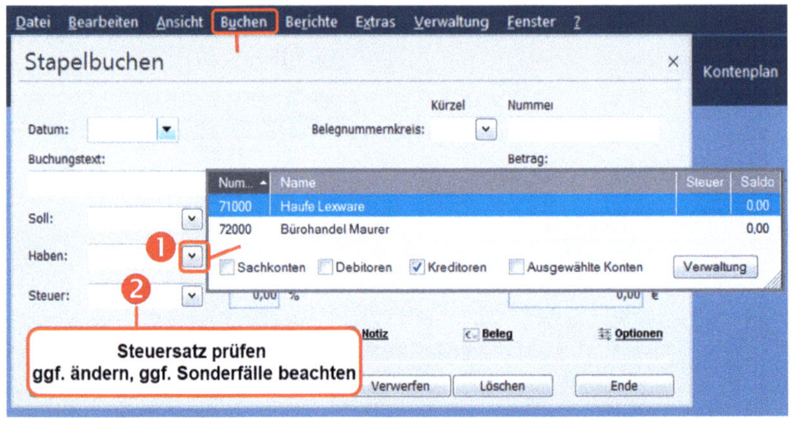

Abb. 6: Tipps zur Eingabemaske: Klicken Sie neben dem Kontenfeld auf den Pfeil ❶ werden alle Konten gezeigt und mit einem Haken bei »Kreditoren« nur noch die Kreditorenkonten. Bei vielen Konten ist ein Steuersatz hinterlegt, der bei der Konteneingabe gleichzeitig im Feld »Steuer« ❷ eingetragen wird.

Stimmt der Steuersatz nicht mit Ihrem Beleg überein, können Sie bei inländischen Rechnungen mit Umsatzsteuer in der Buchungsmaske den Vorsteuersatz von zum Beispiel »VSt. 19 %« auf »VSt. 7 %« ändern. Beim Einkauf im Ausland müssen Sie spezielle Konten verwenden, nämlich Konten, bei denen für das korrekte Ausfüllen der Umsatzsteuerformulare bestimmte Funktionen hinterlegt sind:

- innergemeinschaftlicher Erwerb (EU-Ausland)
- Import (Drittland)

Für Fälle mit Steuerschuldumkehr nach § 13b UStG bzw. dem Reverse-Charge-Verfahren (empfangene Dienstleistungen aus dem Ausland sowie bestimmte Lieferungen und Leistungen aus dem Inland) gibt es entsprechende Aufwandskonten oder den Steuersatz »USt/VSt 19 %«. Wird dieser zusammen mit einem beliebigen Konto verwendet, wählen Sie beim Buchen den entsprechenden Steuerfall aus. Mehr dazu erfahren Sie im Kapitel 9.4 »Einstellungen zur Umsatzsteuer – Eigenschaften«.

Tipp

Eine Übersicht zu Aufwandskonten sowie zu den Sonderfällen finden Sie unter www.iris-thomsen.de/kontenplan/aufwandskonten/ oder mit dem QR-Code.

11.9 OP-Kreditoren und Kreditorenkonto ansehen

Sind die Eingangsrechnungen erfasst, können Sie die Offene-Posten-Liste ansehen, sie heißt im Programm **OP-Kreditoren**.

In den Menüs **Ansicht** und **Berichte** finden Sie zum einen **OP-Kreditoren**, und zum anderen **Kreditorenkonto**. Was ist der Unterschied?

In der Liste **OP-Kreditoren** sehen Sie alle offenen Rechnungen. Sie bleiben dort solange stehen, bis die Zahlung gebucht wurde, danach sind sie weg. Diese Liste steht Ihnen immer zur Verfügung, wenn es offene Rechnungen gibt, hier sehen Sie die offenen Rechnungen aus Vorjahren genauso wie die aus dem laufenden Jahr.

Auf dem **Kreditorenkonto** dagegen sehen Sie die Buchungen des laufenden Jahres, den Anfangsbestand sowie alle Rechnungen und alle Zahlungen, die auf das Konto gebucht wurden. Die Schlussbestände der Kreditorenkonten können Sie beim Jahreswechsel in das Folgejahr übertragen lassen, d. h. die Erfassung der Anfangsbestände erfolgt automatisch. Mehr dazu in den Kapiteln 16 und 17 »Was ist beim Jahreswechsel zu beachten? (buchhaltung basis und plus)« und »Was ist beim Jahreswechsel zu beachten? (buchhaltung pro und premium)«.

11.10 Eingangsrechnungen erfassen – erst nach Zahlung

Bei Einkäufen im Internet werden oft Gelder gezahlt, bevor Lieferung und Berechnung erfolgt sind. In diesem Fall wird die Zahlung auf das Kreditorenkonto gebucht und beim späteren Erfassen der Eingangsrechnung ist Folgendes zu beachten: Sie erfassen die Rechnung wie vorher beschrieben, doch bevor Sie die Buchung über **Buchen** abschließen, müssen Sie auf das Feld **OP** klicken. Dadurch öffnet sich das **OP-Fenster**, hier wählen Sie die entsprechenden Zahlungen aus und klicken dann auf **Buchen**. Mehr dazu im Kapitel 12.10 »Geldeingang oder Zahlung vor Rechnungserfassung«.

11.11 Übungen zur Eingabe ins Programm

Voraussetzungen für die Übungen		
Einstellungen	Überprüfen Sie bitte, ob in den Firmenstammdaten der Haken bei »unterschiedliche Belegnummernkreise« gesetzt ist. Unter Verwaltung – Belegnummern sollten die Belegnummernkreise »EB« für Eröffnungswerte und »ER« für Eingangsrechnungen angelegt sein, Kapitel 5, Übung 5/1.	
Hinweise zu den Eingaben	Gebucht wird im April, in diesem Monat sollten keine Buchungen im Stapel vorhanden sein.	

ÜBUNG 11/1 KREDITORENKONTEN FÜR LIEFERANTEN ANLEGEN

Legen Sie bitte folgende Lieferanten im Programm an. Geben Sie nur die Daten ein, die für die Offene-Posten-Übersicht notwendig sind.

	Lieferant Haufe-Lexware	**Lieferant Maurer**
Kontonummer	71000	72000
Kontoname	Haufe-Lexware	Bürohandel Maurer
Kundennummer	71000	72000
Name		
Vorname		
Firma	Haufe-Lexware	Bürohandel Maurer
Anrede und Adresse	bitte weglassen	bitte weglassen
Bank	bitte weglassen	bitte weglassen
Zahlungskonditionen	14 Tage 2 %, 30 RG	14 Tage 2 %, 30 RG

Im unteren Bereich des Kontenplans wählen Sie über die rechte Maustaste die Funktion **Kreditor neu** bzw. **Konto neu – Kreditor**. Um ein Kreditorenkonto anzulegen, sind mehrere Eingabefenster zu durchlaufen, in denen Sie aber nicht alle Felder ausfüllen müssen. Für die OP-Übersicht genügen nur wenige Daten.

ÜBUNG 11/2 ERFASSTE ANFANGSBESTÄNDE FÜR VERBINDLICHKEITEN STORNIEREN

Die Eröffnungsbilanz wurde bereits im Kapitel 7 Übung 7/2 erfasst. Der Anfangsbestand der offenen Verbindlichkeiten wurde wie folgt gebucht:

Buchen → Stapelbuchen					
Datum	Text	Betrag	SOLL SKR 03/04	HABEN SKR 03/04	Steuer
01.01.	EB-Wert	5.950,00	9000	1610/3310	keine

Da Sie inzwischen Kreditorenkonten angelegt haben, möchten Sie darauf später auch die Anfangsbestände erfassen. Aus diesem Grund sollten Sie nun die oben angegebene Buchung stornieren, wenn Sie diese im Journal finden.

ÜBUNG 11/3 ANFANGSBESTÄNDE VON KREDITORENKONTEN

Bei den offenen Verbindlichkeiten von 5.950 Euro handelt es sich um zwei Eingangsrechnungen von zwei verschiedenen Lieferanten. Buchen Sie bitte unter **Buchen → Stapelbuchen** die Anfangsbestände mit dem Belegnummernkreis »EB«.

Buchen → Stapelbuchen						
Datum	Beleg	Text	Betrag	SOLL SKR 03/04	HABEN SKR 03/04	Steuer
01.01.	EB 7	RG 2703	2.380,00	9009	71000	keine
01.01.	EB 8	RG 119	3.570,00	9009	72000	keine

Stimmen Ihre Eingaben, können Sie den Stapel ausbuchen unter **Buchen → Stapel ausbuchen.**

ÜBUNG 11/4 EINGANGSRECHNUNGEN ERFASSEN

Buchen Sie bitte folgende Eingangsrechnungen unter **Buchen → Stapelbuchen:**

Buchen → Stapelbuchen						
Datum	Beleg	Text	Betrag	SOLL SKR 03/04	HABEN SKR 03/04	Steuer
06.04.	ER 1	RG 2804	1.785,00	3400/5400	71000	VSt.19 %
07.04.	ER 2	RG 333	4.760,00	3400/5400	72000	VSt.19 %
14.04.	ER 3	RG 3101	1.190,00	3400/5400	71000	VSt.19 %
15.04.	ER 4	RG 570	5.950,00	3400/5400	72000	VSt.19 %

Stimmen Ihre Eingaben, sollten Sie die Buchungen ins Journal übertragen, d. h. den Stapel ausbuchen unter **Buchen → Stapel ausbuchen.**

LÖSUNG 11/1

Sobald Sie die Eingaben gespeichert haben, finden Sie das Konto im **Kontenplan** unter **Kreditoren.** Von hier aus können Sie anschließend das nächste Konto anlegen.

LÖSUNG 11/2

Im Menü **Ansicht** öffnen Sie das **Journal** und suchen die Buchung vom 01.01. Ist die Buchung gefunden und ausgewählt, klicken Sie rechts am Bildschirm auf **Buchung stornieren.**

LÖSUNG 11/3

Die Anfangsbestände sehen Sie unter **Berichte → Kreditorenkonto** oder OP-Kreditoren, Bilanzierende sehen sie auch unter **Berichte → Auswertungen → Bilanz.**

LÖSUNG 11/4

Über **Berichte → OP-Kreditoren** können Sie die Offene-Posten-Liste, OP-Liste, ansehen und drucken. Über **Ansicht → OP-Kreditoren** erscheint die Liste am Bildschirm.

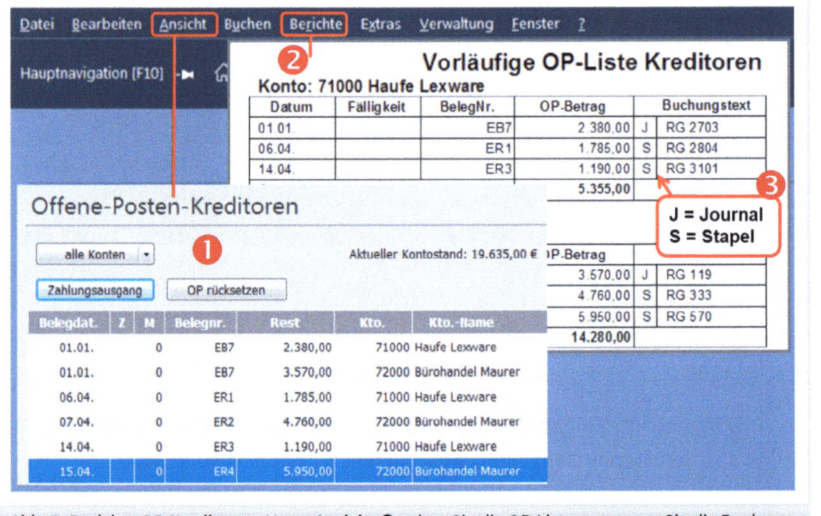

Abb. 7: Berichte OP-Kreditoren: Unter **Ansicht** ❶ sehen Sie die OP-Liste erst, wenn Sie die Buchungen ins Journal übertragen bzw. den Stapel ausgebucht haben. Unter **Berichte** sehen Sie die OP-Liste ❷ jederzeit. Journalbuchungen erkennen Sie in der Liste am »J« und Stapelbuchungen am »S« ❸ .

12 Kontoauszüge erfassen Teil 1 – Ausgleich von OP-Debitoren und Kreditoren

Haben Sie Debitorenkonten angelegt und die Kundenrechnungen darauf gebucht? Oder Eingangsrechnungen auf Kreditorenkonten gebucht? Das ist der erste Schritt zur Offenen-Posten-Verwaltung. Hier werden die Geldeingänge der Kunden auf die Debitorenkonten gebucht sowie die Zahlungen an Lieferanten auf Kreditorenkonten.

Dann erst sehen Sie, welche Rechnungen noch offen sind. Außerdem erfahren Sie hier, wie Sie mit Teilzahlungen, Zahlung mehrerer Rechnungen und mit Skontoabzug umgehen.

12.1 Buchungsmaske und Belegnummernkreis festlegen

Die Buchungsmaske öffnen Sie unter **Buchen → Einnahmen/Ausgaben in den Stapel** und wählen in der Kontenauswahl das Konto »**1200/1800 Bank**« aus. In der Kontenauswahl finden Sie alle Konten der Kategorie »Finanzkonto«, d. h. nur Finanzkonten können Sie über diese Buchungsmaske buchen. Mehr dazu im Kapitel 4.6 »Buchungsmaske Einnahmen/Ausgaben in den Stapel«.

Für die Erfassung von Kontoauszügen empfiehlt es sich, den Belegnummernkreis »B« zu verwenden. So können Sie die Kontoauszüge getrennt von anderen Buchungen nummerieren. Ist dieser Belegnummernkreis noch nicht angelegt, können Sie das bei der Erfassung des ersten Kontoauszugs erledigen. Klicken Sie im Feld **Belegnummernkreis →Kürzel** auf den Pfeil. Hier können Sie über die Funktion **Verwaltung** neue Belegnummernkreise anlegen und die bereits vorhandenen ändern. Mehr dazu im Kapitel 5.1 »Belegnummernkreise anlegen«.

Möchten Sie die Funktion »Offene Posten automatisch abgleichen« nutzen, die im Abschnitt 12.9 »Offene Posten abgleichen« beschrieben ist, müssen Sie bei der Zahlung die Rechnungsnummer im Feld Belegnummer erfassen, nicht die Kontoauszugsnummer.

12.2 Anfangsbestand kontrollieren

Bevor Sie mit der Erfassung der Kontoauszüge beginnen, müssen Sie den Kontostand im Programm mit Ihrem tatsächlichen Saldo Ihres Kontoauszugs vergleichen.

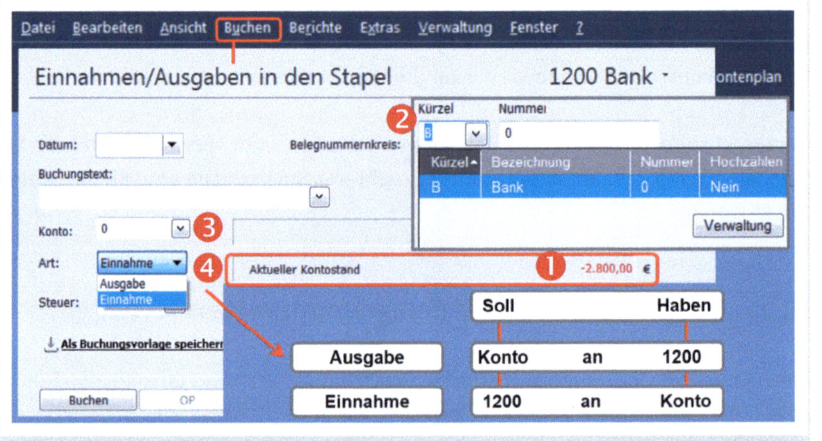

Abb. 1: Buchungsmaske für Kontoauszüge: Hier sollten Sie zuerst den Kontostand kontrollieren ❶ und beim Buchen den Belegnummernkreis »B« verwenden ❷ . Sie müssen nur ein Konto eingeben ❸ und über die Auswahl **Einnahme** oder **Ausgabe** ❹ wählen.

Das Konto »1200/1800 Bank« bucht das Programm im Hintergrund automatisch. Sie steuern über die Eingabe **Einnahme** oder **Ausgabe**, wie gebucht wird.

!

Tipp

Zur Kontensuche können Sie Im Feld Konto nicht nur Nummern, sondern auch Worte eingeben.

12.3 Die offenen Posten ansehen

Welche Kundenrechnungen bisher gebucht wurden, d. h. für welche Rechnungen ein Geldeingang erwartet wird, sehen Sie unter **Ansicht → OP-Debitoren.** Offene Eingangsrechnungen finden Sie unter **Ansicht → OP-Kreditoren.** Sollten sich gebuchte Rechnungen noch im Buchungsstapel befinden, müssen Sie diese jetzt ausbuchen, über **Buchen → Stapel ausbuchen**. Die Rechnungen müssen im Menü **Ansicht** sichtbar sein.

Achtung

Die OP-Verwaltung funktioniert nur, wenn Sie die Rechnungen vom Stapel ins Journal übertragen haben.

12.4 Kontoauszug erfassen – Geldeingang/Zahlung über das Feld OP

In der Buchungsmaske erfassen Sie das Datum, die Belegnummer, den Buchungstext sowie den Bruttobetrag ohne Vorzeichen. Anschließend müssen Sie das entsprechende Konto erfassen und **Einnahme** oder **Ausgabe** wählen.

Sowie Sie im Feld **Konto** ein »Debitoren-« oder »Kreditorenkonto« eingeben, wird unten in der Buchungsmaske das wichtigste Feld aktiviert, das Feld **OP**. Hier müssen Sie unbedingt drauf klicken, noch vor dem **Buchen**. Nur so kann das Programm die OP-Liste ordentlich führen.

Sie erfassen in der Buchungsmaske den Betrag, das Debitorenkonto und klicken auf das Feld **OP**. Dadurch öffnet sich die Offene-Posten-Liste (OP-Liste) für diesen Kunden. Hier müssen Sie die entsprechende Rechnung auswählen. Stimmen die Beträge von Geldeingang und Rechnung überein, brauchen Sie nur noch auf **Buchen** klicken und schon ist alles erledigt. Der Geldeingang ist gebucht und die offene Rechnung verschwindet aus der OP-Liste.

BEISPIEL

Die Kundin Anders, Sabine (Debitorenkonto 10100) zahlt die Rechnung 234 über 4.760 Euro.

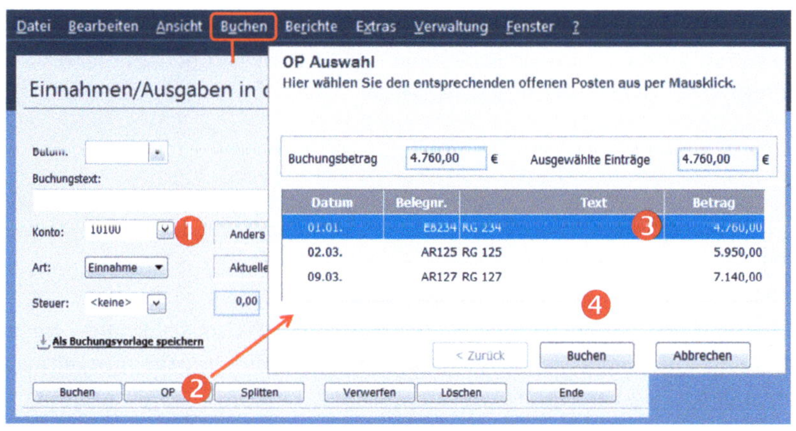

Abb. 2: Buchung mit OP-Fenster: Sie geben den Betrag von »4.760« ein und im Feld »Konto« das Debitorenkonto »10100« ❶ . Nun klicken Sie auf das Feld **OP** ❷ und wählen aus der OP-Liste die richtige Rechnung aus ❸. Dann müssen Sie nur noch auf **Buchen** ❹ klicken.

! **Tipp**

Springen Sie in der Buchungsmaske mit der »Entertaste« von Feld zu Feld, gelangen Sie ganz automatisch vor dem **Buchen** auf das Feld **OP**.

Keine Steuer beim OP-Ausgleich

Wenn Sie im Feld **Konto** ein »Debitoren-« oder »Kreditorenkonto« eingeben, steht gleichzeitig im Feld **Steuer** »<keine>« und das dürfen Sie auch nicht ändern. Denn bei der Rechnungserfassung wurde die Steuer bereits gebucht. Was hier geschieht, ist lediglich der Ausgleich von Forderungen und Verbindlichkeiten.

Achtung

Gehen auf Ihrem Bankkonto Erlöse ein, für die Sie zuvor keine Rechnung erfasst haben, buchen Sie diese auf das entsprechende Erlöskonto zusammen mit dem Steuersatz »USt. ...«. Das Gleiche gilt für Kosten. Nur wenn vorher keine Rechnung erfasst wurde, buchen Sie diese auf ein Aufwandskonto zusammen mit dem Steuersatz »VSt. ...«.

12.5 Teilzahlungen buchen

Was ist zu tun, wenn Sie an den Lieferanten nur einen Teil der Rechnung bezahlt haben? In diesem Fall wählen Sie im OP-Fenster die entsprechende Rechnung aus und klicken auf **Weiter**. Im nächsten Fenster wählen Sie die Funktion **Weiterführen des Differenzbetrages als Offenen Posten**. Erst dann bietet Ihnen das Programm die Funktion **Buchen** an. Nach dem Klick auf **Buchen** wird der Rechnungsbetrag in der OP-Liste verringert, hier steht nur noch der Restbetrag.

BEISPIEL

Sie überweisen zunächst nur 570 Euro von der Rechnung 119 der Firma Maurer (Kreditorennummer 72000).

In den Versionen pro und premium gibt es den Bericht »OP-Liste mit Historie«, hier sehen Sie dann nicht nur den Restbetrag, sondern auch noch den ursprünglichen Rechnungsbetrag sowie den Teilzahlungsbetrag.

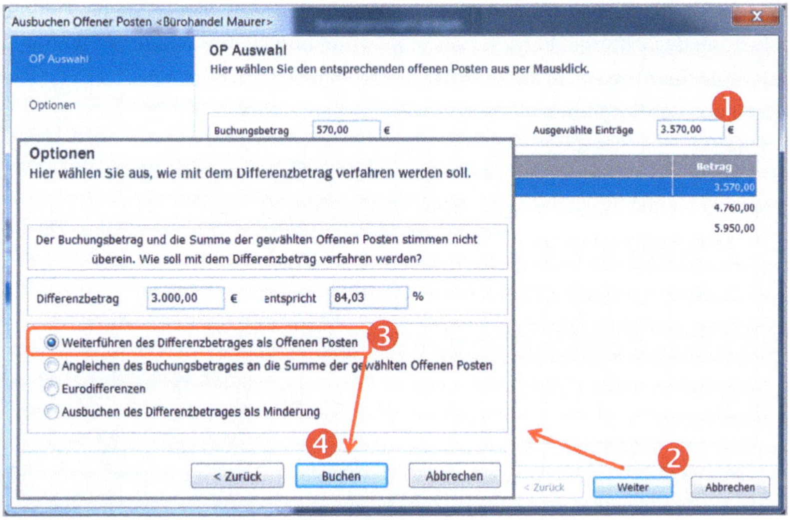

Abb. 3: Auszug OP-Fenster bei einer Teilzahlung: Sie wählen im OP-Fenster die Rechnung 119 über 3.570 Euro aus ❶ und klicken auf **Weiter** ❷ . Im nächsten Fenster wählen Sie den ersten Punkt in der Auswahl ❸ . Erst dann können Sie auf **Buchen** klicken ❹ .

12.6 Zahlung mehrerer Rechnungen

Zahlt ein Kunde mit einer Zahlung gleichzeitig mehrere Rechnungen, wählen Sie im OP-Fenster einfach nur zwei Rechnungen aus. Sie geben im **Betragsfeld** den erhaltenen Betrag ein, im Feld **Konto** das Debitorenkonto und öffnen das OP-Fenster mit einem Klick auf **OP**. Hier klicken Sie mit der Maus nacheinander auf beide Rechnungen. Schon wird Ihnen die Funktion **Buchen** angeboten und Sie können die Buchung abschließen.

12.7 Zahlungen mit Skontoabzug

Was ist zu tun, wenn der Kunde vom Skontoabzug Gebrauch macht und Ihnen nicht den glatten Rechnungsbetrag überweist, sondern weniger?

Wieder geben Sie die Summe, die Sie erhalten haben, in das Betragsfeld ein, erfassen das Debitorenkonto und klicken auf das Feld **OP**. In diesem Fall wählen Sie im OP-Fenster die entsprechende Rechnung aus und klicken auf **Weiter**. Im nächsten Fenster sehen Sie oben, dass eine Differenz vorliegt. In diesem Fall wählen Sie die Funktion **Ausbuchen des Differenzbetrages als Minderung** und klicken erneut auf **Weiter**. Im letzten Fenster müssen Sie das entsprechende Minderungskonto eingeben, erst dann bietet Ihnen das Programm die Funktion **Buchen** an.

BEISPIEL

Die Kundin Anders, Sabine (Debitorenkonto 10100) zahlte die Rechnung 125 abzüglich 2 % Skonto.

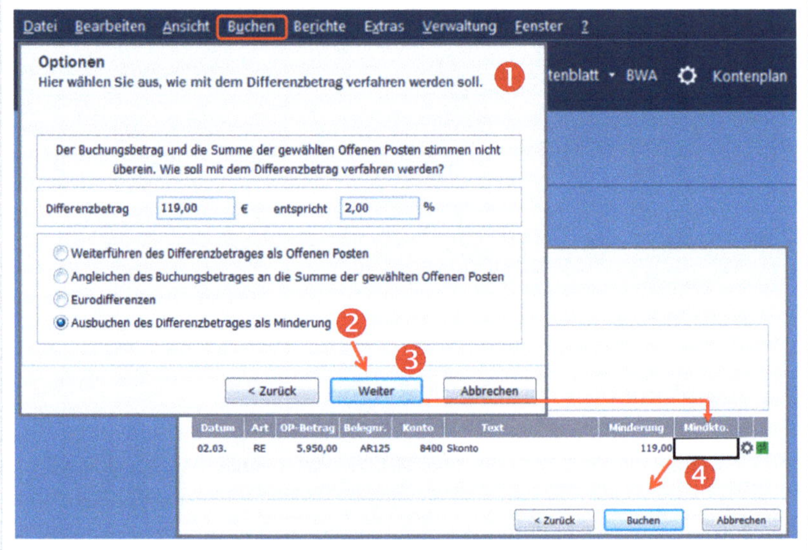

Abb. 4: Zahlung abzüglich Skonto: Ist die Rechnung in der OP-Liste ausgewählt, öffnet sich ein Fenster ❶. Hier wählen Sie die Funktion »Ausbuchen des Differenzbetrages als Minderung« ❷, gehen über **Weiter** ❸ ins letzte Fenster und erfassen das Minderungskonto »8736/4736« ❹.

Bei diesem Minderungskonto ist der Steuersatz »USt. 19 %« hinterlegt, d. h. die Umsatzsteuer aus dem Skontobetrag wird automatisch korrigiert.

12.8 OP-Listen ansehen

Sobald die Geldeingänge der Kunden und die Zahlungen an die Lieferanten über den Kontoauszug erfasst sind, können Sie die OP-Listen ansehen.

Diese können Sie im Menü **Berichte** drucken, wenn Sie im Auswertungsbereich »Stapel« oder »Alle Buchungen« wählen. Sowie die Buchungen ins Journal übertragen wurden unter **Buchen → Stapel ausbuchen**, finden Sie die Listen auch im Menü **Ansicht**.

In den Listen **OP-Kreditoren** und **OP-Debitoren** sehen Sie alle offenen Rechnungen. Eine Rechnung bleibt dort solange stehen, bis die Zahlung gebucht wurde. Diese Liste steht Ihnen immer zur Verfügung, wenn es offene Rechnungen gibt, hier sehen Sie die offenen Rechnungen aus Vorjahren genauso wie die aus dem laufenden Jahr.

Auf den **Kreditoren**- und **Debitorenkonten** dagegen sehen Sie die Buchungen des laufenden Jahres, den Anfangsbestand sowie alle Rechnungen und alle Zahlungen, die auf das Konto gebucht wurden. Sind die Anfangsbestände auf den Konten erfasst, müssen die Salden der OP-Listen mit den Salden der Konten übereinstimmen.

Fehler in der OP-Liste beheben

Möglicherweise finden Sie in einer OP-Liste folgendes Bild, die Rechnung und deren Zahlung sind noch sichtbar. Warum das nicht ausgeglichen ist? Es liegt daran, dass Sie beim Erfassen des Geldeingangs gleich auf **Buchen** geklickt haben, statt vorher über das Feld **OP** zu gehen und dort die passende Rechnung auszuwählen.

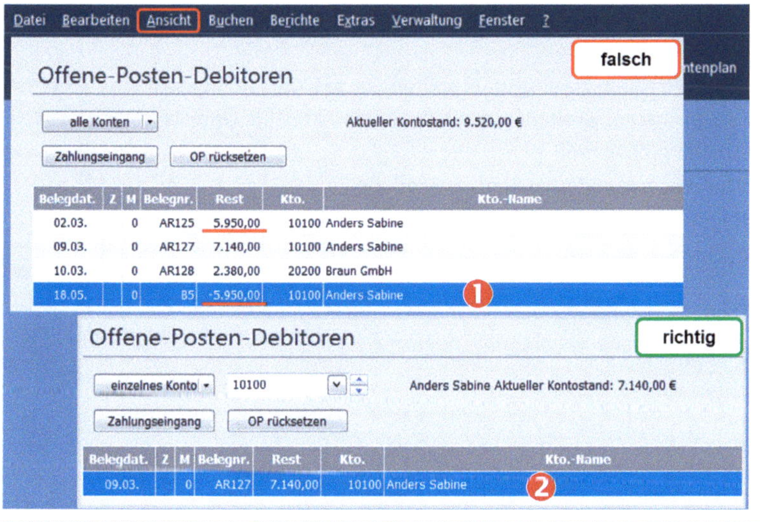

Abb. 5: Fehlerhafte OP-Liste: Die Rechnung von 5.950 Euro sowie deren Zahlung stehen noch in der »OP-Liste« ❶. Bei der Erfassung des Geldeingangs wurde das »OP Fenster« nicht genutzt. Sonst wäre nur die offene Rechnung von 7.140 Euro zu sehen ❷.

Das gleiche Bild kann entstehen, wenn Sie eine Gutschrift erfassen, ohne über das **Feld OP** die entsprechende Rechnung auszuwählen.

Möchten Sie diesen Fehler beheben, müssen Sie im Menü **Buchen** unter **Offene Posten abgleichen** die beiden Positionen auswählen und abgleichen. Bei diesem Vorgang bleiben auf dem Debitorenkonto die Buchungen der Rechnung und der Zahlung unberührt. Sie bereinigen lediglich Ihre OP-Liste.

12.9 Offene Posten abgleichen

Handelt es sich um mehrere unausgeglichene offene Posten, können Sie sich von der Software helfen lassen über die Funktion **Automatik**. Dazu klicken Sie oben auf die Rechnung und unten auf das Feld **Automatik**. Danach können Sie den Vorschlag überprüfen und ebenfalls über die Funktion **Durchführen** abgleichen.

Steht ein offener Posten bzw. eine Rechnung allein da, ohne die passende Zahlung oder Gutschrift, können Sie sie nicht abgleichen. In diesem Fall hilft die Funktion **Rücksetzen** oder **OP-Rücksetzen.** Dieser Fall könnte eintreten, wenn Sie zu Beginn des Jahres die Anfangsbestände manuell erfassen, obwohl die Rechnungen in der OP-Liste stehen. Über das Rücksetzen wird nicht die Buchung, sondern nur der offene Posten gelöscht.

Allerdings steht die Funktion **Rücksetzen** nur bei der Soll-Versteuerung zur Verfügung. Rechnungen, die unter der Einstellung Ist-Versteuerung erfasst wurden, müssen über Verrechnungskonten umgebucht werden.

Um dieses Problem zu umgehen, sollten Sie sich die Anfangsbestände automatisch übertragen lassen, wie in den Kapiteln 16 »Was ist beim Jahreswechsel zu beachten? (buchhaltung basis und plus)« und 17 »Was ist beim Jahreswechsel zu beachten? (buchhaltung pro und premium)« beschrieben.

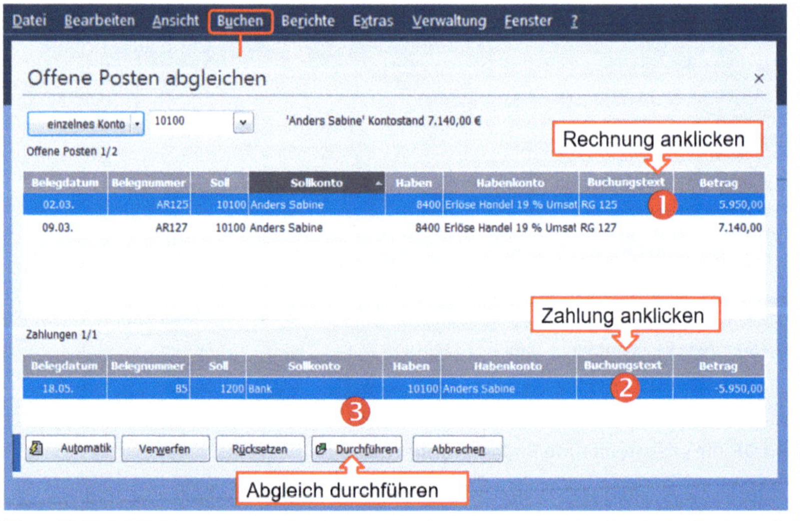

Abb. 6: Offene Posten abgleichen: Sie klicken oben auf die Rechnung von 5.950 Euro ❶ und unten auf die dazugehörige Zahlung ❷ . Anschließend wählen Sie die Funktion **Durchführen** ❸ und schon verschwinden beide Positionen aus der Liste.

Der vollständig automatische Abgleich funktioniert nur, wenn die Belegnummern gleich sind. D. h. die Rechnungsnummer ist nicht nur bei der Rechnungserfassung in das Feld Belegnummer einzutragen, sondern auch bei der Zahlung.

12.10 Geldeingang oder Zahlung vor Rechnungserfassung

Geldeingänge von Kunden, für die noch keine Kundenrechnung erfasst wurde, buchen Sie trotzdem auf das Debitorenkonto. Allerdings ohne das Feld **OP**, in diesem Fall schließen Sie die Buchung direkt mit dem Klick auf **Buchen** ab. Das Gleiche gilt auch für Zahlungen, die vom Konto abgehen, ohne dass die Eingangsrechnung erfasst wurde. In diesen Fällen erfolgt die spätere Erfassung der Rechnungen zusammen mit dem Feld **OP**. D. h. beim Erfassen der Rechnungen wählen Sie im **OP Fenster** die entsprechende Zahlung aus. Mehr dazu in den Kapiteln 10.10 »Kundenrechnungen erfassen – erst nach Zahlungseingang« und 11.10 »Eingangsrechnung erfassen – erst nach Zahlung«.

Möchten Sie nicht die gesamte Buchhaltung bzw. nicht alle Positionen Ihres Kontoauszugs erfassen, sondern zum Beispiel nur die Geldeingänge der Kunden, gibt es eine weitere Erfassungsmöglichkeit. Unter **Ansicht → OP-Debitoren → Zahlungseingang** (basis und plus) bzw. **OP-Ausbuchen** (pro und premium) wählen Sie die entsprechende Rechnung aus und erfassen den Geldeingang. Das Gleiche gilt für die Erfassung von Zahlungen von Eingangsrechnungen unter **Ansicht → OP-Kreditoren**. Diese Methode ist nur empfehlenswert, wenn mit der Software lediglich eine OP-Verwaltung durchgeführt wird. Wer damit seine Buchführung erledigt, muss sowieso alle Positionen der Kontoauszüge erfassen, und das geht schneller und übersichtlicher mit der vorher beschriebenen Eingabe unter **Einnahmen/Ausgaben in den Stapel**.

12.11 Übungen zur Eingabe ins Programm

Voraussetzungen für die Übungen		
Einstellungen	Überprüfen Sie, ob in den Firmenstammdaten der Haken bei »unterschiedliche Belegnummernkreise« gesetzt ist. Unter Verwaltung – Belegnummern sollte der Belegnummernkreis »B« für Bank angelegt sein, Kapitel 5, Übung 5/1.	
Hinweise zu den Eingaben	Die Kapitel 10, 11 und 12 zeigen die OP-Verwaltung im Ganzen, d. h. die Übungen der Kapitel 10 und 11 müssen zuvor erfasst sein. Und für die Saldenkontrolle des Bankkontos ist die Übung 7/1 Anfangsbestand der Bank (Kapitel 7) erforderlich. Möchten Sie die OP-Verwaltung nicht nutzen, können Sie dieses Kapitel überspringen, Bankbuchungen ohne die OP-Verwaltung werden im Kapitel 13 gezeigt.	

ÜBUNG 12/1 GELDEINGANG UND ZAHLUNG ÜBER DAS FELD OP

Erfassen Sie bitte folgende Positionen des Kontoauszugs unter **Einnahmen/ Ausgaben in den Stapel → 1200/1800 Bank**. Kontrollieren Sie bitte zunächst den Kontostand und buchen Sie mit dem Belegnummernkreis »B«. Denken Sie daran, vor dem Buchen auf das Feld **OP** zu klicken.

Buchen → Einnahmen/Ausgaben in den Stapel → 1200/1800 Bank						
Datum	Beleg	Buchungstext	Betrag	Konto SKR 03/04	Kategorie	Steuer
04.05.		Anfangsbestand	-2.800,00	Kontrolle – Saldo negativ		
04.05.	B 5	Eingang RG 234	4.760,00	10100	Einnahme	keine
04.05.	B 5	Zahlung RG 2703	2.380,00	71000	Ausgabe	keine
		Saldo	-420,00	Kontrolle		

ÜBUNG 12/2 TEILZAHLUNGEN BUCHEN

Erfassen Sie bitte die nächsten beiden Positionen des Kontoauszugs. Hier handelt es sich um Teilzahlungen, lassen Sie die Restbeträge jeweils stehen, indem Sie nach Auswahl der Rechnung die Funktion **Weiterführen des Differenzbetrages als Offenen Posten** wählen.

Buchen → Einnahmen/Ausgaben in den Stapel → 1200/1800 Bank						
Datum	Beleg	Buchungstext	Betrag	Konto SKR 03/04	Kategorie	Steuer
10.05.		Anfangsbestand	-420,00	Kontrolle – Saldo negativ		
10.05.	B 5	Teil der RG 119	570,00	72000	Ausgabe	keine
10.05.	B 5	Teil der RG 236	2.140,00	20200	Einnahme	keine
		Saldo	1.150,00	Kontrolle		

ÜBUNG 12/3 GELDEINGANG/ZAHLUNG MEHRERER RECHNUNGEN

Erfassen Sie bitte diese beiden Positionen des Kontoauszugs unter **Einnahmen/Ausgaben in den Stapel → 1200/1800 Bank.** Hier werden in einem Betrag mehrere Rechnungen bezahlt. Denken Sie daran, vor dem Buchen auf das Feld **OP** zu klicken und verwenden Sie keinen Steuersatz.

Buchen → Einnahmen/Ausgaben in den Stapel → 1200/1800 Bank						
Datum	Beleg	Buchungstext	Betrag	Konto SKR 03/04	Kategorie	Steuer
11.05.		Anfangsbestand	1.150,00	Kontrolle – Saldo		
11.05.	B 5	Rest RG 236+RG 126	9.760,00	20200	Einnahme	keine
11.05.	B 5	Rest RG 119+RG 333	7.760,00	72000	Ausgabe	keine
		Saldo	3.150,00	Kontrolle		

ÜBUNG 12/4 GELDEINGANG/ZAHLUNG MIT SKONTOABZUG

Erfassen Sie bitte die letzten beiden Positionen des Kontoauszugs. Hier werden Rechnungen abzüglich Skonto überwiesen. In diesem Fall buchen Sie den Betrag, der auf dem Kontoauszug steht und geben später ein Minderungskonto ein. In diesem Fall sind es die Konten »8736/4736 Gewährte Skonti 19 % Umsatzsteuer« und »3736/5736 Erhaltene Skonto 19 % Vorsteuer«.

Buchen → Einnahmen/Ausgaben in den Stapel → 1200/1800 Bank						
Datum	Beleg	Buchungstext	Betrag	Konto SKR 03/04	Kategorie	Steuer
18.05.		Anfangsbestand	3.150,00	Kontrolle – Saldo		
18.05.	B 5	RG 125 abzüglich 2 % Skonto	5.831,00	10100 8736/4736	Einnahme	keine
18.05.	B 5	RG 2804 abzüglich 2 % Skonto	1.749,30	71000 3736/5736	Ausgabe	keine
		Saldo	7.231,70	Kontrolle		

ÜBUNG 12/5 OP-LISTEN ANSEHEN

Sind alle Positionen des Kontoauszugs erfasst und stimmt der Kontostand im Programm mit Ihrem überein, können Sie die Buchungsmaske schließen. Sehen Sie sich bitte anschließend die OP-Listen an.

LÖSUNG 12/1

Beachten Sie nach der Buchung den aktuellen Kontostand. Stimmt er mit der Übung überein, können Sie den Stapel ausbuchen. Danach sind beide Rechnungen aus den OP-Listen verschwunden, unter **Ansicht → OP-Debitoren** sowie **OP-Kreditoren**.

LÖSUNG 12/2

Sie haben an die Firma Bürohandel Maurer 570 Euro überwiesen. Hier handelt es sich um eine Teilzahlung der Rechnung Nr. 119 über 3.570 Euro. In der zweiten Position hat der Kunde Maurer an Sie nur einen Teil der RG 236 bezahlt.

LÖSUNG 12/3

Die Firma Braun GmbH überweist 9.760 Euro. Sie zahlt den Rest der Rechnung Nr. 236, das sind 5.000 Euro, und die gesamte Rechnung Nr. 126 über 4.760 Euro. Außerdem überweisen Sie an die Firma Bürohandel Maurer 7.760 Euro. Damit zahlen Sie den Rest der Rechnung Nr. 119 über 3.000 Euro und die Rechnung Nr. 333 über 4.760 Euro.

LÖSUNG 12/4

Die Kundin Sabine Anders hat 5.831 Euro überwiesen. Sie hat die Rechnung Nr. 125 über 5.950 Euro abzüglich 2 % Skonto gezahlt. Sie haben die Rechnung Nr. 2804 der Firma Haufe-Lexware abzüglich 2 % Skonto überwiesen.

LÖSUNG 12/5

Ihre Buchungen finden Sie unter **Ansicht → Buchungsstapel**. Hier können Sie Ihre Eingaben ansehen und ggf. ändern oder löschen. Die Listen **OP-Debitoren** und **OP-Kreditoren** können Sie im Menü **Berichte** drucken, wenn Sie im Auswertungsbereich »Stapel« oder »Alle Buchungen« wählen.
Sowie die Buchungen ins Journal übertragen wurden unter **Buchen → Stapel ausbuchen**, finden Sie die Listen auch im Menü **Ansicht**.

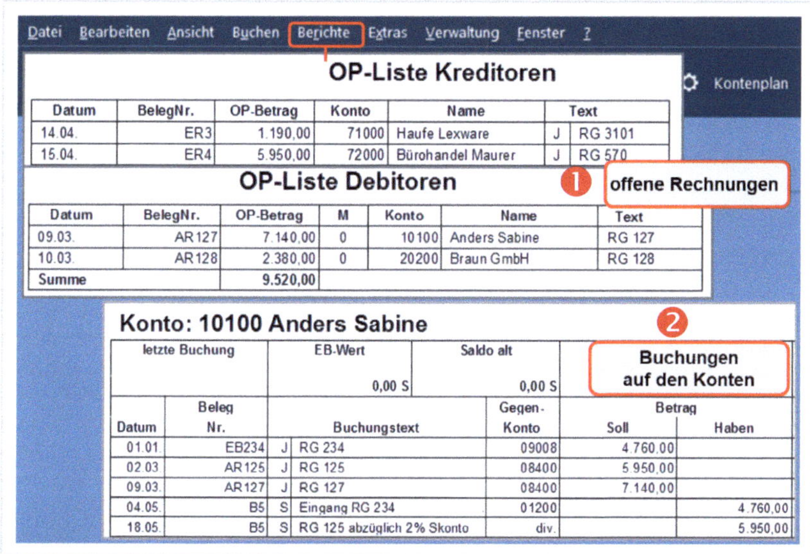

Abb. 7: Was ist der Unterschied von OP-Debitoren und dem Debitorenkonto? Die Liste »OP-Debitoren« ❶ zeigt Ihnen lediglich die offenen Rechnungen, während Sie auf dem »Debitorenkonto« ❷ alle Buchungen finden.

13 Kontoauszüge erfassen Teil 2 – manuell und online

Im ersten Teil dieses Kapitels werden Geldeingänge und Zahlungen erfasst, die nicht mit einem Debitoren- oder Kreditorenkonto zusammenhängen. Hier erfahren Sie, was bei Geldeingängen und Abbuchungen zu beachten ist, und Sie lernen weitere Konten kennen, die in der Praxis öfter vorkommen. Ihre Eingaben können Sie jederzeit ändern und in verschiedenen Berichten ansehen.

Im zweiten Teil dieses Kapitels wird die Verbuchung von Online-Kontoauszügen gezeigt. Auch eine Alternative für die Erfassung von Kontoauszügen.

13.1 Buchungsmaske und Belegnummernkreis festlegen

Sie öffnen die Buchungsmaske unter **Buchen → Einnahmen/Ausgaben in den Stapel** und wählen in der Kontenauswahl zum Beispiel das Konto »1220/1820 Bank« aus.

Beim Öffnen der Buchungsmaske in der Kontenauswahl finden Sie nur Konten der Kategorie »Finanzkonto«. Die verschiedenen Kassen- und Bankkonten sind so voreingestellt. Möchten Sie ein Darlehenskonto mit dieser Buchungsmaske buchen, müssen Sie im Kontenplan für dieses Konto die Kategorie »Finanzkonto« statt »Verbindlichkeiten« wählen. Allerdings ist das nur möglich, solange noch nicht auf dieses Konto gebucht wurde. Mehr dazu im Kapitel 4.6 »Buchungsmaske Einnahmen/Ausgaben in den Stapel«.

Für die Erfassung von Kontoauszügen empfiehlt es sich, den Belegnummernkreis »B-Bank« oder »SPK-Sparkasse« zu verwenden. So können Sie die Kontoauszüge getrennt von anderen Buchungen nummerieren. Man vergibt in der Regel pro Kontoauszug eine Nummer. Mehr dazu im Kapitel 5.1 »Belegnummernkreise anlegen«.

13.2 Geldeingänge und die Umsatzsteuer

Sie erfassen das Datum, die Belegnummer, den Buchungstext sowie den Bruttobetrag ohne Vorzeichen. Anschließend müssen Sie das entsprechende Konto erfassen und **Einnahme** oder **Ausgabe** wählen.

Wenn Sie Ihre Kundenrechnungen auf Debitorenkonten erfassen, müssen Sie aufpassen, dass Sie den Geldeingang des Kunden nicht noch einmal auf ein Erlöskonto buchen, sondern auf das entsprechende Debitorenkonto. Der Erlös und die Umsatzsteuer wurden bereits bei der Erfassung der Rechnung gebucht und jetzt ist nur noch die offene Forderung über das Feld **OP** auszubuchen.

Erlöse, die auf Ihrem Bankkonto eingehen und für die zuvor **keine** Rechnung gebucht wurde, buchen Sie direkt auf eines der verschiedenen Ertragskonten mit den entsprechenden Steuersätzen (wie im Kapitel 9.4. »Einstellungen zur Umsatzsteuer – Eigenschaften« beschrieben). Eine Übersicht von Ertragskonten finden Sie unter www.iris-thomsen.de/kontenplan/ertragskonten/ oder mit dem QR-Code.

Achtung

Bei Ertragskonten schlägt die Software in der Auswahl bereits Einnahme vor, bei allen anderen Einnahmen, wie zum Beispiel Privateinlagen oder Darlehen, müssen Sie selbst die Auswahl treffen.

13.3 Zahlungen und die Vorsteuer

Gehen von Ihrem Bankkonto Zahlungen für Eingangsrechnungen ab, die Sie zuvor auf Kreditorenkonten gebucht haben, müssen Sie auch die Zahlung auf das entsprechende Kreditorenkonto buchen. Sie öffnen über das Feld **OP** die Liste der offenen Rechnungen, wählen die richtige Rechnung aus und klicken auf **Buchen**.

Von Ihrem Bankkonto abgehende Zahlungen, für die zuvor **keine** Rechnung gebucht wurde, buchen Sie auf Aufwandskonten. Bei den meisten Aufwandskonten ist ein Vorsteuersatz hinterlegt, der automatisch in der Buchungsmaske erscheint. Was ist zu tun, wenn der Steuersatz des gewählten Kontos nicht mit Ihrem Beleg übereinstimmt?

Bei normalen Ausgaben genügt es, in der Buchungsmaske den Vorsteuersatz von zum Beispiel »VSt. 19 %« auf »VSt. 7 %« zu ändern, da nur die Vorsteuer in der Umsatzsteuer-Voranmeldung erfasst wird.

Handelt es sich allerdings um Rechnungen ohne Umsatzsteuer mit dem Hinweis auf Steuerschuldumkehr nach § 13b UStG bzw. das Reverse-Charge-Verfahren oder dem Hinweis auf innergemeinschaftlichen Erwerb, müssen Sie unbedingt die dafür vorgesehenen Konten und Steuerschlüssel verwenden. Mehr dazu erfahren Sie im Kapitel 9.4 »Einstellungen zur Umsatzsteuer – Eigenschaften«.

13.4 Kontoauszüge buchen – Sonstige Geldeingänge und Zahlungen

Jetzt wird gebucht. Für regelmäßige Geldeingänge oder Zahlungen können Sie direkt beim Buchen eine Buchungsvorlage anlegen. Schon bei der nächsten Buchung können Sie die Vorteile nutzen.

BEISPIEL

Für die Haftpflichtversicherung, die regelmäßig vom Konto abgebucht wird, lohnt es sich, eine Buchungsvorlage anzulegen.

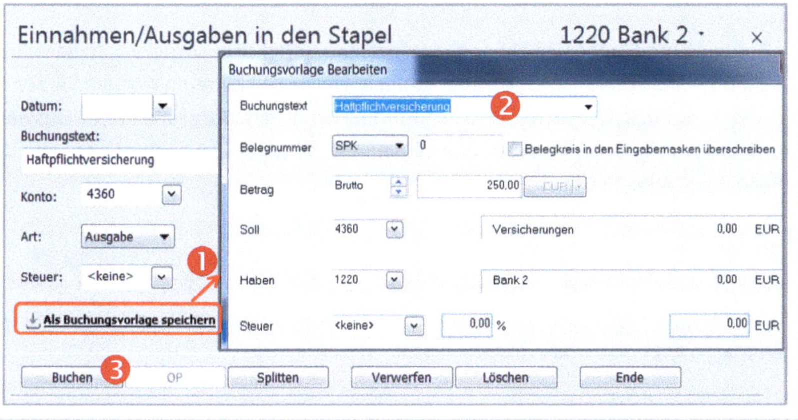

Abb. 1: Buchungsvorlage anlegen: Sind alle Daten erfasst, klicken Sie auf **Als Buchungsvorlage speichern** ❶ . Es öffnet sich ein Fenster ❷ , in dem Sie die Daten für die Vorlage überprüfen und speichern können. Ist das Fenster wieder geschlossen, fehlt nur noch der Klick auf **Buchen** ❸ .

Möchten Sie die nächste Abbuchung dieses Versicherungsbetrags erfassen, geben Sie im Feld **Buchungstext** den Buchstaben »h« oder das Wort »vers« ein. Je nach Einstellung der Buchungsmaske wird die Buchungsvorlage sofort angezeigt oder erst durch den Klick auf den **Pfeil**. Sowie die Vorlage sichtbar ist, wählen Sie sie aus und bestätigen mit **Enter**. Dadurch werden der Buchungstext »Haftpflichtversicherung«, das Konto »4360/6400 Versicherungen« und der Betrag von 250 Euro automatisch in die Buchungsmaske übernommen. Mehr dazu im Kapitel 5.3 »Buchungsvorlagen anlegen«.

Befinden sich die Buchungen noch im Stapel, sehen Sie diese im Menü **Ansicht** nur im **Buchungsstapel**. Hier können Sie Ihre Eingaben ansehen und ggf. ändern oder löschen. Ihre vorläufigen Ergebnisse sehen Sie nur im Menü **Berichte**, wenn Sie im Auswertungsbereich »Stapel« oder »Alle Buchungen« wählen. Sowie die Buchungen ins Journal übertragen wurden, finden Sie diese im Menü **Ansicht** im Journal und auf den Konten.

In den Versionen pro und premium können Sie mit mehreren Stapeln arbeiten. Wenn Sie in diesem Beispiel dem Stapel den Namen »Bank oder Sparkasse« geben, können Sie ihn getrennt von den anderen Buchungen früher oder später ausbuchen. Mehr dazu im Kapitel 6.3 »Arbeiten mit mehreren Buchungsstapeln und Perioden«.

13.5 Die Summen- und Saldenliste als Kontenübersicht

Die Summen- und Saldenliste können Sie im Menü **Berichte** ausdrucken. In dieser Liste sehen Sie alle Konten, auf die bisher gebucht wurde. Mit anderen Worten: Sie sehen hier nur die Konten, die Sie für Ihre Buchführung brauchen. Die große Kontenauswahl macht das Erledigen der Buchführung manchmal schwierig und so eine Liste kann die Arbeit enorm erleichtern.

! **Tipp**

Wurde die Buchführung bisher mit einer anderen Software erledigt, wäre es sinnvoll, sich aus dem vorherigen Programm eine Summen- und Saldenliste zu besorgen. Diese Liste können Sie in der Anfangszeit nutzen, um die Konten leichter zu finden.

Arbeiten Sie schon länger mit Lexware buchhaltung und brauchen Sie die Summen- und Saldenliste nicht mehr, dann können Sie den Kontenplan im Programm individuell einstellen. Mehr dazu im Kapitel 9.8 »Die individuelle Kontenübersicht einrichten«.

13.6 Alternative – Die Kontoauszüge online abholen und verbuchen

Für die Bankkonten, für die Sie in der Software einen Onlinezugang eingerichtet haben, können Sie die Kontoauszüge auch online abholen und in einer besonderen Eingabemaske verbuchen.

Die Einrichtung eines Onlinezugangs erfolgt über das Fibukonto **Bank** im Kontenplan. Öffnen Sie den Kontenplan, wählen das Konto »1200/1800 Bank« aus und öffnen es über die rechte Maustaste – **Konto bearbeiten**. Anschließend hinterlegen Sie im Register **Bank** die tatsächliche Bankverbindung, aktivieren die Funktion »Onlinekonto« und klicken auf **Onlinekonto-Kontakt anlegen/bearbeiten**. Wurde in den Versionen pro und premium bereits die Bankverbindung in der Zentrale unter **Verwaltung → Bankangaben** erfasst, müssen Sie im Kontenplan beim entsprechenden Bankkonto diese Bankverbindung nur noch zuordnen.

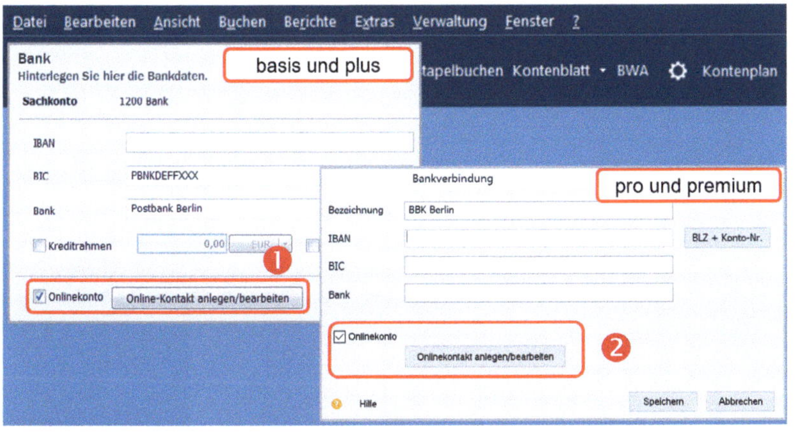

Abb. 2: Einrichtung Onlinekonto starten: Im Kontenplan im Konto **1200 Bank** können Sie die Funktion **Onlinekonto** ❶ aktivieren und den Assistenten »Online-Kontakt anlegen/bearbeiten« starten. In den Versionen pro und premium muss die Bankverbindung ggf. nur noch zugeordnet werden ❷.

Nach dem Klick auf **Online-Kontakt anlegen/bearbeiten** öffnet sich ein Assistent dem Sie Schritt für Schritt folgen müssen. Die Einrichtung des Onlinezugangs ist in der Programmhilfe sowie in der Online-Hilfe ausführlich beschrieben. Vor allem aber brauchen Sie Daten von Ihrer Bank, deshalb sollten Sie die Einrichtung zu einem Zeitpunkt durchführen, zu dem Berater/innen Ihrer Bank erreichbar sind.

Sowie der Onlinezugang eingerichtet ist, können Sie nicht nur die Kontoauszüge online abrufen, sondern auch Ihr Onlinebanking mit der Software erledigen. Mehr dazu im Kapitel 20 »Den Zahlungsverkehr erledigen«.

Unter **Extras → Zahlungsverkehr** wählen Sie zuerst die Funktion **Onlinekontoauszug abholen** und danach das gewünschte Bankkonto. Mit dem Klick auf **Weiter** startet der Onlineabruf. Sowie dieser Vorgang abgeschlossen ist, stehen Ihnen die Daten unter **Buchen → Onlinekontoauszug abholen** zur Verfügung.

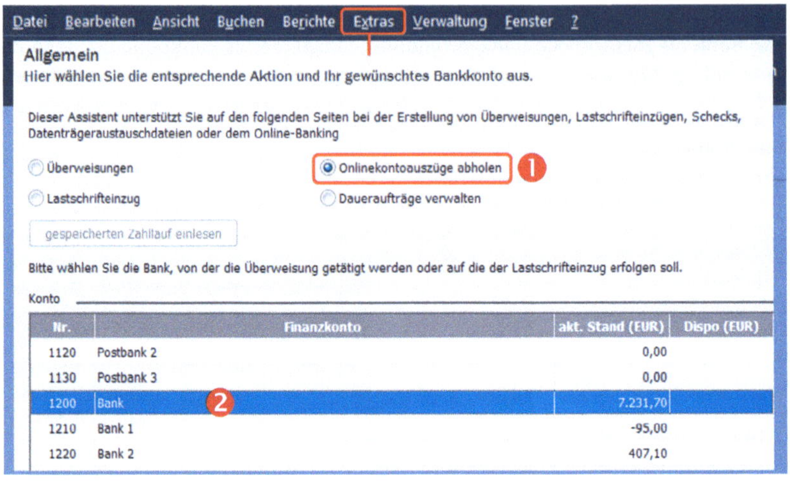

Abb. 3: Onlinekontoauszüge abholen: Unter **Extras → Zahlungsverkehr** wählen Sie die Funktion **Onlinekontoauszüge abholen** ❶ . Anschließend wählen Sie das Konto **1200 Bank** aus ❷ und starten den Abruf.

! **Tipp**

Für den Einstieg in die Verbuchung von Online-Kontoauszügen empfiehlt es sich, den Kontoauszug nur für einen kleinen Zeitraum abzurufen. Je weniger Bewegungen auf Ihrem Kontoauszug sind, umso leichter behalten Sie den Überblick in der Buchungsmaske. Sowie Sie ein paar Mal damit gearbeitet haben, ist die Datenmenge nicht mehr wichtig.

13.7 Buchungsmaske – Online-Kontoauszug abgleichen

Haben Sie den Onlinezugang für mehrere Bankkonten eingerichtet, müssen Sie unter **Buchen → Online-Kontoauszug abgleichen** zunächst das entsprechende Konto auswählen. Danach öffnet sich das Abgleichfenster.

Hier handelt es sich um eine Buchungsmaske, in der die Buchungen nur vorbereitet werden. Gebucht wird erst, wenn Sie beim Verlassen der Buchungsmaske auf **Buchen** klicken. Auch dann wird noch nicht sofort gebucht, vorher werden Ihnen alle Buchungen in einer Liste gezeigt, die Sie bestätigen müssen.

In der oberen Hälfte des Fensters sehen Sie die eingespielten Daten Ihres Kontoauszugs. Sie sehen, was aktuell auf Ihrem Bankkonto passiert ist, die verschiedenen

Geldeingänge und Zahlungen. In der unteren Hälfte des Fensters finden Sie mehrere Register und Funktionen, die Sie für die verschiedenen Möglichkeiten der Verbuchung brauchen.

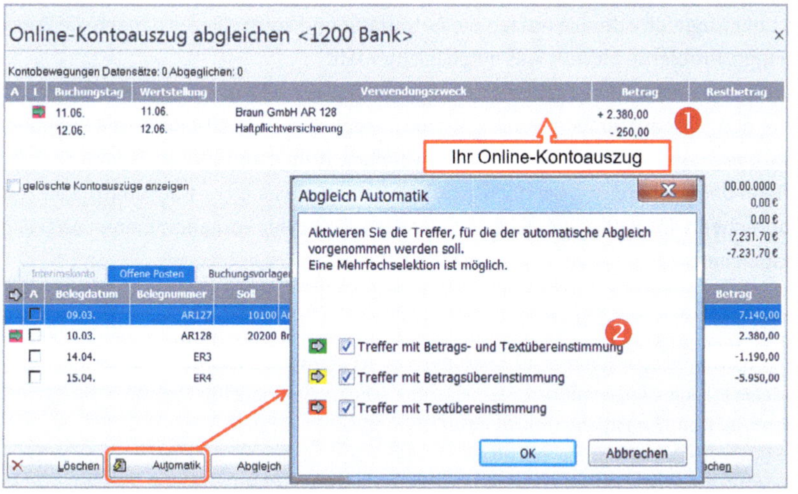

Abb. 4: Onlinekontenabgleich: Im oberen Bereich sehen Sie die Daten Ihres Kontoauszugs ❶ . Nach dem Klick auf **Automatik** werden der Geldeingang oben und der offene Posten unten automatisch abgeglichen. Die grünen Pfeile zeigen, dass Text und Betrag übereinstimmen ❷ . Sind Sie mit dem Abgleich einverstanden, ist die Buchung vorbereitet.

Das Ziel ist es, jede Position Ihres Online-Kontoauszugs entweder einem offenen Posten, einer Buchungsvorlage oder einem Interimskonto zuzuordnen und die verbleibenden Positionen manuell zu verbuchen. Dazu klicken Sie zum Beispiel oben einen Geldeingang an und unten im Register **offene Posten** die offene Kundenrechnung. Mit einem Klick auf die Funktion **Abgleich** werden beide Zeilen mit einem Haken versehen, damit ist die Buchung vorbereitet.

Über die Funktion **Automatik** macht Ihnen die Software Vorschläge für den Abgleich. Mit dem Klick auf **Automatik** öffnet sich das Auswahlfenster, in dem Sie hinterlegen, in welchen Fällen die Software abgleichen soll. Nur bei Übereinstimmung von Betrag plus Text? Oder auch schon bei Übereinstimmung entweder von Text oder Betrag? Sowie die Wahl getroffen ist, wird die Software abgleichen und die gefundenen Lösungen mit den verschiedenen Pfeilen markieren.

Diese automatischen Abgleiche können Sie überprüfen. Klicken Sie dazu oben die Zahlung an, dann sehen Sie unten die gefundene Position. Sind Sie mit dem Vorschlag einverstanden, müssen Sie zunächst nichts mehr tun, gefällt Ihnen der Vorschlag nicht, können Sie über die Funktion **Verwerfen** den Abgleich zurücksetzen, Haken und Pfeil werden entfernt.

Sie haben also die Wahl, entweder ordnen Sie die Positionen Schritt für Schritt selbst zu über **Abgleich** oder Sie nutzen die **Automatik** und kontrollieren danach die Zuordnungen. Probieren Sie aus, was Ihnen leichter fällt.

Über den Klick auf **Buchen** werden nur die abgeglichenen Positionen in die Buchungsliste übertragen. Alle anderen Positionen bleiben stehen und sind auch beim nächsten Öffnen der Buchungsmaske noch sichtbar. Beim Verlassen der Buchungsmaske über **Abbrechen** wird weder gebucht noch werden die bisher vorgenommenen Abgleiche gespeichert.

! **Tipp**

Sie können selbst bestimmen, ob Sie alle Positionen Ihres Kontoauszugs auf einmal buchen oder in Etappen. Angenommen, Sie haben Ihren Online-Kontoauszug abgerufen und es stehen nun oben 10 Positionen, davon zwei Geldeingänge Ihrer Kunden. Es ist möglich, nur diese beiden Geldeingänge mit den offenen Posten abzugleichen und zu verbuchen. So werden beim nächsten Öffnen in der Buchungsmaske nur noch 8 Positionen stehen.

Bevor Sie allerdings den nächsten Kontoauszug online abrufen, sollten alle Positionen aus dem oberen Fenster verarbeitet sein. D. h. der obere Bereich sollte leer sein. Wichtig ist auch die Saldenkontrolle. Erst wenn der Saldo Ihres Bankkontos mit dem Banksaldo im Programm übereinstimmt, kann es weitergehen. Liegen Differenzen vor, muss gesucht werden.

13.8 Abgleich mit offenen Posten

Zahlt ein Kunde eine offene Rechnung, markieren Sie den Geldeingang oben im Fenster aus den Daten Ihres Online-Kontoauszugs, klicken unten im Fenster im Register **Offene Posten** die passende Rechnung an und bereiten über die Funktion **Abgleich** die Buchung vor.

Angenommen, Sie haben alle Geldeingänge und Zahlungen mit den offenen Posten abgeglichen und haben nun keine Zeit mehr, die restlichen Positionen zu verbuchen. In diesem Fall klicken Sie zunächst auf **Buchen**.

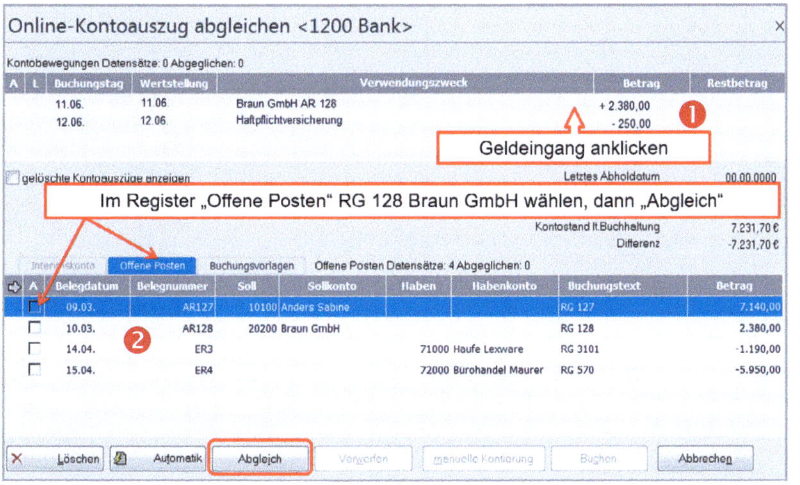

Abb. 5: Abgleich von offenen Posten: Zuerst markieren Sie oben den tatsächlichen Geldeingang vom Kunden Braun GmbH ❶. Anschließend öffnen Sie das Register **offene Posten** und markieren die passende Rechnung ❷. Ist beides markiert, können Sie mit einem Klick auf **Abgleich** die Buchung vorbereiten.

Gab es Geldeingänge und Zahlungen, die die offenen Posten nicht in voller Höhe ausgeglichen haben wegen Teilzahlung oder Abzug von Nachlässen, öffnen sich nach dem Klick auf **Buchen** die entsprechenden OP-Fenster. Hier müssen Sie angeben, ob der Differenzbetrag als offener Posten fortgeführt werden soll oder ob die Minderung auszubuchen ist. Mehr zu den OP-Fenstern im Kapitel 12.4 »Kontoauszug erfassen – Geldeingang/Zahlung über das Feld OP«.

Sind alle offenen Posten verbucht, wird die Buchungsliste gezeigt. In dieser Liste können Sie bestimmen, welche Buchungen tatsächlich zu buchen sind. Sie können die Belegnummern und die Buchungstexte ändern. Sind alle Daten korrekt, können Sie die Buchung abschließen. Dann allerdings wird direkt in das Journal gebucht, d.h. nachträgliche Änderungen sind möglich, aber sichtbar.

13.9 Abgleich mit Buchungsvorlagen

Werden Gelder vom Kontoauszug abgebucht, für die eine Buchungsvorlage angelegt ist, markieren Sie oben im Fenster die Abbuchung sowie unten im Register **Buchungsvorlagen** die entsprechende Vorlage. Nach dem Klick auf **Abgleich** wird die Buchung vorbereitet. Alternativ können Sie über die Funktion **Automatik** die Zuordnungen vom Programm vornehmen lassen, die danach nur noch zu kontrollieren sind.

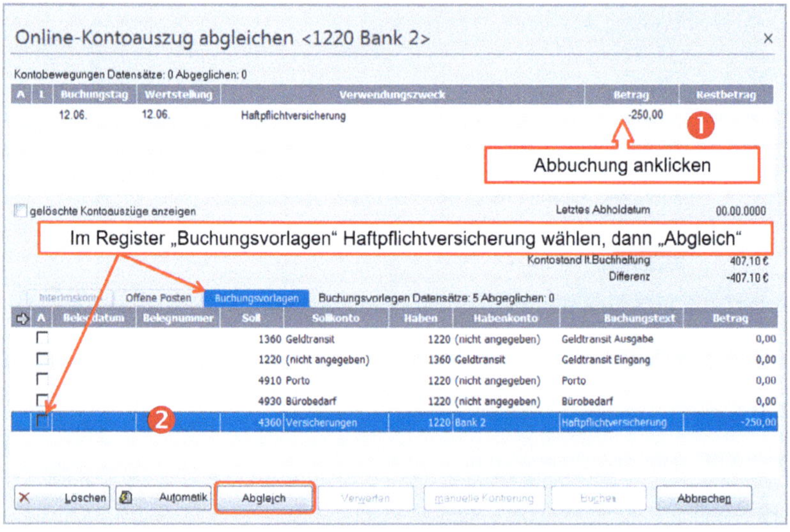

Abb. 6: Abgleich von Buchungsvorlagen: Zuerst markieren Sie oben die Abbuchung der Versicherung ❶ und unten im Register »Buchungsvorlagen« die passende Vorlage ❷. Ist beides markiert, bereiten Sie mit einem Klick auf **Abgleich** die Buchung vor. Mit dem Klick auf **Buchen** wird die Buchungsliste erstellt.

Das Datum übernimmt das Programm automatisch, genauso wie den Buchungstext und den Betrag. Nach dem Klick auf **Buchen** können Sie die Belegnummer und den Buchungstext ändern. Stimmen andere Daten nicht, müssen Sie die Buchung aus der Liste entfernen und nur die korrekten Buchungen abschließen. Danach können Sie die Buchungsmaske wieder öffnen und den Abgleich wiederholen.

13.10 Restliche Positionen verbuchen

Im Register »Interimskonto« finden Sie nur dann Buchungen für einen möglichen Abgleich, wenn Sie zuvor Rechnungen mit der Software bezahlt und ausgebucht haben. Mehr dazu im Kapitel 20 »Den Zahlungsverkehr erledigen«.

Alle übrigen Geldeingänge und Zahlungen auf Ihrem Online-Kontoauszug müssen Sie über die Funktion **manuelle Kontierung** manuell erfassen. Sie geben wie in allen anderen Buchungsmasken die Kontonummer selbst ein. Den Buchungstext können Sie erst später in der Buchungsliste kurz vor der endgültigen Verbuchung anpassen.

Angenommen, Sie haben eine Position Ihres Online-Kontoauszugs in einer anderen Buchungsmaske gebucht oder Sie haben bereits die Papier-Kontoauszüge erfasst und für diesen Zeitraum noch einmal die Online-Kontoauszüge abgeholt. Es stehen also Positionen im oberen Bereich der Buchungsmaske, die Sie nicht mehr abgleichen dürfen, weil es sonst zu Doppelerfassungen kommen würde. Für diesen Fall gibt es die Funktion **Löschen**. Damit können Sie bereits verbuchte Positionen aus der oberen Liste entfernen.

Denken Sie immer daran, erst die Salden zu kontrollieren bevor Sie den nächsten Online-Kontoauszug abrufen. Durch die Saldenkontrolle würden Ihnen mögliche Doppelbuchungen bzw. Fehlbuchungen auffallen.

13.11 Übungen zur Eingabe ins Programm

Voraussetzungen für die Übungen		
Einstellungen	Überprüfen Sie, ob in den Firmenstammdaten der Haken bei »unterschiedliche Belegnummernkreise« gesetzt ist.	
Hinweise zu den Eingaben	In diesen Übungen wird ohne Debitoren- und Kreditorenkonten gebucht. Bei Geldeingängen von Kunden und Zahlungen an Lieferanten handelt es sich um Rechnungen von Juni, die zuvor nicht auf Forderungen oder Verbindlichkeiten gebucht wurden. Sie werden direkt auf Ertrags- und Aufwandskonten gebucht. Gebucht wird im Juni, in diesem Monat sollten keine Buchungen im Stapel stehen.	

ÜBUNG 13/1 BELEGNUMMERNKREIS ANLEGEN

Öffnen Sie bitte die Eingabemaske unter **Einnahmen/Ausgaben in den Stapel → 1220/1820 Bank 2** und legen Sie den Belegnummernkreis »SPK« für Sparkasse an, ohne die Funktion »automatisch Hochzählen«.

ÜBUNG 13/2 BUCHEN UND BUCHUNGSVORLAGE ANLEGEN

Erfassen Sie bitte die folgende Position auf dem Kontoauszug unter **Einnahmen/Ausgaben in den Stapel → 1220/1820 Bank 2** und verwenden Sie dabei den Belegnummernkreis »SPK« für Sparkasse. Dieses Bankkonto wurde gerade erst eröffnet, daher beträgt der aktuelle Kontostand 0 Euro. Legen Sie bitte für die Haftpflichtversicherung gleichzeitig eine **Buchungsvorlage** an.

Buchen → Einnahmen/Ausgaben in den Stapel → 1220/1820 Bank 2						
Datum	Beleg	Buchungstext	Betrag	Konto SKR 03/04	Kategorie	Steuer
02.06.		Anfangsbestand	0,00	Kontrolle		
02.06.	SPK 1	Haftpflichtversicherung	250,00	4360/6400	Ausgabe	keine
		Saldo	-250,00	Kontrolle		

Denken Sie bitte daran, nach der Eingabe den Kontostand zu überprüfen.

ÜBUNG 13/3 VERSCHIEDENE POSITIONEN VOM KONTOAUSZUG ERFASSEN

Erfassen Sie bitte die weiteren Positionen des folgenden Kontoauszugs unter **Einnahmen/Ausgaben in den Stapel → 1220/1820 Bank 2**. Kontrollieren Sie bitte zunächst den Kontostand und verwenden Sie beim Buchen den Belegnummernkreis »SPK« und die bereits angelegten Buchungsvorlagen. Denken Sie daran, bei der Position »Einzahlung von Kasse« **Einnahme** zu wählen.

Buchen → Einnahmen/Ausgaben in den Stapel → 1220/1820 Bank 2						
Datum	Beleg	Buchungstext	Betrag	Konto SKR 03/04	Kategorie	Steuer
02.06.		Anfangsbestand	-250,00	Kontrolle		
02.06.	SPK 1	Kontoführungsgebühr	115,00	4970/6855	Ausgabe	keine
03.06.	SPK 1	Kunde zahlt RG aus Juni, sie ist noch nicht gebucht.	1.785,00	8400/4400	Einnahme	USt.19 %
07.06.	SPK 1	Benzin	71,40	4530/6530	Ausgabe	VSt.19 %
08.06.	SPK 1	Zahlung an Lieferant, eine RG aus Juni, die noch nicht gebucht ist.	595,00	3400/5400	Ausgabe	VSt.19 %
10.06.	SPK 1	Zahlung lt. USt.-Voranmeldung	680,00	1780/3820	Ausgabe	keine
15.06.	SPK 1	Einzahlung von Kasse	1.000,00	1360/1460	Einnahme	keine
16.06.	SPK 1	Stadtwerke Strom	357,00	4240/6325	Ausgabe	VSt.19 %
22.06.	SPK 1	Telefongebühren	59,50	4920/6805	Ausgabe	VSt.19 %
30.06.	SPK 1	Haftpflichtvers.	250,00	4360/6400	Ausgabe	keine
		Saldo	407,10	Kontrolle		

Vergleichen Sie bitte nach der Eingabe den Kontostand im Programm mit dem tatsächlichen Saldo des Kontoauszugs. Stimmen die Werte überein, können Sie den Stapel ausbuchen.

LÖSUNG 13/1

Ist die Liste der Belegnummernkreise geöffnet, können Sie über die Funktion **Verwaltung** neue Nummernkreise anlegen.

LÖSUNG 13/2

Die Buchungsvorlagen können Sie auch während der Buchung anlegen, über die Funktion **als Buchungsvorlage speichern**. Über **Verwaltung → Buchungsvorlagen** können Sie diese ändern und neue anlegen.

LÖSUNG 13/3

Sowie die Buchungen ins Journal übertragen wurden über **Buchen → Stapel ausbuchen**, finden Sie diese im Menü **Ansicht** im Journal und auf den Konten. Im Menü **Berichte** können Sie nun Auswertungen ohne das Wort »vorläufig« sehen, wenn Sie im Auswertungsbereich **Journal** wählen.

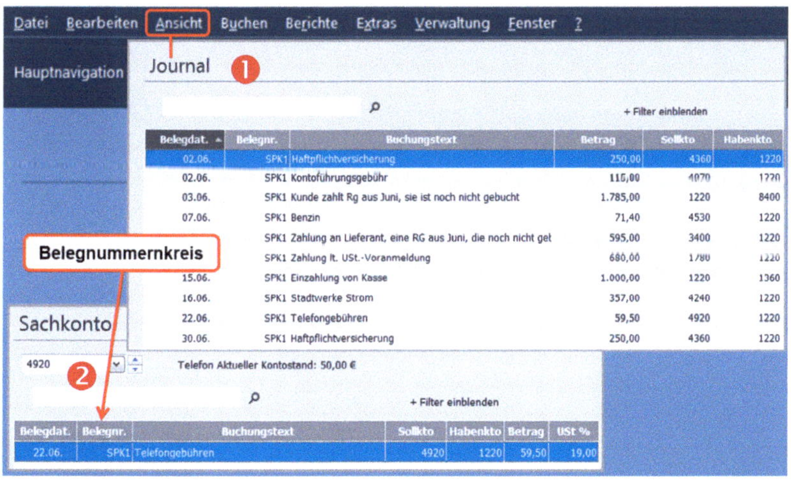

Abb. 7: Buchungen ansehen: Wurden die Buchungen ins Journal übertragen, finden Sie diese im Menü **Ansicht** im Journal ❶ und auf den Sachkonten ❷. Die Belegnummer SPK 1 zeigt eine Buchung vom Kontoauszug »1 der Sparkasse«.

14 Splittbuchungen und die Nettobetragserfassung

Splittbuchungen erleichtern das Buchen. Sie können Positionen Ihres Kontoauszugs oder einer Rechnung auf verschiedene Konten buchen. Manche Splittbuchungen können sogar als Buchungsvorlage angelegt werden.

Außerdem lernen Sie hier die Möglichkeit der Nettobetragserfassung kennen.

14.1 Splittbuchungen bei Geldeingängen und Zahlungen

Bei manchen Positionen des Kontoauszugs kommt es vor, dass Sie den Betrag aufteilen und die verschiedenen Teilbeträge auf zwei oder mehrere Konten buchen müssen. In diesem Fall bietet sich die Funktion **Splitten** an.

> BEISPIEL
>
> Die Abschlussgebühren der Bank werden in einer Summe abgebucht. Der Betrag setzt sich aus zwei Positionen zusammen, der Kontoführungsgebühr und Zinsen.

In diesem Fall geben Sie in der Eingabemaske den Buchungstext sowie den Gesamtbetrag ein. Die Felder **Konto** und **Steuer** lassen Sie leer und klicken auf **Splitten**. Dadurch öffnet sich das **Splittfenster**. Hier buchen Sie nun nacheinander die Teilbeträge und klicken jeweils auf **Übernehmen**. Erst wenn die Summe der Teilbeträge mit dem Gesamtbetrag übereinstimmt, können Sie auf **Schließen** klicken und gelangen zurück zur Buchungsmaske. Das Feld **Konto** ist nun gesperrt und mit einem Klick auf **Buchen** können Sie die Eingabe abschließen.

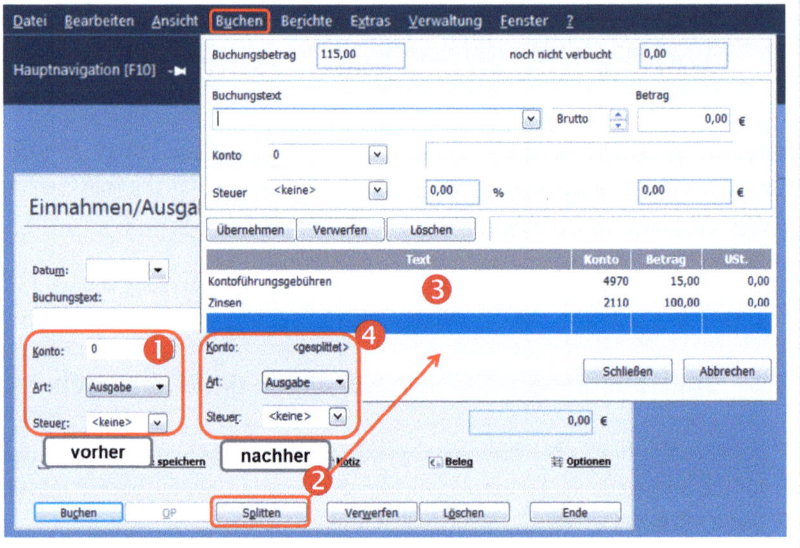

Abb. 1: Splittbuchung: Ist der Gesamtbetrag von 115 Euro erfasst und das Feld »Konto« leer ❶, klicken Sie auf **Splitten** ❷. Im Splittfenster buchen Sie 15 Euro auf das Konto »4970/6855« und 100 Euro auf »2110/7310« ❸. Über **Schließen** kommen Sie zurück in die Eingabemaske ❹, wo Sie die Buchung abschließen.

Achtung

Bei einer Splittbuchung müssen Sie nicht nur das Feld Konto leer lassen, sondern auch das Feld Steuer. Beides erfassen Sie im Splittfenster individuell für jeden Teilbetrag.

14.2 Splittbuchungen als Buchungsvorlagen anlegen

Kommt eine Splittbuchung regelmäßig vor, können Sie hierfür eine Buchungsvorlage anlegen, wenn die Konten und die Beträge immer gleich bleiben.

BEISPIEL

Die Mieten für ein Büro und eine Garage werden in einer Summe an den Vermieter überwiesen. Diese Abbuchung wiederholt sich monatlich, deshalb lohnt es sich, eine Buchungsvorlage anzulegen.

In diesem Fall erfassen Sie die Splittbuchung und klicken kurz vor dem Buchen auf **Als Buchungsvorlage speichern**. Es öffnet sich ein weiteres Fenster, in dem Sie die Vorlage bearbeiten und speichern. Erst wenn das Fenster wieder geschlossen ist, können Sie die Buchung mit einem Klick auf **Buchen** abschließen.

BEISPIEL

Die Miete von Büro und Garage wird regelmäßig in einer Summe vom Konto abgebucht.

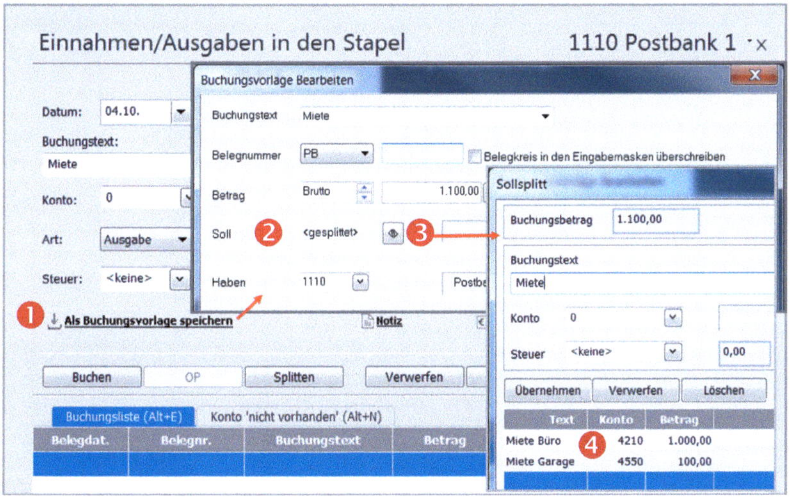

Abb. 2: Buchungsvorlage anlegen: Ist die Splittbuchung erfasst, klicken Sie auf **Als Buchungsvorlage speichern** ❶ . Die Buchungsvorlage öffnet sich und Sie sehen, dass das Konto **Soll** gesplittet ist ❷ . Mit einem Klick auf das **Splittzeichen** ❸ sehen Sie die einzelnen Konten ❹ .

14.3 Splittbuchungen bei Rechnungen

Splittbuchungen können auch für die Erfassung von Rechnungen nützlich sein. Nämlich immer dann, wenn Sie die Positionen einer Rechnung auf verschiedene Konten buchen möchten oder müssen.

BEISPIEL

Verkaufen Sie Ihrem Kunden Waren mit unterschiedlichen Umsatzsteuersätzen, müssen Sie die »Umsätze 19 %« getrennt von den »Umsätzen 7 %« erfassen.
Kaufen Sie Waren ein, können Sie diese auf verschiedenen Aufwandskonten buchen.

Bei einer Kundenrechnung geben Sie im Feld **Soll** immer das Debitoren- oder Forderungskonto ein. Das Feld **Haben**, in dem Sie normalerweise die Erlöskonten erfassen, lassen Sie leer. Nun klicken Sie auf **Splitten** und buchen im **Splittfenster** die Teilbeträge auf die entsprechenden Konten. Bei einer Eingangsrechnung ist es genau umgekehrt. Hier erfassen Sie das Kreditoren- oder Verbindlichkeitskonto immer im Feld **Haben** und lassen das Konto **Soll** leer.

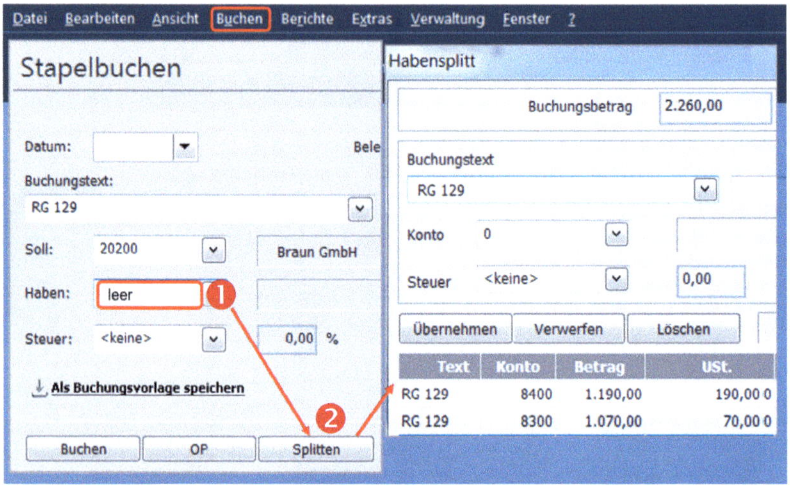

Abb. 3: Splittbuchung bei Kundenrechnungen: Sie lassen das Konto Haben ❶ leer, klicken auf **Splitten** ❷ und geben die verschiedenen Habenkonten im Fenster »Habensplitt« ein.

14.4 Buchungen mit Nettobetragserfassung

Grundsätzlich ist das Programm im Betragsfeld auf die Funktion **Brutto** eingestellt, Sie geben den Betrag inkl. Umsatzsteuer zusammen mit dem Steuersatz ein und das Programm rechnet die Steuer aus dem Betrag heraus.

Sie können aber auch Nettobeträge erfassen. Dazu wählen Sie vor dem Betragsfeld die Funktion **Netto** und geben den Betrag ohne Umsatzsteuer zusammen mit dem Steuersatz ein. Dann rechnet das Programm den Steuerbetrag dazu. Diese Netto-Funktion ist besonders für Splittbuchungen hilfreich.

BEISPIEL

In Rechnungen vom Großmarkt sind die Einzelbeträge oft nur mit Nettobeträgen ausgewiesen und die Umsatzsteuer in einem Betrag. In diesem Fall erspart Ihnen die Nettobetragserfassung viel Rechnerei.

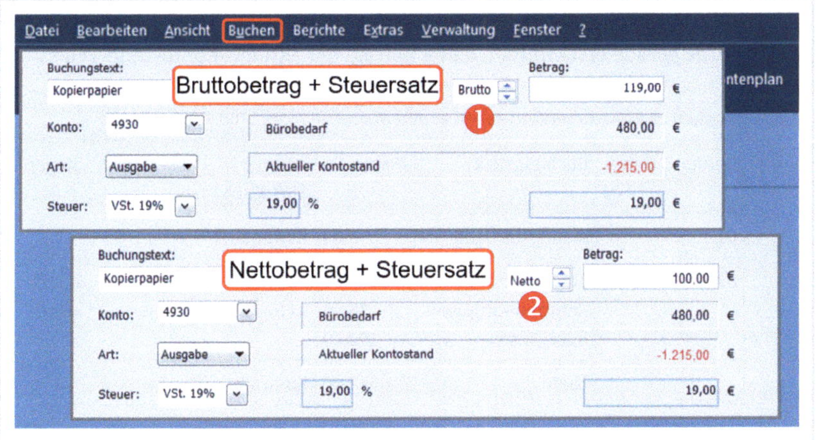

Abb. 4: Brutto- und Nettobetragserfassung: Belassen Sie es bei der Einstellung **Brutto** ❶ in der Eingabemaske, wird die Steuer aus dem Betrag herausgerechnet. Stellen Sie um auf **Netto** ❷ , rechnet das Programm die Steuer dazu.

Diese Funktion steht Ihnen auch im Splittfenster zur Verfügung.

14.5 Übungen zur Eingabe ins Programm

Voraussetzungen für die Übungen		
Einstellungen	Überprüfen Sie bitte, ob in den Firmenstammdaten der Haken bei »unterschiedliche Belegnummernkreise« gesetzt ist. Unter Verwaltung – Belegnummern sollten die Belegnummernkreise »AR« für Ausgangsrechnungen und »ER« für Eingangsrechnungen angelegt sein, Kapitel 5, Übung 5/1.	
Hinweise zu den Eingaben	Die Rechnungen werden in der Übung auf die Sachkonten Forderungen und Verbindlichkeiten gebucht. Sie können diese aber auch auf Debitoren- und Kreditorenkonten buchen, wenn diese angelegt sind. Gebucht wird im Oktober, in diesem Monat sollten noch keine Buchungen im Stapel stehen.	

ÜBUNG 14/1 ABSCHLUSSKOSTEN DER BANK SPLITTEN

Erfassen Sie bitte die folgende Position auf dem Kontoauszug unter **Buchen → Einnahmen/Ausgaben in den Stapel → 1100/1700 Postbank** und nutzen Sie dafür die Funktion **Splitten.** Legen Sie weiterhin bitte den Belegnummernkreis »PB« für Postbank an. Dazu klicken Sie im Feld **Belegnummern-**

kreis → Kürzel auf den Pfeil und dann auf **Verwaltung**. Dieses Bankkonto wurde gerade erst eröffnet, daher beträgt der aktuelle Kontostand 0 Euro.

Buchen → Einnahmen/Ausgaben in den Stapel → 1110/1700 Postbank						
Datum	Beleg	Buchungstext	Betrag	Konto SKR 03/04	Kategorie	Steuer
01.10.		Anfangsbestand	0,00	Kontrolle		
02.10.	PB 1	Abschluss Bank Kontoführungsge- bühr Zinsen	115,00 15,00 100,00	4970/6855 2110/7310	Ausgabe Ausgabe	keine keine
		Saldo	-115,00	Kontrolle		

ÜBUNG 14/2 SPLITTBUCHUNG ALS BUCHUNGSVORLAGE ANLEGEN

Erfassen Sie bitte die folgende Position auf dem Kontoauszug unter **Buchen → Einnahmen/Ausgaben in den Stapel → 1100/1700 Postbank**. Legen Sie bitte für diese Splittbuchung gleichzeitig eine **Buchungsvorlage** an.

Buchen → Einnahmen/Ausgaben in den Stapel → 1100/1700 Postbank						
Datum	Beleg	Buchungstext	Betrag	Konto SKR 03/04	Kategorie	Steuer
04.10.		Anfangsbestand	-115,00	Kontrolle		
04.10.	PB 1	Mieten für Büro für Garage	1.100,00 1.000,00 100,00	4210/6310 4550/6550	Ausgabe Ausgabe	keine keine
		Saldo	-1.215,00	Kontrolle		

ÜBUNG 14/3 RECHNUNGEN SPLITTEN

Erfassen Sie bitte unter **Buchen → Stapelbuchen** diese beiden Rechnungen und verwenden Sie die **Splittfunktion**. Wenn in Ihrer Übungsfirma keine Debitoren- und Kreditorenkonten angelegt sind, buchen Sie hier mit den Sachkonten »Forderungen« und »Verbindlichkeiten«.

Buchen → Stapelbuchen						
Datum	Beleg	Text	Betrag	SOLL SKR 03/04	HABEN SKR 03/04	Steuer
05.10.	AR 129	RG 129 Erlöse 19 % Erlöse 7 %	2.260,00 1.190,00 1.070,00	1410/1210 oder 20200	8400/4400 8300/4300	USt. 19 % USt. 7 %
05.10.	ER 5	RG 410 Büromaterial Fachbücher	464,00 357,00 107,00	4930/6815 4940/6820	1610/3310 oder 72000	VSt. 19 % VSt. 7 %

LÖSUNG 14/1

Ist das Splittfenster geschlossen, dürfen Sie nicht vergessen auf **Buchen** zu klicken. Erst dann wird die Buchung abgeschlossen. In der Buchungsliste unten sehen Sie nun die Buchung.

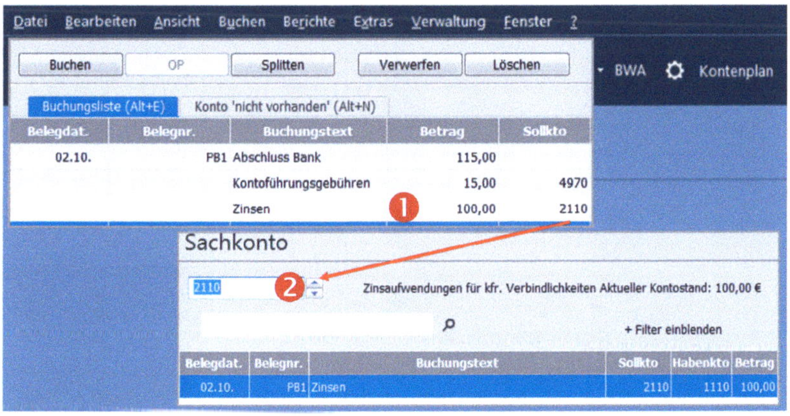

Abb. 5: Splittbuchung ansehen: Ist die Splittbuchung gebucht, finden Sie diese in der Buchungsliste unter der Eingabemaske ❶. Auf dem Sachkonto »2110/7310« ❷ sehen Sie hier die Zinsen von 100 Euro.

LÖSUNG 14/2

Ist die Buchungsvorlage der Splittbuchung gespeichert, gelangen Sie zurück zur Buchungsmaske. Hier müssen Sie nun die Buchung abschließen.

LÖSUNG 14/3

Erst nachdem Sie das Splittfenster geschlossen haben, können Sie die Buchungen abschließen. Danach sehen Sie die Buchungen in der Buchungsliste unter der Eingabemaske. Stimmen Ihre Eingaben, können Sie die Buchungen ins Journal übertragen, d. h. den Stapel ausbuchen unter **Buchen → Stapel ausbuchen.**

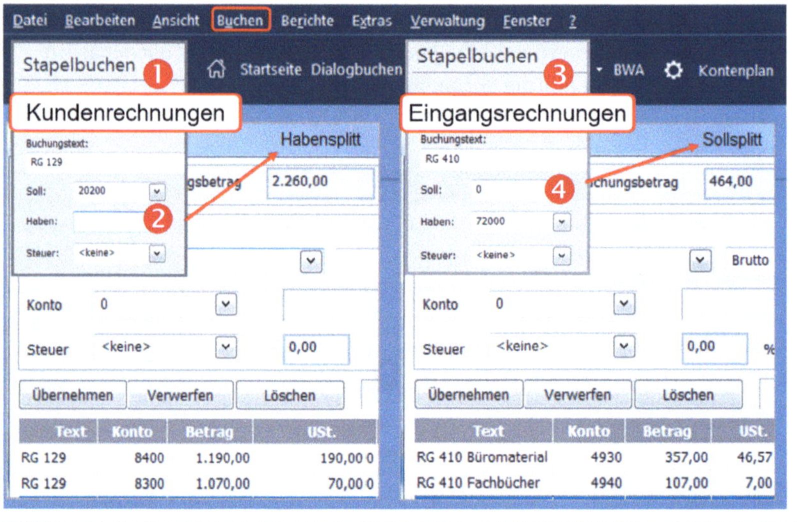

Abb. 6: Splittbuchung bei Rechnungen: Bei Kundenrechnungen ❶ splitten Sie das Konto **Haben** ❷ und lassen es deshalb leer, bevor Sie das Splittfenster öffnen. Bei Eingangsrechnungen ❸ splitten Sie das Konto **Soll** ❹ .

15 Die wichtigsten Berichte ansehen und online übermitteln

Lexware buchhaltung bietet sehr viele verschiedene Berichte, und diese in verschiedenen Ausführungen. Hier zeigen wir Ihnen die wichtigsten Berichte, die Sie im laufenden Jahr brauchen. Sie können die Berichte drucken, exportieren oder online an das Finanzamt übermitteln. Hier erfahren Sie, welche Möglichkeiten Ihnen zur Verfügung stehen und worauf Sie bei den Berichtseinstellungen achten müssen.

15.1 Buchungen am Bildschirm ansehen

Möchten Sie oder Ihr Steuerberater die Buchführung kontrollieren, sind vor allem die einzelnen Buchungen wichtig. Diese finden Sie unter **Ansicht** und **Berichte**, entweder im **Buchungsstapel** oder im **Journal** sowie auf den entsprechenden **Konten**. Hier lernen Sie die Möglichkeiten im Menü **Ansicht** kennen.

Wird der Stapel ausgebucht, verschwinden die Buchungen aus dem **Buchungsstapel** und sind nur noch im **Journal** zu finden. Und sowie die Buchungen im Journal stehen, können Sie diese im Menü **Ansicht** auch in den Konten und den Offene-Posten-Listen **OP-Debitoren** und **OP-Kreditoren** sehen.

Nicht nur in den Buchungsmasken, sondern auch im Menü **Ansicht** können Sie auf Ihre Buchungen zugreifen. Sie können sie nicht nur ansehen oder korrigieren, sondern auch drucken oder exportieren, und zwar in einer individuellen Darstellung. Über die Funktion **Listeneinstellungen** können Sie die angezeigten Listen auf Ihre Bedürfnisse einstellen.

Hier ist das **Journal** am Bildschirm geöffnet. Wenn Sie rechts die Funktion **Listeneinstellungen** wählen, öffnet sich ein Auswahlfenster. Hier können Sie zum einen die gewünschten Spalten auswählen und zum anderen die Reihenfolge der ausgewählten Spalten ändern. Dazu markieren Sie, was bewegt werden soll und verschieben die Spalten mittels der Pfeile.

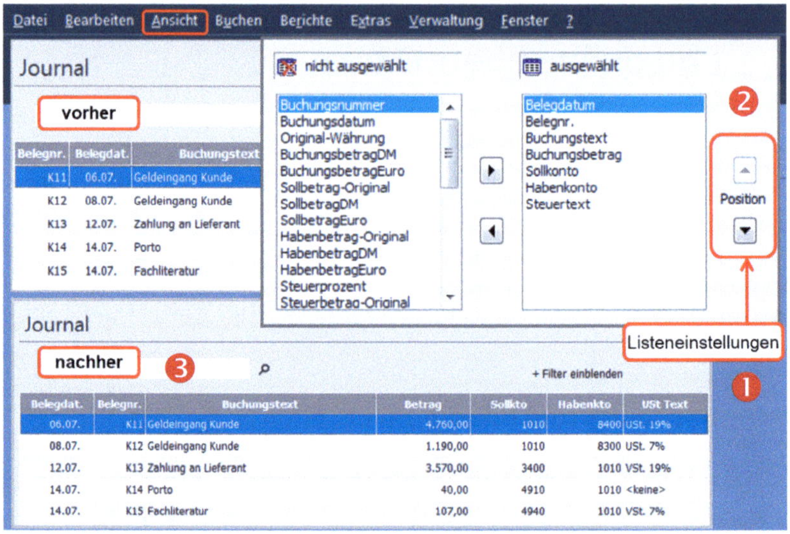

Abb. 1: **Bildschirmansicht verändern:** Klicken Sie im Journal auf **Listeneinstellungen** ❶ , öffnet sich ein Fenster. Hier können Sie über die Pfeile ❷ die Reihenfolge der Spalten verändern. Danach wird nicht mehr die Belegnummer zuerst gezeigt, sondern das Belegdatum ❸ .

Im nächsten Kapitel geht es um die Möglichkeiten im Menü **Berichte**. Dort finden Sie nicht nur Ihre einzelnen Buchungen, sondern auch die Buchführungsübersicht »Summen- und Saldenliste« sowie Ihre Ergebnisse.

15.2 Berichte drucken oder exportieren – die richtigen Einstellungen

Im Menü **Berichte** ist es egal, ob sich die Buchungen noch im Buchungsstapel befinden oder schon im Journal stehen. Hier sehen Sie alle Buchungen auf den Konten und in allen Berichten, wenn Sie die richtigen Einstellungen vornehmen.

Bevor Sie einen Bericht öffnen können, öffnet sich ein Einstellungsfenster. Wählen Sie den Bericht **Sachkonto**, stellen Sie oben links ein, ob Sie den Bericht drucken oder zum Beispiel als PDF exportieren möchten. Direkt darunter im **Auswertungsbereich** entscheiden Sie, welche Buchungen gezeigt werden sollen, nur **Stapel**buchungen, nur **Journal**buchungen oder **alle Buchungen**.

!

Tipp

Bei der Auswahl »Stapel« oder »Alle Buchungen« wird das Wort »vorläufig« über den Berichten stehen. Dieses Wort verschwindet erst, wenn Sie die Auswahl »Journal« anklicken.

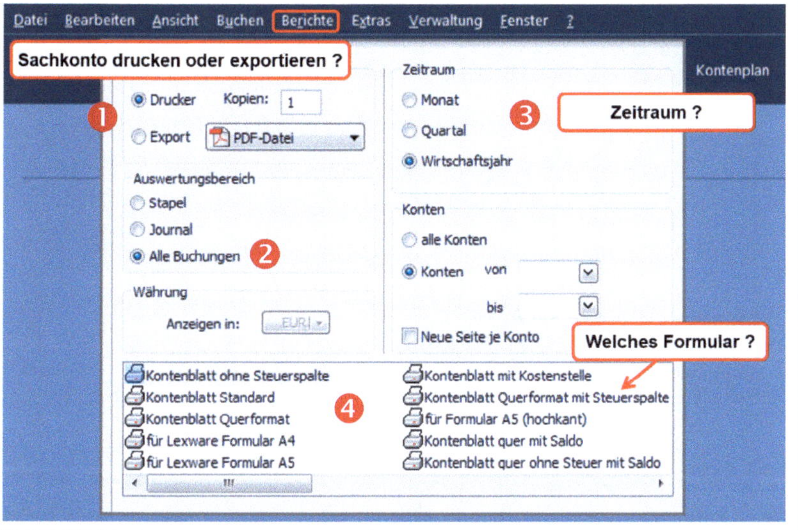

Abb. 2: Die Druckauswahl für Sachkonten: Oben links ist eingestellt, dass die Sachkonten gedruckt ❶ werden sollen und direkt darunter im Auswertungsbereich ist »Alle Buchungen« ❷ gewählt. Nun muss nur noch der Zeitraum ❸ eingegeben werden sowie unten das gewünschte Formular ❹.

Sie entscheiden, ob nur ein Monat, ein Quartal oder das ganze Wirtschaftsjahr gezeigt wird. Direkt darunter können Sie entweder alle Konten oder nur einzelne Konten auswählen. Setzen Sie einen Haken bei **Neue Seite je Konto**, wenn Sie jedes Konto auf eigenen Seiten ausdrucken möchten. Und schließlich können Sie ganz unten eine der angebotenen Formatvorlagen auswählen. Welche Formatvorlage hier die Beste ist, können nur Sie entscheiden. Sehen Sie sich Ihre Konten einfach in verschiedenen Vorlagen am Bildschirm an und suchen Sie sich eine aus.

15.3 Berichtseinstellungen (basis und plus)

Wählen Sie in den Versionen basis und plus beim Zeitraum zum Beispiel den Monat Juli aus, werden Sie auch nur die Buchungen von Juli sehen. In manchen Berichten gibt es jedoch die Funktion **kumulierte Werte**. Aktivieren Sie diese, werden Ihnen alle Monate bis einschließlich Juli gezeigt.

Im Register **Auswertung** können Sie zum Beispiel ein Deckblatt auswählen sowie viele weitere Anlagen zum Bericht.

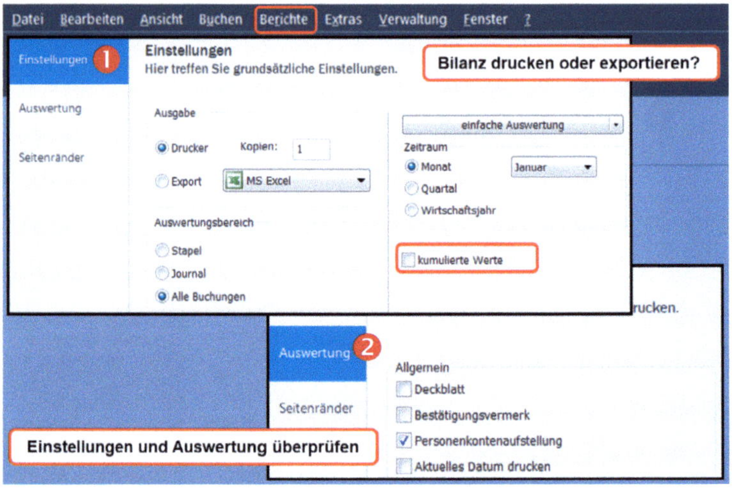

Abb. 3: Berichtseinstellungen basis und plus: Bei einigen Berichten müssen Sie nicht nur im Register **Einstellungen** ❶ Ihre Auswahl treffen, sondern auch im Register **Auswertung** ❷ . Mit der Funktion **kumulierte Werte** werden Ihnen die Zahlen bis einschließlich Juli gezeigt.

15.4 Berichtseinstellungen (pro und premium)

In den Versionen pro und premium wählen Sie den gewünschten Zeitraum direkt aus, zum Beispiel den Monat Juli oder den Monatsbereich von Januar bis Juli. Beachten Sie auch die vielen Einstellungen rechts im Bereich Auswahl.

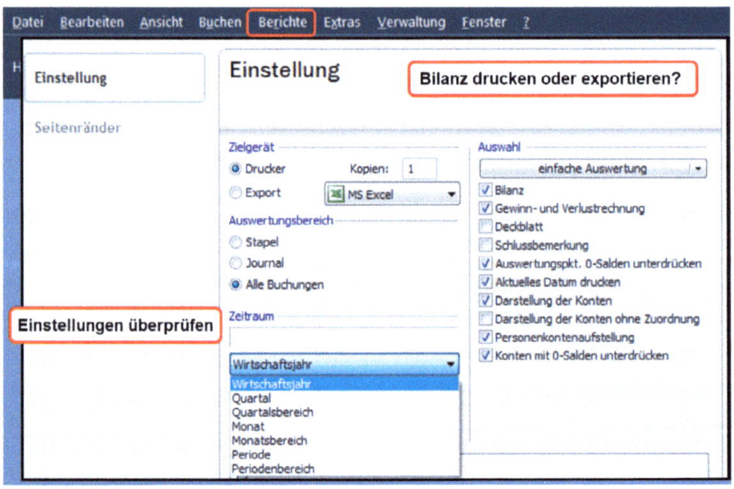

Abb. 4: Berichtseinstellungen pro und premium: Hier wählen Sie zunächst den Zeitraum aus und dann entsprechend Monat, Monatsbereich, Quartal oder Wirtschaftsjahr.

Achtung

Hier haben Sie die Einstellungen bzw. Auswahlmöglichkeiten für Sachkonten und Bilanzen gesehen. Das Programm bietet für jede Berichtsart eigene Einstellungen, deshalb müssen Sie immer genau hinschauen. Fehlt eine Zahl im Bericht, sollten Sie Ihre Einstellungen noch einmal überprüfen.

Das Schöne beim Export von Berichten ist, dass Sie die Berichte als Datei per E-Mail versenden oder die Daten für weitere Auswertungen zum Beispiel in Excel verwenden können. Im Menü **Berichte** unter **Berichtszentrale** sieht man sehr gut, welchen Bericht man in welchem Format exportieren kann.

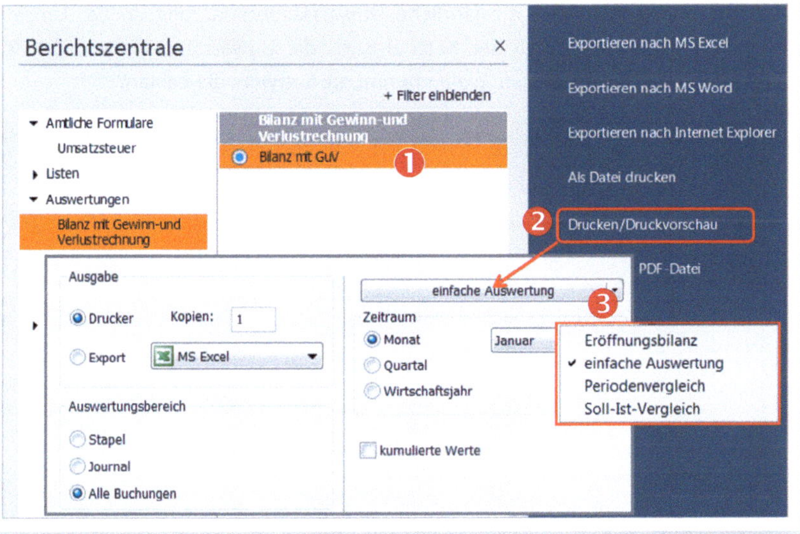

Abb. 5: Die Berichtszentrale: Klicken Sie links ❶ auf den Bericht Bilanz, sehen Sie rechts sofort, welche Möglichkeiten Sie haben. Mit einem Klick auf **Drucken** ❷ öffnen sich die Berichtseinstellungen, die Sie dann anpassen müssen. Die aktuelle Bilanz erhalten Sie über **einfache Auswertung** ❸ .

Achtung

Möchten Sie dem Steuerberater Ihre gesamten Buchführungsdaten übermitteln, damit er mit seinem Buchführungsprogramm den Jahresabschluss durchführt, sollten Sie nicht den Berichtexport verwenden. Dazu bietet Lexware buchhaltung den »DATEV-Export« im Menü Datei. Die damit exportierten Daten kann der Steuerberater direkt in sein Programm einspielen, siehe auch Kapitel 18 »Datenexport über die DATEV-Schnittstelle«.

> **!** **Tipp**
>
> In der Anwendung Business Cockpit erhalten Sie ebenfalls interessante Auswertungen. Hier sehen Sie zum Beispiel Ihre Banksalden, Forderungen und Verbindlichkeiten auf einen Blick. Sie erhalten statistische Auswertungen und Kennzahlen Ihres Unternehmens. Manche Ergebnisse und Zahlen werden alternativ auch bildlich dargestellt. Beachten Sie bitte, dass Sie hier nur Journalbuchungen sehen. Buchungen, die sich noch im Buchungsstapel befinden, sehen Sie nicht.

15.5 Die Werte in der Umsatzsteuer-Voranmeldung

Die ausgefüllte Umsatzsteuer-Voranmeldung können Sie im Menü **Berichte → Auswertungen** ansehen und online übertragen. Das gilt auch für den Antrag auf Dauerfristverlängerung und die jährliche Umsatzsteuererklärung. In der Umsatzsteuer-Voranmeldung werden der Nettoumsatz, die Umsatzsteuer sowie die Vorsteuer automatisch eingetragen. Woher nimmt die Software die Zahlen?

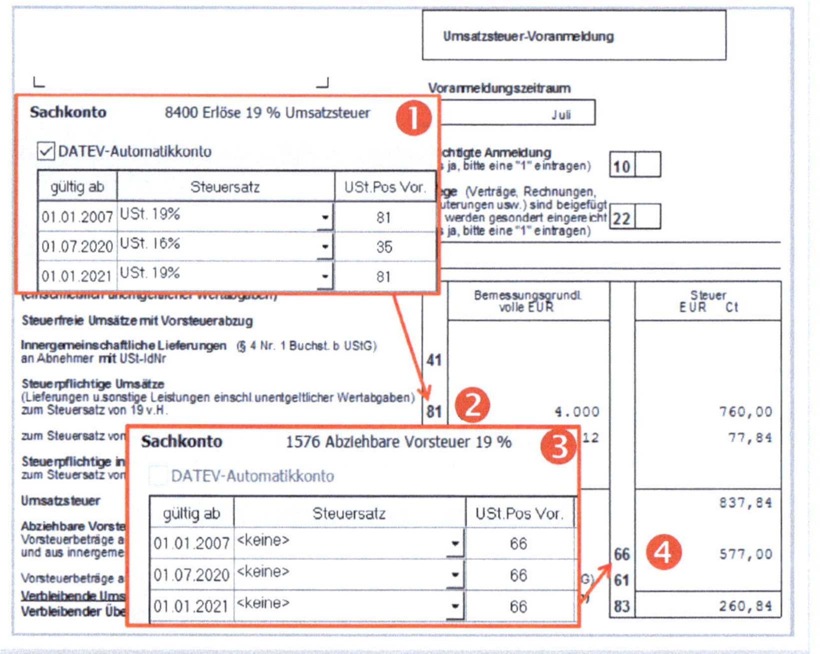

Abb. 6: Konteneinstellungen für die Umsatzsteuer-Voranmeldung: Beim Konto »8400/4400« ❶ ist hinterlegt, dass der Nettoumsatz im Formular im Feld »81« ❷ eingetragen wird. Im Konto »1576/1406« ❸ ist das Feld »66« ❹ hinterlegt.

Der Nettoumsatz wird vom Erlöskonto übertragen und die Vorsteuer von den Vorsteuerkonten. Das ist so bei den Erlöskonten und den Vorsteuerkonten unter **Eigenschaften** hinterlegt. Nur den Umsatzsteuerbetrag ermittelt das Programm selbst und trägt ihn ein.

15.6 Die Umsatzsteuer-Berichte mit ELSTER übermitteln

Stimmen die Werte in Ihrer Umsatzsteuer-Voranmeldung, können Sie diese unter **Berichte → Auswertungen** online an das Finanzamt übermitteln. Wählen Sie dazu in den Berichtseinstellungen »ELSTER« statt »Drucker« oder »Export«. Achten Sie darauf, dass Sie zuvor alle Stapelbuchungen in das Journal übertragen haben, denn nur Journalbuchungen werden online übermittelt. Mit einem Klick auf **Ausgabe** gelangen Sie in das **ELSTER-Modul**. Hier müssen Sie die Einstellungen überprüfen, zum Beispiel den Abgabemonat. Alles Weitere geht ganz automatisch. Nach der Versendung wird ein Übertragungsprotokoll erstellt, das Sie gleich oder später ansehen, drucken oder als PDF speichern können.

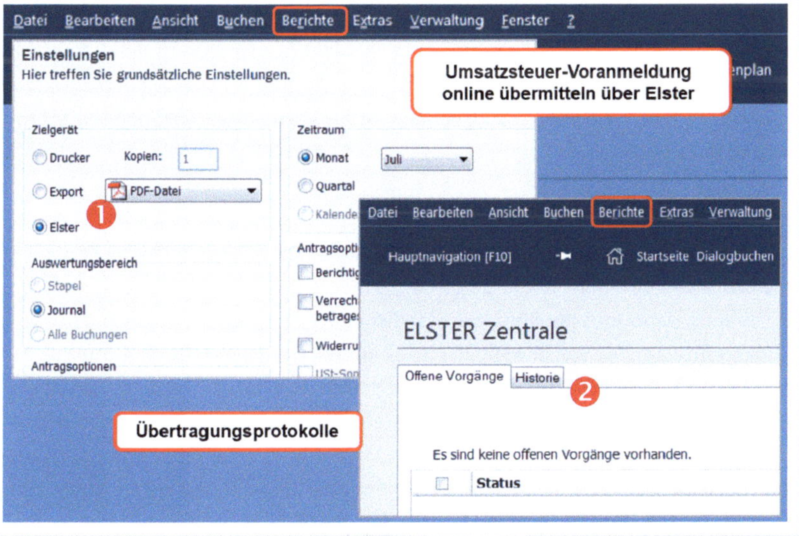

Abb. 7: Umsatzsteuer-Voranmeldung online übermitteln: Wählen Sie hier unter Zielgerät **ELSTER** ❶, werden alle Journalbuchungen für die Onlineübermittlung vorbereitet. Nach der Übermittlung finden Sie das Übertragungsprotokoll in der **ELSTER-Zentrale** unter **Extras** ❷.

In der **ELSTER-Zentrale** unter **Extras → ELSTER** werden alle Übertragungsprotokolle gesammelt und stehen zum Druck bereit. Hier sehen Sie jederzeit auf einen Blick, welche Formulare wann für welche Firma übermittelt wurden.

Bei der ersten Übermittlung mit Lexware buchhaltung kann es sein, dass Sie noch individuelle Einstellungen vornehmen müssen, damit die Internetverbindung funktioniert. Das sollten Sie zusammen mit Ihrem Systemadministrator machen. Aber auch die Hilfe des Programms steht Ihnen an dieser Stelle zur Verfügung.

Für die elektronische Übermittlung ist ein ELSTER-Zertifikat erforderlich, welches Sie im ELSTER-Online Portal beantragen können. Dieses Zertifikat macht die Übertragung sicherer, sie erfolgt damit sozusagen mit einer authentifizierten Unterschrift.

Achtung

Das Modul ELSTER muss fast vor jeder Nutzung aktualisiert werden, das ist normal. Ein Assistent führt Sie durch das Modul und auch durch die Aktualisierung.

Berichtigung der Umsatzsteuer-Voranmeldung
Ergeben sich nachträgliche Änderungen und muss die Umsatzsteuer-Voranmeldung korrigiert werden, setzen Sie bei der Übertragung ein Häkchen bei **Berichtigung**. In diesem Fall wird die gesamte, jetzt richtige Meldung noch einmal übertragen. Liegt dem Finanzamt eine Einzugsermächtigung vor, wird das Finanzamt den Differenzbetrag automatisch ermitteln und abbuchen oder erstatten. Anderenfalls müssen Sie die Differenz zwischen der ursprünglichen und der korrigierten Meldung selbst ermitteln und bezahlen.

Sonderfall: One-Stop-Shop (kurz OSS)
Ist Ihr Unternehmen aufgrund Umsatzart und Kunde dazu verpflichtet, nicht nur deutsche Umsatzsteuer in Rechnung zu stellen, sondern auch Umsatzsteuer aus anderen EU-Ländern, dann müssen Sie die ausländische Umsatzsteuer vierteljährlich an das Bundeszentralamt für Steuer melden und abführen. Dazu kann sich das Unternehmen unter bzst.de im Bereich One-Stop-Shop registrieren, erfährt dort die zu berechnenden Steuersätze und kann Umsätze und Steuern melden und bezahlen. In den Versionen pro und premium können Sie diese Meldungen vorbereiten und übertragen. Mehr dazu im Kapitel 9 »Umgang mit Kontenplan und Steuersätzen« sowie unter www.lexware.de »Steuersätze und Erlöskonten für OSS-Umsätze«.

15.7 Ihre vorläufigen Ergebnisse im Blick

Ihre vorläufigen Ergebnisse des laufenden Jahres finden Sie im Menü **Berichte → Auswertung**. Je nach Gewinnermittlungsart, die Sie beim Anlegen der Firma gewählt haben, finden Sie hier unter anderem die Bilanz mit Gewinn- und Verlustrechnung oder die Einnahmen-Überschussrechnung. Diese werden gleich gezeigt.

Weiterhin erhalten Sie hier die Betriebswirtschaftliche Auswertung, kurz BWA. Sie ähnelt der Gewinn- und Verlustrechnung, es werden die gleichen Zahlen nur in einer anderen Reihenfolge gezeigt. Die Zahlen holt sich die Software von den bebuchten Konten. In den Konteneinstellungen unter **Auswertung** und **BWA** ist hinterlegt, an welcher Stelle das Konto in den Berichten erscheinen soll.

15.8 Bilanz mit Gewinn- und Verlustrechnung

In der Bilanz sehen Sie in der AKTIVA das Vermögen und in der PASSIVA die Schulden sowie das Eigenkapital. Gibt es ein Vorjahr, sind also schon Bestände vorhanden, ist dieser Bericht nur brauchbar, wenn auch die Eröffnungswerte erfasst wurden. Ansonsten sehen Sie hier nur die Bewegungen des laufenden Jahres.

In der Gewinn- und Verlustrechnung dagegen sehen Sie Ihren Gewinn oder Verlust des laufenden Jahres. Dieser Bericht zeigt Ihnen schon viel mehr, trotzdem handelt es sich hier um ein vorläufiges Ergebnis, welches Sie regelmäßig Ihrem Steuerberater zeigen sollten. Er weiß, wie sich dieses Ergebnis durch die Jahresabschlussbuchungen verändern wird.

Gewinn- und Verlustrechnung Juli

1. Umsatzerlöse	
08300 Erlöse 7 % Umsatzsteuer	1.112,15
08400 Erlöse Barverkauf 19 % USt.	4.000,00
2. Materialaufwand	
03400 Einkauf Computer 19 % Vorsteuer	-3.000,00
3. Andere betriebl. Aufwendungen	
3.1. verschiedene betriebliche Kosten	
04910 Porto	-40,00
04940 Zeitschriften, Bücher	-100,00
Gewinn ❶	**1.972,15**

Bilanz Juli

AKTIVA ❷	EUR
Kassenbestand, Guthaben b. Kreditinstituten, Postgiro	
01010 Nebenkasse 1	2.233,00
Summe Aktiva	**2.233,00**

Bilanz Juli

PASSIVA ❸	EUR
Jahresüberschuss/Jahresfehlbetrag	1.972,15
sonstige Verbindlichkeiten	
01571 Abziehbare Vorsteuer 7 %	-7,00
1576 Abziehbare Vorsteuer 19 %	-570,00
1771 Umsatzsteuer 7 %	77,85
1776 Umsatzsteuer 19 %	760,00
me Passiva	**2.233,00**

Abb. 8: Die Gewinn- und Verlustrechnung sowie die Bilanz: Die Gewinn- und Verlustrechnung zeigt, dass im Juli ein Gewinn ❶ erzielt wurde. Die Bilanz zeigt die Bestände, auf der AKTIVA ❷ steht das Vermögen und auf der PASSIVA ❸ das Kapital und die Verbindlichkeiten.

15.9 Hinweis zur Handels- und Steuerbilanz (pro und premium)

Erstellen Sie Ihren Jahresabschluss selbst, können Sie mit dem Programm zum einen die E-Bilanz online an das Finanzamt übermitteln und zum anderen die Handelsbilanz im Bundesanzeiger veröffentlichen. Dafür genügt es, eine Handelsbilanz zu erstellen und in der »E-Bilanz-Zentrale« mögliche Differenzen zwischen Handelsbilanzergebnis und Steuerbilanzergebnis in Form einer »Überleitungsrechnung« zu erfassen. Mehr dazu im Kapitel 22 »Die E-Bilanz und die Handelsbilanz online übermitteln«.

In den Versionen pro und premium können Sie zwei Bilanzen erstellen, eine Handelsbilanz und eine Steuerbilanz. Dazu müssen Sie in den Firmenstammdaten zusätzlich zur Gewinnermittlungsart »Betriebsvermögensvergleich« die Funktion »Handels- und Steuerbilanz« wählen und von da an in den richtigen Buchungsperioden buchen.

Bei Auswahl dieser Funktion werden automatisch die Perioden 15 und 16 zugeschaltet. In der Periode 15 müssen Sie dann alle Jahresabschlussbuchungen erfassen, die in die Handelsbilanz gehören. Denn in der Handelsbilanz werden alle Buchungen der Perioden 1–15 erscheinen.

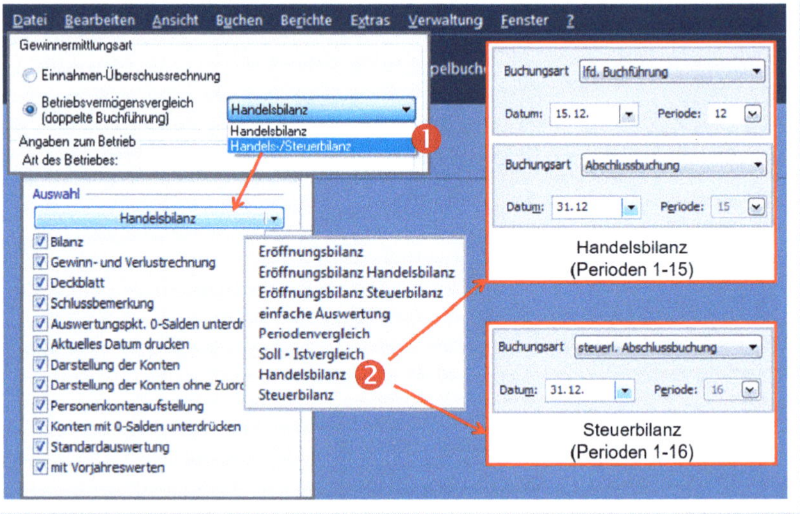

Abb. 9: Handels- und Steuerbilanz: Aktivieren Sie zusätzlich zur Gewinnermittlungsart **Betriebsvermögensvergleich** die Funktion **Handels-/Steuerbilanz** ❶ , können Sie zwei verschiedene Bilanzen ❷ erstellen – vorausgesetzt, Sie haben in den richtigen Perioden gebucht.

In der Steuerbilanz erscheinen alle Buchungen der Perioden 1–16. Sie können also in der Periode 16 das handelsrechtliche Ergebnis korrigieren und daraus ein steuerliches Ergebnis machen, zum Beispiel Buchungen stornieren oder Differenzen umbuchen.

Sind alle Jahresabschlussbuchungen in den richtigen Perioden erfasst, können Sie unter **Berichte → Auswertungen → Bilanz** eine Handels- und eine Steuerbilanz ausdrucken. Ihre Handelsbilanz können Sie unter **Extras → ELSTER** online an das Handelsregister übermitteln und Ihre Steuerbilanz an das Finanzamt.

15.10 Einnahmen-Überschussrechnung ansehen

Die ausgefüllte Einnahmen-Überschussrechnung gibt es in zwei Versionen. Eine einfache Übersicht, die ganz leicht zu überblicken ist, und ein amtliches Formular für das Finanzamt bzw. den Jahresabschluss. Bei jedem Konto ist unter **Auswertungen** hinterlegt, an welcher Stelle das Konto bzw. die Zahlen im Bericht erscheinen sollen, wenn darauf gebucht wurde. Das Konto **8400 Erlöse 19 % Umsatzsteuer** wird zum Beispiel in der Einnahmen-Überschussrechnung unter **Umsatzerlöse** eingetragen und im Formular Anlage EÜR im Feld 112.

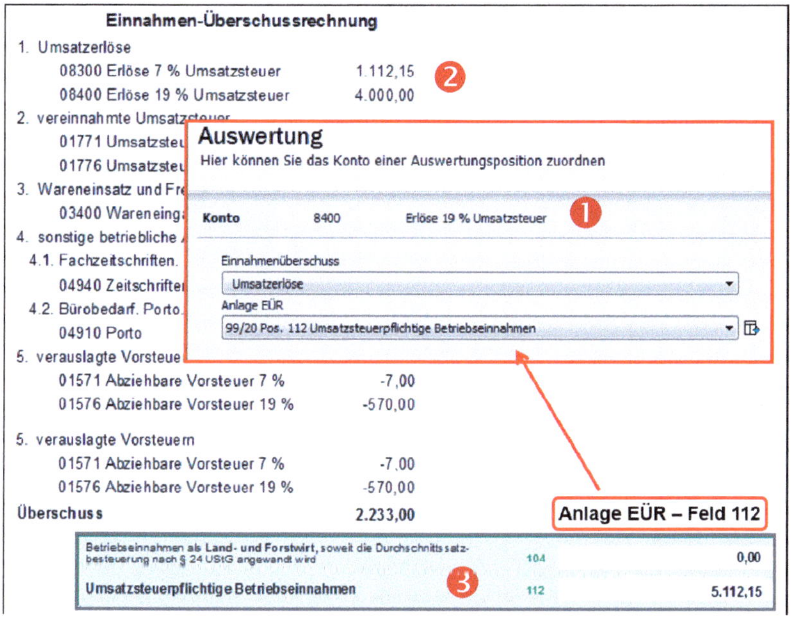

Abb. 10: Einnahmen-Überschussrechnung, Anlage EÜR: Das Konto **8400 Erlöse 19 % Umsatzsteuer** ❶ wird zum Beispiel in der Einnahmen-Überschussrechnung unter **Umsatzerlöse** ❷ eingetragen und im Formular Anlage EÜR im Feld »112« ❸ .

Hier handelt es sich, wie gesagt, um ein vorläufiges Ergebnis. Fragen Sie rechtzeitig Ihren Steuerberater, inwieweit sich das Ergebnis durch Jahresabschlussbuchungen noch verändern wird. Möchten Sie mehr zu diesem Thema erfahren, empfehle ich Ihnen mein Buch »Einnahmen-Überschussrechnung für Freiberufler und Gewerbetreibende«.

15.11 Einnahmen-Überschussrechnung mit ELSTER übermitteln

Erledigen Sie Ihren Jahresabschluss selbst, können Sie mit Lexware buchhaltung unter **Extras → ELSTER** auch das amtliche Formular »Anlage EÜR« online an das Finanzamt übermitteln. Möchten Sie fehlende Angaben in der Anlage EÜR ergänzen oder Angaben in der Anlage EÜR überschreiben, klicken Sie auf die Funktion **Manuelle Werte.** Die manuellen Werte, die Sie eintragen, werden in jedem Fall im Formular erscheinen, d. h. Sie können dadurch automatisch eingetragene Werte überschreiben.

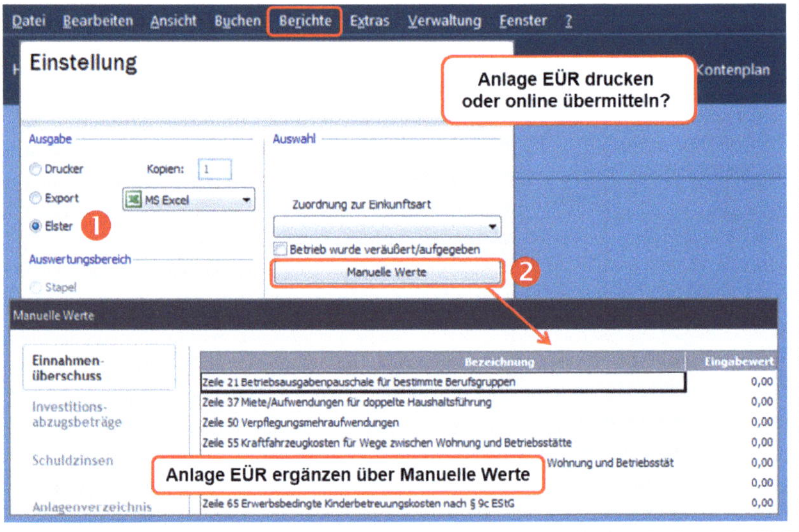

Abb. 11: Anlage EÜR online übermitteln: Wählen Sie unter Zielgerät **ELSTER ❶**, werden alle Journalbuchungen für die Onlineübermittlung vorbereitet. Über **Manuelle Werte ❷** können Sie weitere Felder ausfüllen oder vorhandene überschreiben.

Besitzt das Unternehmen Anlagevermögen und wurden Abschreibungen gebucht bzw. ins Formular eingetragen, ist zusätzlich zur »Anlage EÜR« das Anlageverzeichnis »Anlage AVEÜR« online zu übermitteln. Die Software erinnert Sie daran.

Sowie Abschreibungen erfasst wurden, verlangt die Software das Formular »Anlage AVEÜR« auszufüllen. D. h. in diesem Fall funktioniert die Übertragung ohne das Anlageverzeichnis nicht. Hier können Sie die Werte manuell in das Formular eintragen. Nutzen Sie eines der Anlagenverwaltungsprogramme von Lexware, können Sie sich die Daten direkt übertragen lassen. Die Anleitung dazu finden Sie je nach Programmversion unter www.lexware.de/support.

Hinweis zu Personengesellschaften

Der Gewinn oder Verlust des Unternehmens wird auf dem Formular »Anlage EÜR« ermittelt. Handelt es sich bei dem Unternehmen um eine Personengesellschaft, müssen die Gesellschafter ggf. zusätzliche Formulare ausfüllen. Immer dann, wenn es zu einem Gesellschafterwechsel kommt, wenn es Vermögen gibt, das nicht allen Gesellschaftern zu gleichen Teilen gehört (Anlage ER) oder wenn Einnahmen oder Ausgaben nicht alle Gesellschafter betreffen (Anlage SE). Diese zusätzlichen Formulare stehen in der Software zur Verfügung.

15.12 Übungen zur Eingabe ins Programm

Voraussetzungen für die Übungen		
Hinweise zu den Eingaben	Um die Bilder in diesem Kapitel besser nachvollziehen zu können, sollten Sie die folgende Übung erfassen. Es wird im Juli gebucht, in diesem Monat sollten keine Buchungen vorhanden sein. Sie können aber auch die Übung überspringen und mit Ihrem Datenbestand arbeiten.	

ÜBUNG 15/1 KASSENBELEGE BUCHEN

Erfassen Sie bitte folgende Buchungen unter **Buchen → Einnahmen/Ausgaben in den Stapel**. Wählen Sie in der Kontenauswahl das Konto **1010/1610 Nebenkasse**.

Buchen → Einnahmen/Ausgaben in den Stapel → 1010/1610 Nebenkasse						
Datum	Beleg	Buchungstext	Betrag	Konto SKR 03/04	Kategorie	Steuer
01.07.		Anfangsbestand	0,00	Kontrolle		
06.07.	K 11	Geldeingang Kunde	4.760,00	8400/4400	Einnahme	USt. 19 %
08.07.	K 12	Geldeingang Kunde	1.190,00	8300/4400	Einnahme	USt. 7 %
12.07.	K 13	Zahlung an Lieferant	3.570,00	3400/5400	Ausgabe	VSt. 19 %
14.07.	K 14	Porto	40,00	4910/6800	Ausgabe	keine
14.07.	K 15	Fachliteratur	107,00	4940/6820	Ausgabe	VSt. 7 %
		Saldo	2.233,00	Kontrolle		

Stimmt der Kontostand im Programm mit diesem überein, können Sie die Buchungsmaske verlassen. Übertragen Sie aber bitte die Buchungen noch nicht ins Journal. Schauen Sie sich nun am Bildschirm die verschiedenen Berichte an, die auf den vorherigen Seiten in den Abbildungen gezeigt wurden.

LÖSUNG 15/1

Solange die Buchungen noch im Stapel sind, können Sie diese im Menü **Ansicht** nur im **Buchungsstapel** ansehen. Neben dem Buchungsstapel stehen Ihnen viele Funktionen zur Verfügung. Stimmen Ihre Eingaben, können Sie den **Stapel ausbuchen**, auch diese Funktion steht Ihnen hier direkt zur Verfügung.

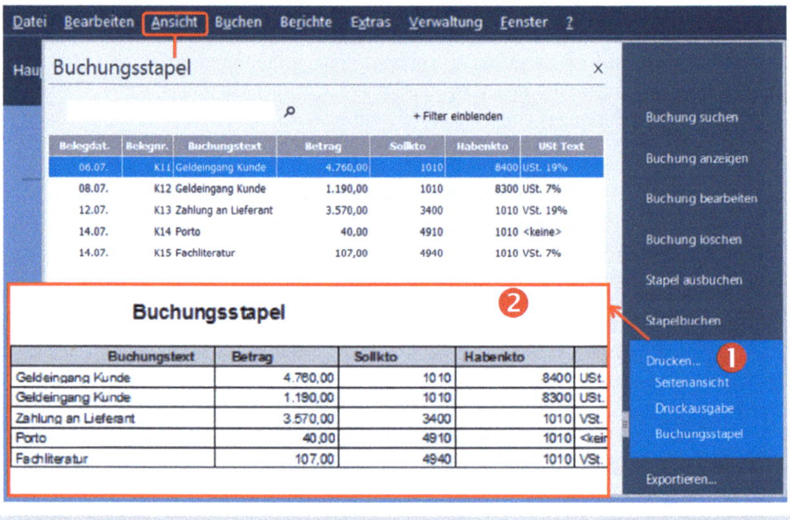

Abb. 12: Buchungsstapel: Im Buchungsstapel stehen Ihnen unter anderem die Funktionen **Drucken → Seitenansicht oder Druckausgabe** ❶ zur Verfügung. Damit können Sie den Buchungsstapel ausdrucken, hier sehen Sie einen Ausschnitt des Berichts ❷ .

Je nach Programmversion finden Sie mehr zu den Berichtseinstellungen im Kapitel 15.3 (basis und plus) und im Kapitel 15.4 (pro und premium). Die Umsatzsteuerberichte finden Sie in den Kapiteln 15.5 und 15.6.

16 Was ist beim Jahreswechsel zu beachten? (buchhaltung basis und plus)

Mit Jahreswechsel ist gemeint, dass Sie bereits in einem Buchungsjahr gebucht haben und nun im nächsten Jahr weiterbuchen möchten. Dazu müssen Sie ein neues Buchungsjahr anlegen und zunächst die Anfangsbestände der Kassen- und Bankkonten erfassen. Erst wenn der Vorjahresabschluss fertiggestellt ist, liegen Ihnen alle endgültigen Anfangsbestände vor. Diese müssen im neuen Jahr erfasst werden. Hier erfahren Sie, in welchen Fällen Sie die Daten manuell erfassen müssen und wann eine automatische Übernahme möglich ist.

16.1 Ein Blick auf Ihre Vorjahresbestände

Solange der Vorjahresabschluss noch nicht fertiggestellt ist, handelt es sich bei den meisten Vorjahresbeständen nur um vorläufige Werte.

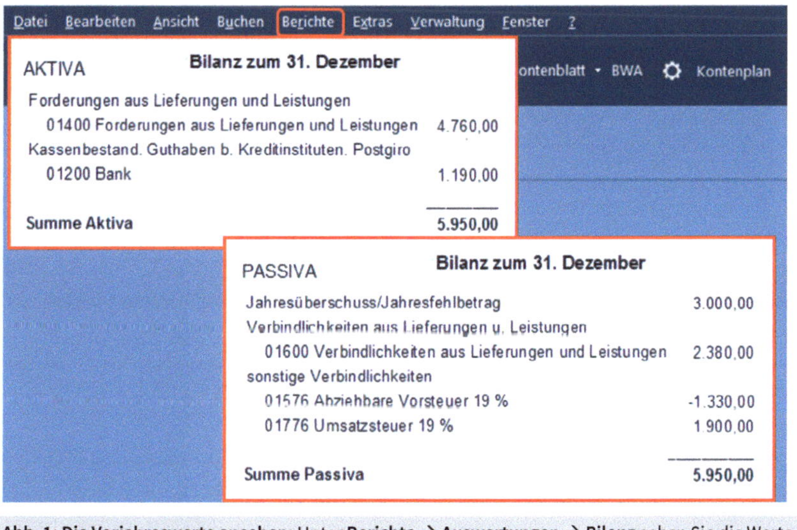

Abb. 1: Die Vorjahreswerte ansehen: Unter **Berichte → Auswertungen → Bilanz** sehen Sie die Werte zum 31.12.

In der Regel werden zu diesem Zeitpunkt lediglich die Anfangsbestände der Kassen- und Bankkonten im neuen Buchungsjahr erfasst, was im nächsten Kapitel gezeigt wird.

16.2 Hinweis zur Einnahmen-Überschussrechnung

Einnahmen-Überschussrechner müssen keine Anfangsbestände erfassen. Für die Arbeit mit der Software ist es jedoch empfehlenswert, die Anfangsbestände von Kasse und Bank zu buchen. So können Sie nach Ihren Eingaben die Kontostände kontrollieren.

Ist in den Firmenstammdaten »Einnahmen-Überschussrechnung« hinterlegt, werden einige Fenster, die in den folgenden Kapiteln gezeigt werden, gar nicht erscheinen. Das liegt daran, dass weder das Kapital noch Forderungen und Verbindlichkeiten bei Einnahmen-Überschussrechnern in das Folgejahr übertragen werden.

16.3 Ein neues Buchungsjahr anlegen

Im Menü **Datei** unter **Buchungsjahr neu** oder **Jahreswechsel → Neues Buchungsjahr anlegen** können Sie das nächste Buchungsjahr öffnen. Direkt nach einem Klick ist es angelegt und Sie sehen oben am Bildschirm die neue Jahreszahl.

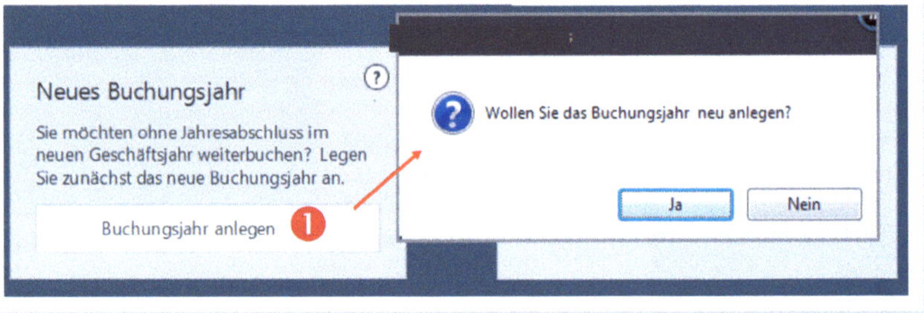

Abb. 2: Ein Ausschnitt des Assistenten zum Jahreswechsel: Hier können Sie das neue Buchungsjahr anlegen ❶. Sollten Sie Fragen zum Jahreswechsel haben, finden Sie sicher die Antworten in den verschiedenen **Help&News**.

Über **Datei → Buchungsjahr wechseln** oder oben am Bildschirm über den Pfeil beim **Aktuellen Buchungsjahr** können Sie jederzeit zwischen dem neuen und alten Jahr wechseln. Beide Jahre sind offen und in beiden Jahren kann gebucht werden. Gerade zu Jahresbeginn könnte der eine oder andere Beleg eingehen, der noch im alten Jahr zu erfassen ist.

Im neuen Buchungsjahr sind noch **keine Bestände des Vorjahres** vorhanden, auch keine vorläufigen Werte. Hier erfahren Sie, was zu tun ist und welche Möglichkeiten Lexware buchhaltung bietet, solange der Vorjahresabschluss noch nicht vorliegt.

Folgende Daten stehen im neuen Jahr zur Verfügung
Im neuen Buchungsjahr stehen Ihnen wie zuvor alle Stammdaten zur Verfügung. Die **Buchungsvorlagen**, der **Kontenplan** und die **Belegnummernkreise.** Die Konten sind leer und die Nummerierung der Belegnummernkreise wird automatisch zurückgesetzt und beginnt wieder bei Null.

Die **Offene-Posten-Liste** steht Ihnen auch im neuen Buchungsjahr zur Verfügung, denn alle Rechnungen, die einmal in dem Programm erfasst wurden, stehen so lange in der Liste, bis sie bezahlt wurden. Die OP-Verwaltung funktioniert also auch ohne die Anfangsbestände der Debitoren- und Kreditorenkonten.

16.4 Anfangsbestände von Kasse und Bank erfassen

Am 01.01. empfiehlt es sich, lediglich die Anfangssalden der Geldkonten laut Kassenbuch und Kontoauszügen vom 31.12. zu erfassen. Alle anderen Anfangsbestände erst später, wenn die Schlussbilanz des Vorjahres fertiggestellt ist, und das kann noch ein paar Wochen oder Monate dauern.

Durch die Erfassung der Anfangsbestände der Geldkonten sehen Sie wieder Ihre aktuellen Kontostände im Programm und können wie gewohnt Ihre Kontoauszüge erfassen und danach den Saldo vergleichen.

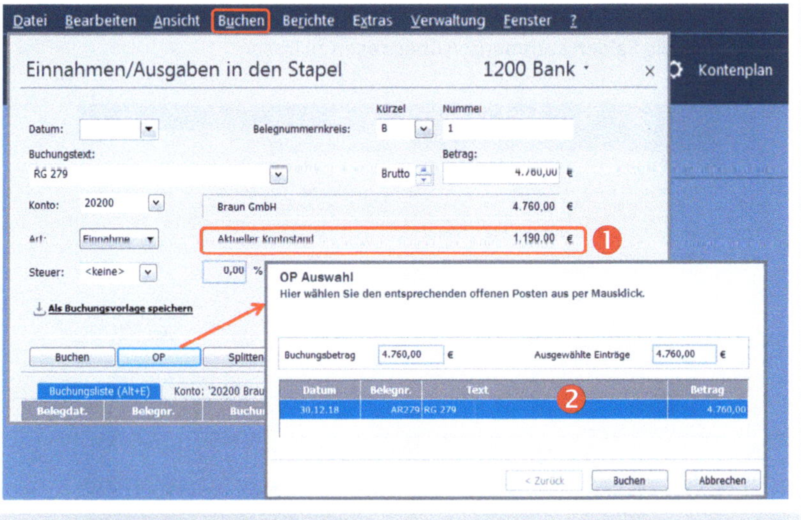

Abb. 3: Anfangsbestände der Finanzkonten: Sind diese erfasst, sehen Sie die aktuellen Kontostände im Programm ❶. In der OP-Auswahl sehen Sie alle offenen Rechnungen inkl. Vorjahr ❷, auch ohne die Anfangsbestände von Debitoren und Kreditoren.

16.5 Vervollständigung der Eröffnungsbilanz

Solange die Vorjahresbilanz noch nicht erstellt bzw. solange die Bestände der Eröffnungsbilanz nicht erfasst wurden, können Sie lediglich die Buchungen sehen oder ein vorläufiges Ergebnis in der Gewinn- und Verlustrechnung, da die Aufwands- und Ertragskonten sowieso in jedem Jahr bei Null beginnen.

Allerdings sind fast alle anderen Berichte nicht brauchbar. Die Konten sowie die Summen- und Saldenliste zeigen – ohne Ihre Anfangsbestände – nur die Zugänge und Abgänge, die bisher im neuen Jahr gebucht wurden. Das gilt auch für die Bilanz.

Ist der Vorjahresabschluss fertig, können Sie die restlichen Anfangsbestände erfassen. Das können Sie natürlich immer manuell erledigen. Hier zeigen wir Ihnen die automatische Übertragung über die Funktion **Jahresabschluss**.

16.6 Mit dem technischen Jahresabschluss die Anfangsbestände übertragen

Wenn Ihr Steuerberater den Jahresabschluss in seinem Programm fertiggestellt hat, wurden von ihm Umbuchungen vorgenommen, die Ihre Software nicht hat. Diese Umbuchungsliste können Sie manuell erfassen oder über die Funktion **DATEV-Import** im Menü **Datei** in das Abschlussjahr einspielen. Erst wenn das Vorjahr in Ihrem Programm die gleichen Werte ausweist wie im Jahresabschluss des Steuerberaters ausgewiesen, ist es sinnvoll die Salden automatisch übertragen zu lassen.

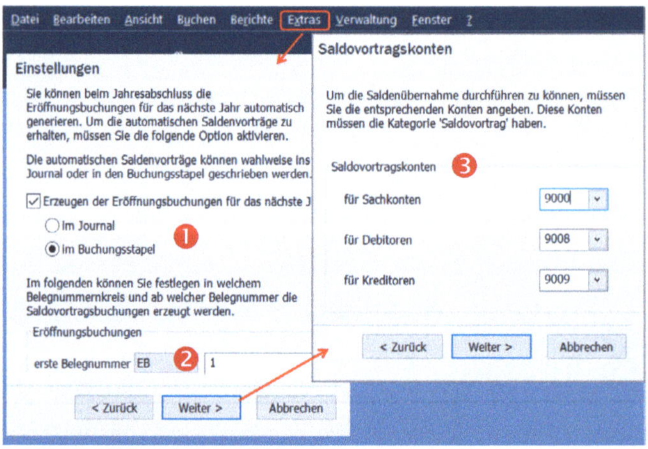

Abb. 4: Der technische Jahresabschluss Teil 1: Hier sollen die Buchungen in den Buchungsstapel ❶ übertragen werden mit dem Belegnummernkreis »EB« ❷ . Im nächsten Fenster geben Sie die Saldenvortragskonten ein ❸ .

Tipp

Sie können sich natürlich auch die vorläufigen Salden in den Buchungsstapel übertragen lassen und diese Buchungen dann bearbeiten.

Die Salden lassen Sie sich über die Funktion **Jahresabschluss** im Menü **Extras** übertragen. Dadurch wird zwar das alte Buchungsjahr abgeschlossen, wir zeigen Ihnen aber gleich im Anschluss, wie schnell es wieder geöffnet werden kann.

Lexware buchhaltung führt Sie durch den Jahresabschluss und dabei sind einige Felder in verschiedenen Fenstern auszufüllen. Zuerst müssen Sie entscheiden, ob die Buchungen direkt in das **Journal** oder erst in den **Buchungsstapel** übertragen werden sollen. Außerdem können Sie hier den gewünschten **Belegnummernkreis** auswählen, soweit er angelegt ist. Auf der nächsten Seite geben Sie die Saldenvortragskonten ein.

Auf der nächsten Seite erfassen Sie die Gegenkonten für die Eröffnungsbuchungen. Das entfällt bei Einnahmen-Überschussrechnern.

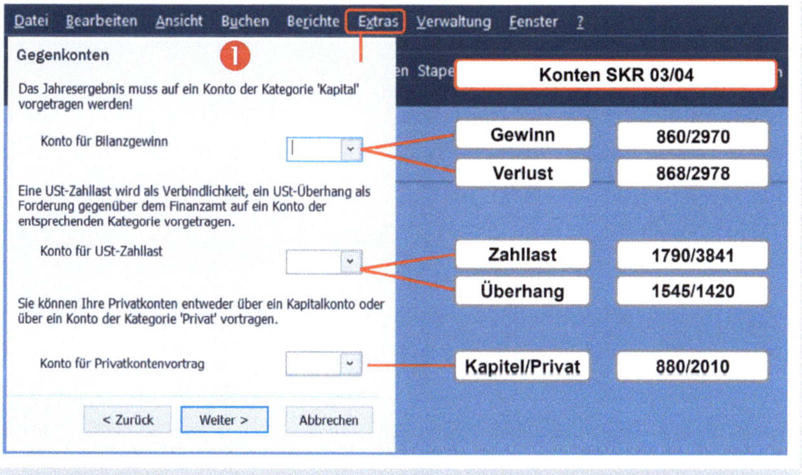

Abb. 5: Der technische Jahresabschluss Teil 2: Hier sehen Sie Vorschläge für Gegenkonten ❶, die Sie zur Sicherheit mit Ihren eigenen Bilanzkonten noch einmal vergleichen sollten.

Im letzten Schritt werden alle Konten gezeigt, die Sie nun noch einmal bestätigen müssen. Nach der Bestätigung klicken Sie auf Abschluss. Anschließend werden die Buchungen in den Buchungsstapel übertragen.

Achtung

Haben Sie den Anfangsbestand der Bank bereits gebucht, müssen Sie diese Buchung jetzt aus dem Buchungsstapel löschen.

16.7 Technischen Jahresabschluss aufheben

Mit dem technischen Jahresabschluss oder dem Monatsabschluss werden Zeiträume abgeschlossen. In diesen Zeiträumen kann nicht mehr gebucht werden, Sie können jedoch Ihre Buchungen und Berichte weiterhin ansehen und drucken. Der technische Jahresabschluss kann allerdings jederzeit wieder aufgehoben werden, unter **Extras → Jahresabschluss**.

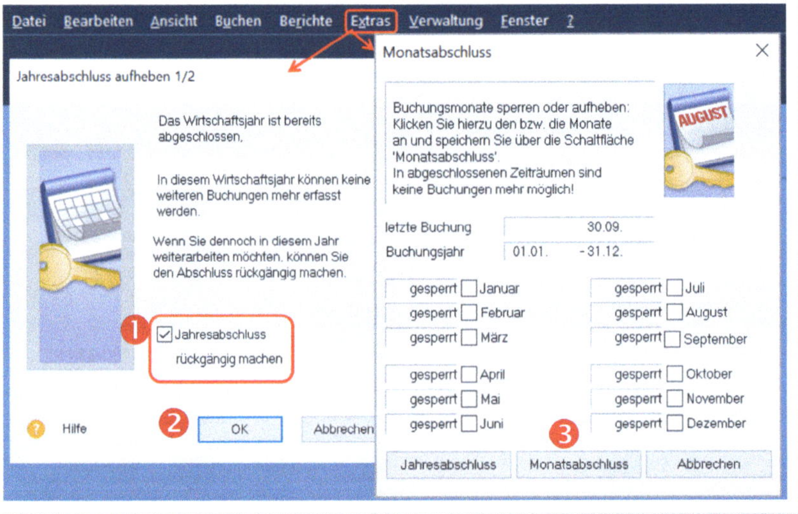

Abb. 6: Jahres- und Monatsabschluss: Setzen Sie das Häkchen bei **Jahresabschluss rückgängig machen** ❶ und klicken auf **OK** ❷ , wird das alte Buchungsjahr wieder geöffnet. Einen Monat abzuschließen, geht genauso schnell: Sie wählen den Monat aus und klicken auf **Monatsabschluss** ❸ .

Achtung

Die Saldenvortragsbuchungen bleiben allerdings in Ihrem neuen Buchungsjahr stehen. Denken Sie daran für den Fall, dass Sie den Abschluss noch einmal wiederholen möchten.

16.8 Monat abschließen und wieder öffnen

Mit dem Monatsabschluss können Sie einzelne Monate ganz unkompliziert sperren und wieder öffnen. Möchten Sie, dass zum Beispiel im Monat Januar nicht mehr gebucht werden kann, dann können Sie auf diese Weise den Monat abschließen. Dazu klicken Sie den entsprechenden Monat an und klicken auf **Monatsabschluss.** Möchten Sie das wieder rückgängig machen, nehmen Sie den Haken heraus und klicken erneut auf **Monatsabschluss.**

16.9 Übungen zur Eingabe ins Programm

Voraussetzungen für die Übungen		
Hinweise zu den Eingaben	Die Idee ist, dass Sie zunächst ein neues Buchungsjahr anlegen und in diesem neuen bzw. leeren Buchungsjahr die folgenden Übungen erfassen.	

ÜBUNG 16/1 DATEN IM NEUEN, LEEREN BUCHUNGSJAHR ERFASSEN

Buchen Sie bitte in einem neu angelegten Buchungsjahr bzw. in einem Jahr, das noch keine Buchungen enthält, folgende Rechnungen unter **Buchen → Stapelbuchen.** Das Debitorenkonto »20200 Braun GmbH« sowie das Kreditorenkonto »72000 Bürohandel Maurer« wurden bereits angelegt, wenn nicht, müssen Sie das jetzt nachholen.

Buchen → Stapelbuchen						
Datum	Beleg	Text	Betrag	SOLL SKR 03/04	HABEN SKR 03/04	Steuer
30.12.	AR 278	RG 278	7.140,00	20200	8400/4400	USt. 19 %
30.12.	AR 279	RG 279	4.760,00	20200	8400/4400	USt. 19 %
30.12.	ER 5	RG 2401	5.950,00	3400/5400	72000	VSt. 19 %
30.12.	ER 6	RG 2408	2.380,00	3400/5400	72000	VSt. 19 %

Stimmen Ihre Eingaben, buchen Sie bitte den Stapel aus unter **Buchen → Stapel ausbuchen.** Erfassen Sie anschließend folgenden Kontoauszug unter **Buchen → Einnahmen/Ausgaben in den Stapel** und wählen Sie in der Kontenauswahl das Konto **1200/1800 Bank**. Klicken Sie bitte vor dem Buchen auf das Feld **OP**, wählen dort die entsprechende Rechnung aus und klicken dann erst auf **Buchen**. So kann das Programm die Offene-Posten-Liste richtig führen.

Buchen → Einnahmen/Ausgaben in den Stapel → 1200/1800 Bank						
Datum	Beleg	Buchungstext	Betrag	Konto SKR 03/04	Kategorie	Steuer
30.12.	B 12	Geldeingang Kunde	7.140,00	20200	Einnahme + OP	keine
30.12.	B 12	Zahlung an Lieferanten	5.950,00	72000	Ausgabe + OP	keine
31.12.		Saldo	1.190,00	Kontrolle		

Stimmt der Kontostand im Programm mit diesem überein, können Sie den Stapel ebenfalls ausbuchen.

ÜBUNG 16/2 NEUES BUCHUNGSJAHR ANLEGEN

Legen Sie bitte ein neues Buchungsjahr an über **Datei → Jahreswechsel** oder **Datei → Buchungsjahr neu**.

ÜBUNG 16/3 IM NEUEN JAHR ANFANGSBESTAND DER BANK BUCHEN

Der Kontoauszug vom 31.12. liegt Ihnen vor. An diesem Bestand wird sich nichts mehr ändern. Buchen Sie bitte im neu angelegten bzw. im aktuellen Buchungsjahr den Anfangssaldo der Bank unter **Buchen → Stapelbuchen.**

Buchen → Stapelbuchen					
Datum	Text	Betrag	SOLL SKR 03/04	HABEN SKR 03/04	Steuer
01.01.	EB-Wert	1.190,00	1200/1800	9000	keine

Stimmen Ihre Eingaben, können Sie die Buchungen ins Journal übertragen, unter **Buchen → Stapel ausbuchen**.

ÜBUNG 16/4 JAHRESABSCHLUSS DURCHFÜHREN, ERÖFFNUNGSBILANZ VERVOLLSTÄNDIGEN

Gehen Sie in das Buchungsjahr, in dem Sie in der letzten Übung die Vorjahresbuchungen eingegeben haben. Starten Sie hier unter **Extras → Jahresabschluss** den technischen Jahresabschluss und erfassen Sie alle Angaben wie in den Abbildungen 4 und 5 des Kapitels 16.6 gezeigt.
Denken Sie daran, den vorab gebuchten Anfangsbestand der Bank hier wieder zu löschen.

Hinweis für Einnahmen-Überschussrechner: Beim technischen Jahresabschluss wird das Fenster **Gegenkonto** nicht erscheinen, da diese Werte nicht übertragen werden.

LÖSUNG 16/1

In der Summen- und Saldenliste sehen Sie nun die Vorjahresbestände. Bilanzierende sehen sie auch in der Aktiva und Passiva der Bilanz.

LÖSUNG 16/2

Im Menü **Datei → Jahreswechsel** sehen Sie auf einem Blick, was beim Jahreswechsel zu tun ist, und dass im ersten Schritt das neue Buchungsjahr anzulegen ist.

LÖSUNG 16/3

Durch die Erfassung des Anfangsbestandes sehen Sie wieder Ihren **aktuellen Kontostand** im Programm und können wie gewohnt Ihre Kontoauszüge erfassen und danach den Saldo vergleichen. Außerdem können Sie über den Klick auf das Feld **OP** ebenfalls wie zuvor offene Rechnungen verbuchen.

LÖSUNG 16/4

Ist der Buchungsstapel ausgewählt, sind die Saldenvortragskonten sowie die Gegenkonten erfasst, müssen Sie die Konten noch einmal bestätigen.

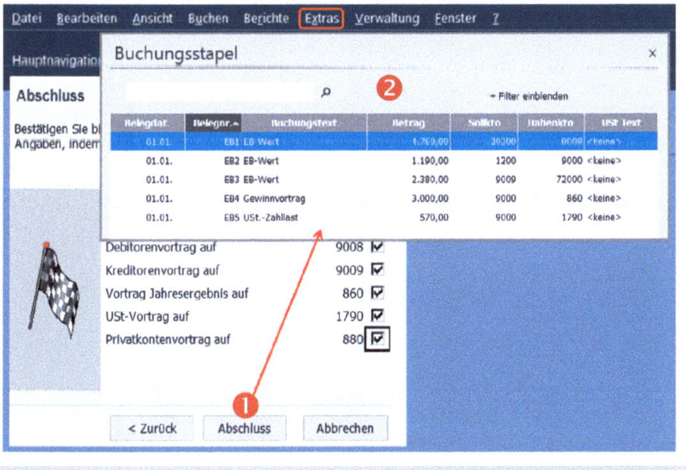

Abb. 7: Der technische Jahresabschluss: Haben Sie alle Konten noch einmal bestätigt, können Sie auf Abschluss ❶ klicken. Anschließend werden die Buchungen in den Buchungsstapel ❷ übertragen.

17 Was ist beim Jahreswechsel zu beachten? (buchhaltung pro und premium)

Haben Sie bereits in einem Buchungsjahr gebucht und möchten nun im nächsten Jahr weiterbuchen, müssen Sie ein neues Buchungsjahr anlegen. Dabei können Sie die Salden aus dem Vorjahr übernehmen.

Zu Beginn des Jahres können Sie die Salden ganz oder teilweise übertragen. Sowie der Vorjahresabschluss fertiggestellt ist und Ihnen die endgültigen Salden vorliegen, können Sie über die Vortragsaktualisierung die restlichen Bestände bzw. die Differenzen übertragen. Hier lernen Sie die Vorgehensweise kennen.

Tipp

Spätestens jetzt sollten Sie die Funktion **Arbeiten mit mehreren Stapeln** unter **Extras → Optionen → Buchungsmaske** einschalten. Dann werden die Saldenvorträge bzw. Anfangsbestände in einem eigenen Buchungsstapel erfasst und Sie können diesen getrennt von den laufenden Buchungen ausbuchen oder auch stehen lassen.

17.1 Vorbereitungen für den Jahreswechsel – Die Vorjahresbestände

Solange der Vorjahresabschluss noch nicht fertiggestellt ist, handelt es sich bei den meisten Buchungen nur um vorläufige Werte. In der Regel werden zu Beginn des Jahres lediglich die Anfangsbestände der Geldkonten erfasst.

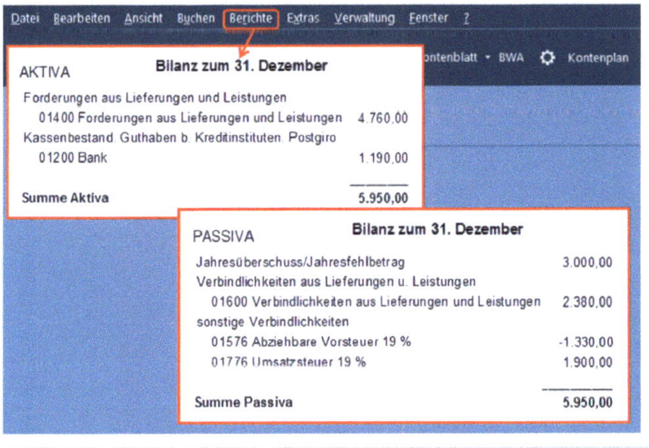

Abb. 1: Ihre Vorjahreswerte ansehen: Unter **Berichte → Auswertungen → Bilanz** sehen Sie die Werte zum 31.12.

17.2 Hinweis zur Einnahmen-Überschussrechnung

Einnahmen-Überschussrechner müssen keine Anfangsbestände erfassen. Für die Arbeit mit dem Programm ist es jedoch empfehlenswert, die Anfangsbestände von Kasse und Bank zu übertragen. So können Sie nach Ihren Eingaben die Kontostände kontrollieren.

Ist in den Firmenstammdaten »Einnahmen-Überschussrechnung« hinterlegt, werden einige Fenster, die in den folgenden Schritten gezeigt werden, gar nicht erscheinen. Das liegt daran, dass weder das Kapital noch Forderungen und Verbindlichkeiten bei Einnahmen-Überschussrechnern in das Folgejahr übertragen werden.

17.3 Buchungsjahr anlegen und Saldenvortrag aktivieren

Beim ersten Jahreswechsel sind noch einige Einstellungen vorzunehmen, die schon im nächsten Jahr entfallen. Sie müssen beim Anlegen des neuen Buchungsjahres nicht sofort alle Salden übertragen. Denn über die Funktion **Vortragsaktualisierung** können Sie die Saldenübernahme jederzeit wiederholen. Hier erfahren Sie, welche Salden Sie sofort übernehmen sollten.

Im Menü **Datei** unter **Buchungsjahr Neu** oder **Jahreswechsel → Neues Buchungsjahr anlegen** können Sie das nächste Buchungsjahr eröffnen. Setzen Sie hier unbedingt den Haken bei **Salden aus dem Vorjahr übernehmen.** Meldet Ihnen das Programm noch im Stapel befindliche Buchungen, sollten Sie diesen Vorgang trotzdem nicht unterbrechen. Diese Buchungen können später nachgeholt werden.

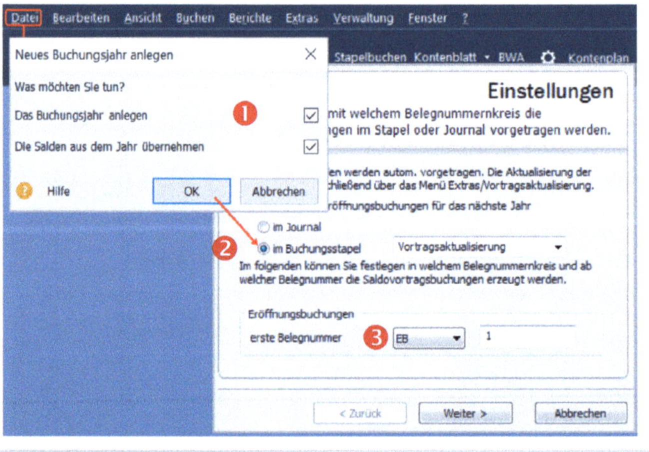

Abb. 2: Ein neues Buchungsjahr anlegen und Salden des Vorjahres übernehmen: Sind beide Haken gesetzt ❶ , öffnet sich ein Fenster. Hier wählen Sie »im Buchungsstapel« ❷ aus sowie den Belegnummernkreis »EB« ❸ für Eröffnungswerte.

Achtung

Möchten Sie alle Salden erst später übernehmen, müssen Sie trotzdem den Haken setzen und erst nach dem Klick auf OK den Saldenvortrag abbrechen. Ansonsten können Sie die Salden über die Funktion Technischer Jahresabschluss übertragen, die später gezeigt wird.

Ist die Saldenübernahme aktiviert, öffnen sich nach dem Klick auf **OK** weitere Fenster. Zunächst müssen Sie unter **Einstellungen** entscheiden, ob die Buchungen direkt in das **Journal** oder erst in den **Buchungsstapel** übertragen werden sollen. Weiterhin wählen Sie einen Belegnummernkreis aus.

17.4 Saldenvortrag einstellen und Salden übertragen

Die nächsten beiden Fenster öffnen sich nur beim ersten Saldenvortrag mit dem Programm. Dort hinterlegen Sie die **Saldenvortragskonten** sowie die **Gegenkonten** für die Buchungen der Anfangsbestände. Diese Konten werden nur einmal hinterlegt, jede weitere Saldenübernahme ist dann schneller erledigt.

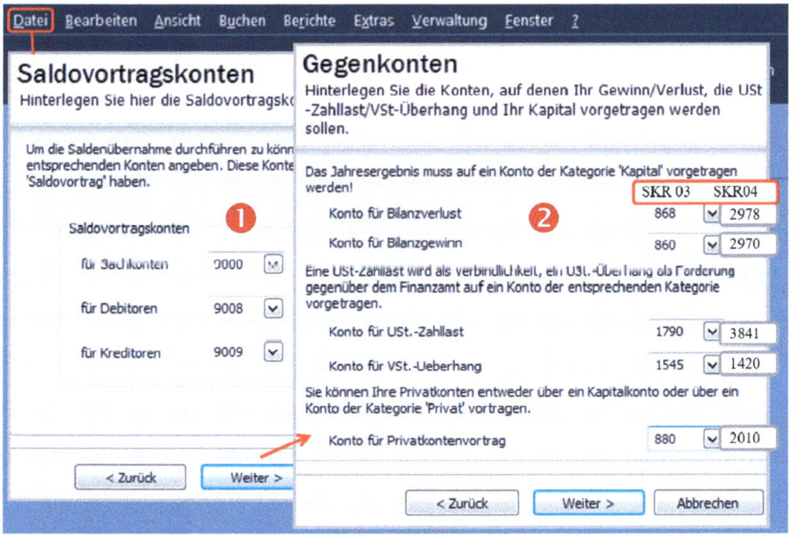

Abb. 3: Einmalig die Konten für die Saldenvortragsbuchungen erfassen: Hier sehen Sie die Saldovortragskonten ❶ und Vorschläge für Gegenkonten ❷ , die Sie zur Sicherheit mit Ihren eigenen Bilanzkonten noch einmal vergleichen sollten.

Ist das Programm auf Einnahmen-Überschussrechnung eingestellt, wird das Fenster »Gegenkonten« nicht erscheinen, da diese Werte nicht übertragen werden.

Nun zum letzten Schritt der Saldenübernahme. Hier bestätigen Sie alle Konten noch einmal durch anhaken und klicken auf »Weiter«, so dass Ihnen die Saldenvortragsliste gezeigt wird.

BEISPIEL

Hier ist nur die Vortragsbuchung des Bankkontos »1200/1800« ausgewählt, also wird zunächst nur ein Anfangsbestand übertragen.

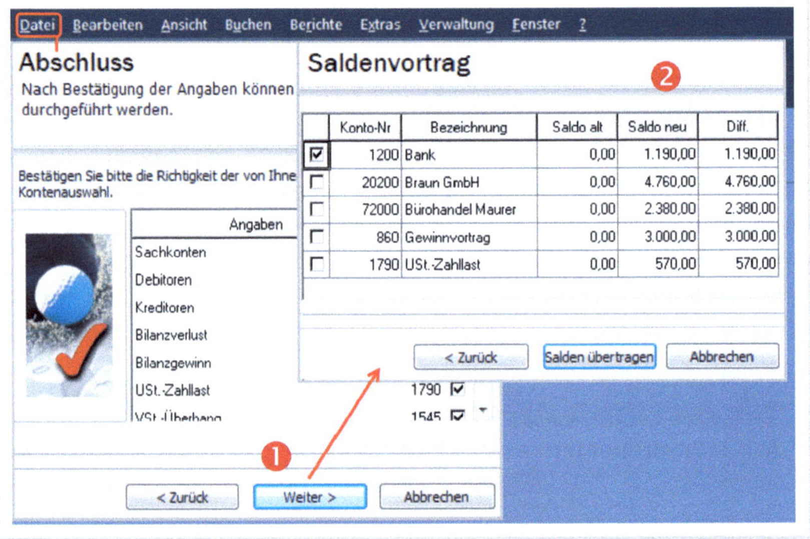

Abb. 4: Den Saldenvortrag abschließen: Sowie die Saldenvortragskonten ❶ bestätigt sind, wird die Saldenvortragsliste gezeigt. Alle Haken werden entfernt, nur einer bleibt bei »Bank 1200/1800« ❷ .

Nach dem Klick auf **Salden übertragen** wird die Buchung in den Buchungsstapel übertragen. Alle Buchungen, die jetzt nicht ausgewählt wurden, können Sie jederzeit über die Funktion Vortragsaktualisierung übertragen.

Im neuen Buchungsjahr stehen Ihnen wie zuvor alle Stammdaten zur Verfügung. Die **Buchungsvorlagen**, der **Kontenplan** und die **Belegnummernkreise**. Die Nummerierung der Belegnummernkreise wird automatisch zurückgesetzt und beginnt wieder bei Null.

17.5 Wenige Anfangsbestände zu Beginn des Jahres

Solange der Vorjahresabschluss noch nicht fertiggestellt ist, handelt es sich bei den meisten Vorjahresbeständen noch um vorläufige Werte, die Sie nicht alle übernehmen müssen. Es würde genügen, zu Beginn des Jahres lediglich die Anfangsbestände der

Kassen- und Bankkonten in das neue Buchungsjahr zu übertragen, wie in der vorherigen Abbildung gezeigt.

Die Offene-Posten-Liste steht Ihnen auch im neuen Buchungsjahr zur Verfügung, denn alle Rechnungen, die einmal in dem Programm erfasst wurden, stehen solange in der Liste, bis sie bezahlt wurden.

BEISPIEL

Zu Beginn des Jahres wurde nur der Anfangsbestand des Bankkontos übertragen, die Salden der Debitoren- und Kreditorenkonten noch nicht.

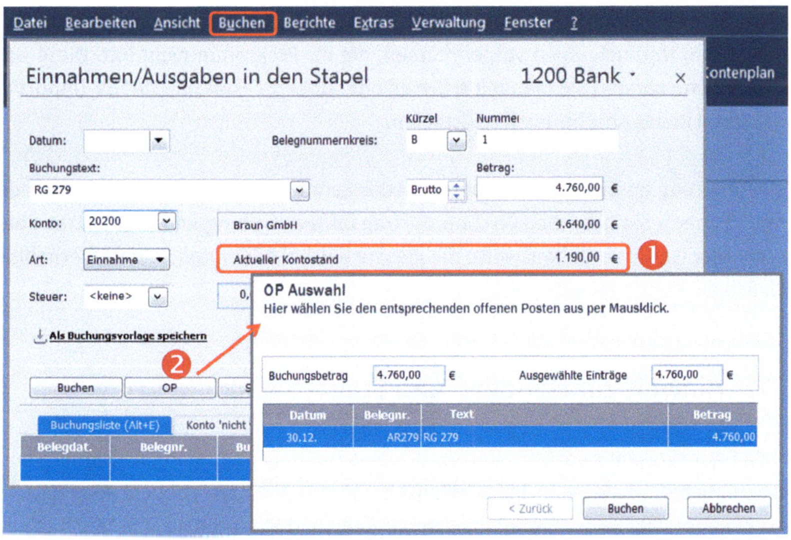

Abb. 5: Zunächst genügt der Anfangsbestand des Finanzkontos: Ist dieser übertragen, sehen Sie Ihre aktuellen Kontostände im Programm ❶. Die OP-Auswahl über das Feld **OP** ❷ ist auch ohne die Erfassung der Anfangssalden von Debitoren und Kreditoren vorhanden.

Sie sehen Ihren **aktuellen Kontostand** im Programm. Sie können wie gewohnt Ihre Kontoauszüge erfassen und danach den Saldo vergleichen. Auch der Geldeingang eines Kunden kann wie zuvor über den Klick auf das Feld **OP** gebucht werden. Auch ohne Anfangsbestände finden Sie hier die offenen Rechnungen.

Die Gewinn- und Verlustrechnung zeigt Ihnen das vorläufige Ergebnis, denn die Aufwands- und Ertragskonten beginnen sowieso in jedem Jahr bei Null.

Allerdings sind fast alle anderen Berichte ohne Anfangsbestände bzw. mit falschen Anfangsbeständen nicht brauchbar. Die Konten sowie die Summen- und Saldenliste zeigen nur die Zugänge und Abgänge, die im neuen Jahr gebucht wurden und nicht die Bestände. Das gilt auch für die Bilanz, ohne Anfangsbestände sehen Sie hier keine Endbestände.

17.6 Restliche Anfangsbestände übertragen durch Vortragsaktualisierung

Ist der Vorjahresabschluss fertig, können Sie die restlichen Anfangsbestände bzw. die Differenzen übertragen. Allerdings nur, wenn die Jahresabschlussbuchungen im Programm gebucht wurden.

Hat Ihr Steuerberater den Jahresabschluss in seinem Programm fertiggestellt, wurden von ihm Umbuchungen vorgenommen, die Ihr Programm nicht hat. Diese Umbuchungsliste können Sie manuell erfassen oder über die Funktion **DATEV-Import** im Menü **Datei** in das Abschlussjahr einspielen.

Jede Änderung an den Vorjahresbeständen erkennt das Programm. Diese Veränderungen können Sie über die Funktion **Vortragsaktualisierung** im Menü **Extras** übertragen. Hier ist die Vorgehensweise die gleiche wie bei der ersten Saldenübernahme, lediglich die Konteneingabe entfällt.

17.7 Hinweis zur Handels- und Steuerbilanz

Haben Sie im Vorjahr zwei Bilanzen erstellt, eine Handelsbilanz und eine Steuerbilanz, werden auch die Salden für beide Bilanzen vorgetragen bzw. gebucht. Das funktioniert genauso wie bei der Erstellung von Handels- und Steuerbilanz über die Buchung in den richtigen Perioden.

Der Bericht »Handelsbilanz« beinhaltet alle Buchungen, die in den Perioden 1 – 15 erfasst wurden. Die Schlussbestände der Handelsbilanz werden im neuen Jahr in die Periode 1 vorgetragen für den Bericht »Eröffnungsbilanz Handelsbilanz«.

Im Bericht »Steuerbilanz« erscheinen alle Buchungen der Perioden 1 – 16. Sie erstellen also eine Steuerbilanz durch Umbuchungen in der Periode 16, das heißt, das handelsrechtliche Ergebnis wird in dieser Periode korrigiert. Beim Jahreswechsel werden nur die Differenzbeträge zwischen Handels- und Steuerbilanz in die Periode 16 vorgetragen. So steht Ihnen auch der Bericht »Eröffnungsbilanz Steuerbilanz« zur Verfügung.

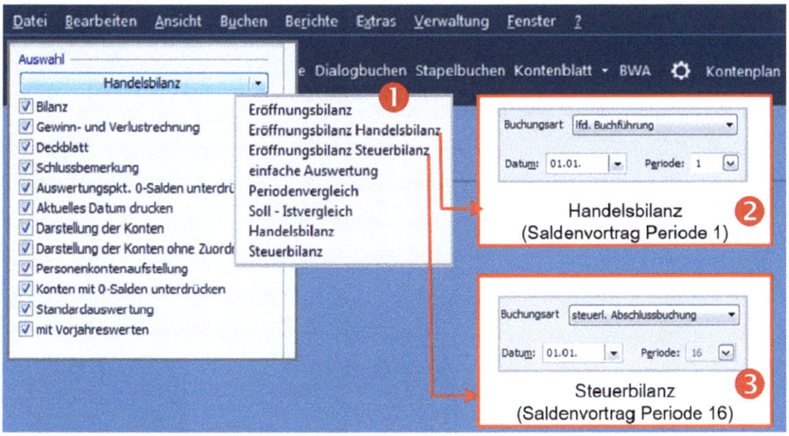

Abb. 6: Handels-/Steuerbilanz: Haben Sie im Vorjahr zwei Bilanzen erstellt, eine Handels- und eine Steuerbilanz, erhalten Sie nach dem Saldenvortrag auch zwei verschiedene Eröffnungsbilanzen ❶ . Die Eröffnungsbuchungen werden in der Periode erfasst ❷ und die Differenzen für die Eröffnungsbilanz Steuerbilanz in der Periode 16 ❸ .

17.8 Technischer Jahresabschluss

Sie können bestimmte Buchungszeiträume sperren, das heißt hier abschließen. In einem abgeschlossenen Monat oder Jahr können Sie nicht mehr buchen, Ihre Buchungen und Berichte können Sie jedoch weiterhin ansehen und drucken. Jede Sperrung kann aber auch wieder aufgehoben werden.

Durch den technischen Jahresabschluss unter **Extras → Jahresabschluss** wird ein Buchungsjahr abgeschlossen und es werden alle Salden vorgetragen, die bisher nicht übernommen wurden. Haben Sie also versehentlich die Saldenübernahme ausgelassen, können Sie das über diesen Weg nachholen. Die Vorgehensweise ist wieder die gleiche wie bei der Saldenübernahme und der Vortragsaktualisierung.

Der technische Jahresabschluss kann jederzeit wieder aufgehoben werden. Dazu setzen Sie unter **Extras → Jahresabschluss** das Häkchen bei **Jahresabschluss rückgängig machen.** Mit einem Klick auf **OK** wird das alte Buchungsjahr wieder geöffnet.

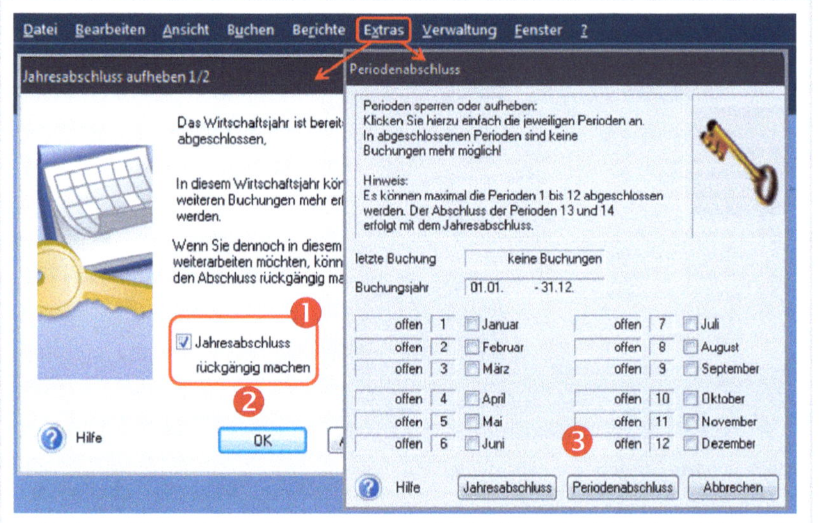

Abb. 7: Jahres- und Periodenabschluss: Setzen Sie das Häkchen bei »Jahresabschluss rückgängig machen« ❶ und klicken auf **OK** ❷ , wird das alte Buchungsjahr wieder geöffnet. Eine Periode abzuschließen, geht genauso schnell: Sie wählen den Monat aus und klicken auf **Periodenabschluss** ❸ .

17.9 Periode abschließen und wieder öffnen

Mit dem Periodenabschluss können Sie einzelne Perioden ganz unkompliziert sperren und wieder öffnen. Möchten Sie, dass zum Beispiel in der ersten Periode nicht mehr gebucht werden kann, dann können Sie auf diese Weise die Periode abschließen. Dazu klicken Sie die entsprechende Periode an und anschließend auf **Periodenabschluss**. Möchten Sie das wieder rückgängig machen, nehmen Sie den Haken heraus und klicken erneut auf **Periodenabschluss**.

17.10 Übungen für die Eingabe ins Programm

Voraussetzungen für die Übungen		
Hinweise zu den Eingaben	Die Idee ist, dass Sie zunächst ein neues Buchungsjahr anlegen und in diesem neuen bzw. leeren Buchungsjahr die Übungen erfassen.	

ÜBUNG 17/1 DATEN IN EINEM LEEREN BUCHUNGSJAHR ERFASSEN

Buchen Sie bitte in ein neu angelegtes Buchungsjahr bzw. in ein Jahr, das noch keine Buchungen enthält, folgende Rechnungen unter **Buchen → Stapelbuchen**. Das Debitorenkonto »20200 Braun GmbH« sowie das Kreditorenkonto »72000 Bürohandel Maurer« wurden bereits angelegt, wenn nicht, müssen Sie das jetzt nachholen.

Buchen → Stapelbuchen						
Datum	Beleg	Text	Betrag	SOLL SKR 03/04	HABEN SKR 03/04	Steuer
30.12.	AR 278	RG 278	7.140,00	20200	8400/4400	USt.19 %
30.12.	AR 279	RG 279	4.760,00	20200	8400/4400	USt.19 %
30.12.	ER 5	RG 2401	5.950,00	3400/5400	72000	VSt.19 %
30.12.	ER 6	RG 2408	2.380,00	3400/5400	72000	VSt.19 %

Stimmen Ihre Eingaben, buchen Sie bitte den Stapel aus unter **Buchen → Stapel ausbuchen**. Erfassen Sie anschließend bitte folgenden Kontoauszug unter **Buchen → Einnahmen/Ausgaben in den Stapel** und wählen Sie in der Kontenauswahl das Konto **1200/1800 Bank**. Klicken Sie bitte vor dem Buchen auf das Feld **OP**, wählen Sie die entsprechende Rechnung aus und gehen dann erst auf **Buchen**. So kann das Programm die Offene-Posten-Liste richtig führen.

Buchen → Einnahmen/Ausgaben in den Stapel → 1200/1800 Bank						
Datum	Beleg	Buchungstext	Betrag	Konto SKR 03/04	Kategorie	Steuer
30.12.	B 12	Geldeingang Kunde	7.140,00	20200	Einnahme + OP	keine
30.12.	B 12	Zahlung an Lieferanten	5.950,00	72000	Ausgabe + OP	keine
31.12.		Saldo	1.190,00	Kontrolle		

Stimmt der Kontostand im Programm mit diesem überein, können Sie den Stapel ebenfalls ausbuchen.

ÜBUNG 17/2 NEUES BUCHUNGSJAHR ANLEGEN UND ANFANGSBESTAND DER BANK ÜBERTRAGEN

Gehen Sie in das Buchungsjahr, in dem Sie die Vorjahresbuchungen der letzten Übung eingegeben haben. Legen Sie hier unter **Datei → Buchungsjahr Neu** ein neues Buchungsjahr an und aktivieren Sie die Saldenübernahme aus dem Vorjahr.
Sind Buchungsstapel und Belegnummernkreis »EB« ausgewählt, müssen Sie Saldenvortragskonten sowie die Gegenkonten erfassen, wie in der Abb. 3 im Kapitel 17.4 gezeigt. Anschließend müssen Sie die Konten noch einmal bestätigen. Mit einem Klick auf **Weiter** werden die Buchungen angezeigt. Hier ist nur die Vortragsbuchung des Bankkontos »1200/1800« auszuwählen, nach dem Klick auf **Salden übertragen** wird nur diese Buchung in den Buchungsstapel übertragen.

ÜBUNG 17/3 ÜBER VORTRAGSAKTUALISIERUNG DIE ERÖFFNUNGSBILANZ VERVOLLSTÄNDIGEN

In der letzten Übung wurde nur der Anfangsbestand des Bankkontos »1200/1800« übernommen bzw. gebucht. Nun sollen die restlichen Salden übertragen werden. Gehen Sie dazu zurück ins Vorjahr und starten Sie die **Vortragsaktualisierung** im Menü **Extras.**

LÖSUNG 17/1

In der Summen- und Saldenliste sehen Sie die Vorjahresbestände. Bilanzierende sehen diese auch in der Aktiva und Passiva der Bilanz.

LÖSUNG 17/2

Zunächst setzt das Programm bei allen Buchungen ein Häkchen, d. h. bei allen Buchungen, die Sie erst später über die Funktion »Vortragsaktualisierung« übernehmen möchten, müssen Sie das Häkchen entfernen, in diesem Fall nur beim Bankkonto »1200/1800«.

LÖSUNG 17/3

Durch die Vortragsaktualisierung können nun die restlichen Salden übertragen werden. In der Liste sind die restlichen Buchungen markiert. Am Banksaldo hat sich nichts geändert.

In der unteren Liste sehen Sie den anderen Fall. Hier wurden zu Beginn des Jahres alle Salden vorgetragen und nun werden lediglich die Differenzen übertragen.

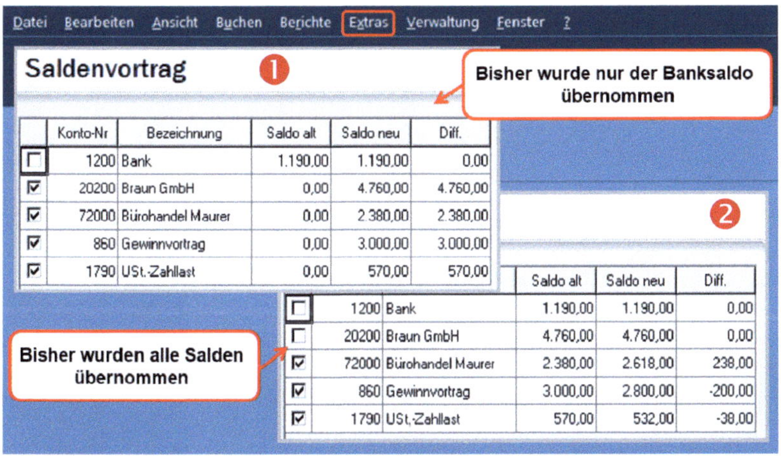

Abb. 8: Die Vortragsaktualisierung: In der oberen Liste werden die restlichen Anfangsbestände ❶ übertragen. In der unteren Liste ❷ wurden bereits alle Salden vorgetragen und eine Eingangsrechnung über 238 Euro wurde im alten Jahr gebucht. In diesem Fall werden nur die Differenzen übertragen.

18 Datenexport über die DATEV-Schnittstelle

Möchten Sie Ihre Buchführung vom Steuerberater kontrollieren lassen oder ist es schon so weit, dass er den Jahresabschluss machen soll? Dann braucht er Ihre Buchführungsdaten. Für diesen Fall bietet sich der Datenexport über die DATEV-Schnittstelle an. Hier werden die Daten in ein einheitliches Format gesetzt und können von allen Programmen, die ebenfalls mit einer DATEV-Schnittstelle ausgestattet sind, ganz einfach eingelesen werden. Hier erfahren Sie, worauf beim DATEV-Export zu achten ist.

18.1 Die DATEV Schnittstelle einrichten

Haben Sie beim Anlegen der Firma die **DATEV-Schnittstelle** noch nicht aktiviert, müssen Sie das jetzt nachholen. Im Menü **Bearbeiten** unter **Firma** bzw. **Firmenangaben** können Sie die DATEV-Schnittstelle aktivieren und einrichten. In den Versionen basis und pro setzen Sie unter **Einstellungen** den Haken bei **DATEV-Unterstützung** und in den Versionen pro und premium direkt im Register **DATEV**.

Hier können Sie die Angaben Ihres Steuerberaters hinterlegen. Fragen Sie ihn nach **Beraternummer** sowie **Mandantennummer**, die er in seinem Programm für Ihr Unternehmen nutzt. Außerdem ist zu klären, ob er in seiner Software mit dem Format **DATEV-Format (ASCII csv)** arbeitet oder mit **Postversand (KNE)**. Wenn er es weiß, können Sie die entsprechende Funktion hier bereits hinterlegen. Wenn nicht, können Sie diese Einstellung später nachholen. In den Kapiteln 18.4 und 18.5 werden die beiden Formate erklärt.

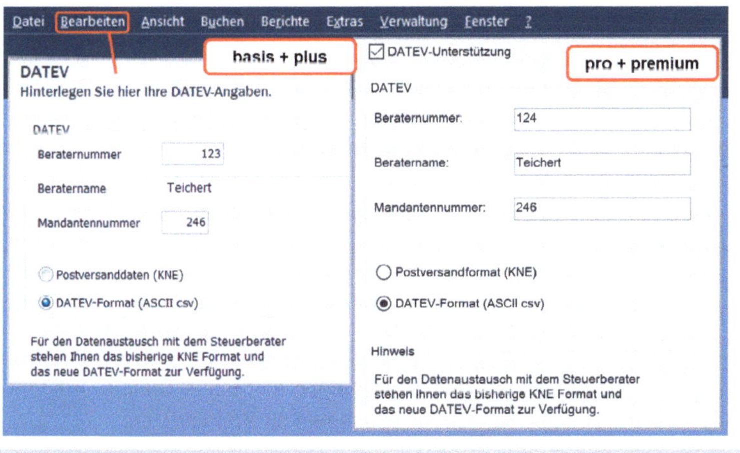

Abb. 1: Die DATEV-Unterstützung aktivieren: Im Menü **Bearbeiten** müssen Sie die DATEV-Funktion aktivieren. Hinterlegen Sie hier die Angaben des Steuerberaters, werden diese Daten später beim Export automatisch eingetragen. Sie können das aber auch direkt beim Export erledigen.

Nach dem Speichern Ihrer Eingaben finden Sie die DATEV-Funktion im Menü **Datei.** In den Versionen basis und plus unter **Export → DATEV** und in den Versionen pro und premium unter **DATEV-Schnittstelle → Export**.

Achtung

Sollte der Menüpunkt trotzdem fehlen, müssen Sie diesen unter **Verwaltung → Konfigurationsassistent → Einstellungen** im Bereich Datei einschalten.

18.2 Ein Blick auf Ihre Buchungen

In den folgenden Kapiteln wird der DATEV-Export anhand ganz weniger Buchungen gezeigt.

Möchten Sie die Daten für Ihren Steuerberater exportieren, sollten Sie ihm parallel zum Datenexport auch eine aktuelle Summen- und Saldenliste geben. Hier handelt es sich um eine Übersicht über alle bebuchten Konten. Diese Liste können Sie unter **Berichte → Summen- und Salden** drucken oder als pdf exportieren.

Nachdem der Steuerberater Ihre Daten in sein Programm eingespielt hat, kann er sich ebenfalls eine Summen- und Saldenliste drucken und die beiden Listen miteinander vergleichen. Erst dann kann er sicher sein, dass er alle Daten erhalten hat.

! **Tipp**

Sie sollten beim Buchen in den Belegnummernfeldern nur Zahlen, Buchstaben und folgende Sonderzeichen verwenden: $ & % * + – /. Andere Zeichen werden beim DATEV-Export vom Programm korrigiert.

18.3 Die beiden Exportmöglichkeiten

Starten Sie den DATEV-Export im Menü **Datei** unter **Export → DATEV** bzw. **DATEV-Schnittstelle → Export**, leitet Sie das Programm durch verschiedene Eingabefenster, die Sie ausfüllen müssen.

Gleich im ersten Fenster wählen Sie entweder den Export von **Buchungsdaten** oder den von **Kontendaten Kunden und Lieferanten**, d. h. in einem Durchgang können Sie nur Buchungen exportieren und in einem anderen die Kontendaten.

Wohin Sie die Exportdateien speichern möchten, legen Sie hier über die Schaltfläche **Durchsuchen** fest.

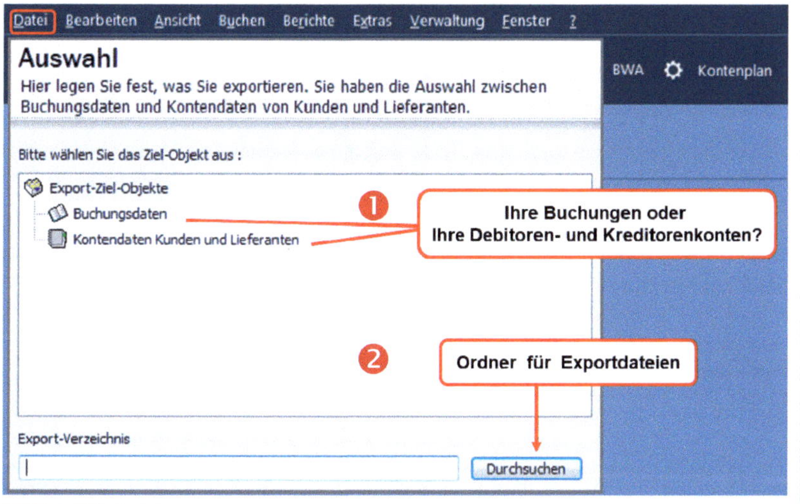

Abb. 2: Exportmöglichkeiten: Sie können Ihre Buchungen oder Kontendaten ❶ exportieren. In diesem Fenster legen Sie auch den Speicherort für die Exportdateien ❷ fest.

18.4 Mehr zu den DATEV-Angaben im CSV-Format

Im nächsten Fenster finden Sie die Angaben des Steuerberaters, die Sie bereits in den Firmenstammdaten hinterlegt haben.

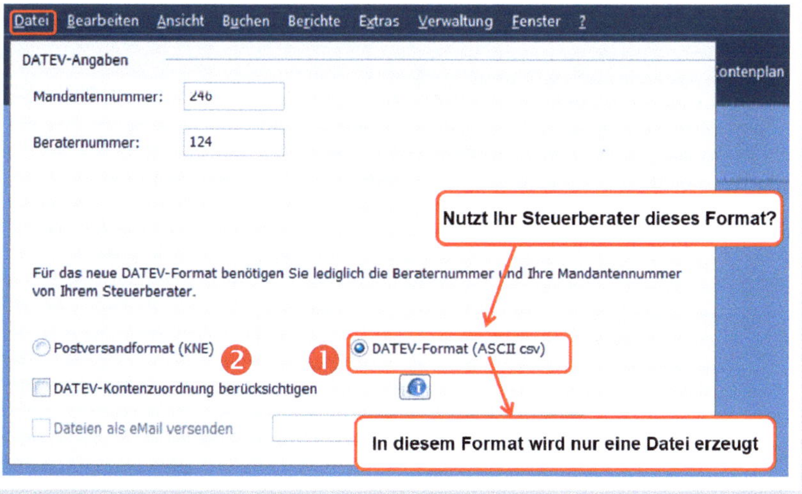

Abb. 3: DATEV-Angaben für den Export: Nutzt Ihr Steuerberater dieses Format ❶ , können Sie direkt auf **Weiter** klicken. Wenn nicht, stellen Sie hier das andere Format ❷ ein und es erscheinen weitere Eingabefenster.

18.5 Mehr zu den DATEV-Angaben im KNE-Format

Haben Sie das Format **Postversand (KNE)** gewählt, müssen Sie weitere Angaben hinterlegen. Im Feld **DFV** tragen Sie Ihr Namenskürzel ein, zum Beispiel »AM« für Anja Mick. Ein Passwort hinterlegen Sie nur, wenn Sie das mit Ihrem Steuerberater vereinbart haben.

In den Feldern **Datenträgernummer** und **Abrechnungsnummer** können Sie beim ersten Export eine 1 eintragen und beim Nächsten eine 2, es sei denn, Ihr Steuerberater gibt bestimmte Nummern vor. Im Zweifel sollten Sie sich hier mit ihm abstimmen.

Abb. 4: DATEV-Angaben für den Export: Beim Export von Buchungen hinterlegen Sie im Feld **Abrechnungsnummer** zunächst eine »1« und beim nächsten Export eine »2«. Nur beim Export von Kontendaten hinterlegen Sie immer die »189« ❶ .

Den DATEV-Export können Sie jederzeit wiederholen. Kann Ihr Steuerberater die Daten also nicht einlesen, können Sie den Vorgang noch einmal durchführen. Vielleicht nutzt er ja doch das andere Format oder ein Passwort.

! **Tipp**

In jedem dieser Eingabefenster finden Sie ausführliche Hilfen, die Ihnen sicher die passenden Antworten geben.

18.6 Die Exportdateien

Beim DATEV-Export im Format KNE werden zwei Dateien erstellt, und beide benötigt Ihr Steuerberater zum Einlesen der Daten. Die Exportdateien haben folgende Bezeichnung: ED0001 und EV01. Beim DATEV-Export im Format CSV wird nur eine Datei erstellt und der Dateiname ist unverwechselbar, denn im Namen stecken Datum und Uhrzeit mit Sekundenangabe. Dadurch wird bei jedem Export automatisch ein neuer Name vergeben. Sie erkennen die Datei an der Endung csv.

Achtung

Wiederholen Sie den Export im KNE-Format, werden die vorherigen Dateien überschrieben. Aus diesem Grund sollten Sie auf Ihrem Computer eigene Ordner anlegen. Die Ordner könnten zum Beispiel »ExportKonten«, »ExportBuchungen-Januar« oder »BuchungenFebruar« heißen. Wenn Sie die Exportdateien in die entsprechenden Ordner speichern, bleiben alle Dateien erhalten und werden nicht überschrieben.

18.7 Debitoren- und Kreditorenkonten exportieren

Arbeiten Sie mit Debitoren- und Kreditorenkonten, können Sie die Kontendaten exportieren, die noch nicht in der Software Ihres Steuerberaters vorhanden sind. Ist die Auswahl **Kontendaten Kunden und Lieferanten** gewählt und das Export-Verzeichnis angegeben, können Sie das nächste Fenster öffnen.

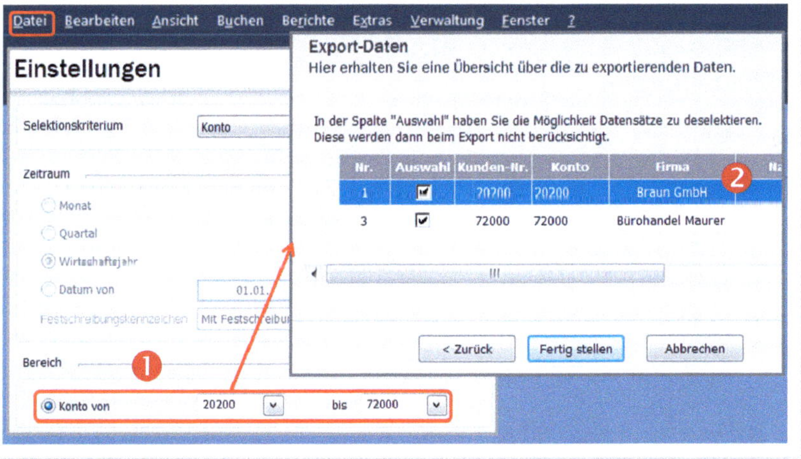

Abb. 5: Export von Kontendaten: Haben Sie festgelegt, welche Kontonummern ❶ Sie exportieren möchten, sehen Sie im nächsten Fenster die ausgewählten Konten ❷. Möchten Sie ein Konto nicht exportieren, entfernen Sie einfach den »Haken« in der Liste.

Hier wählen Sie nur noch unten den Kontenbereich aus und schon sehen Sie im nächsten Fenster die **Export-Daten**. Möchten Sie bestimmte Konten für den Export ausschließen, müssen Sie den Haken entfernen. Nach dem Klick auf **Fertig stellen** werden die Exportdateien erzeugt und in das angegebene Verzeichnis gespeichert. Zum Abschluss können Sie das Export-Protokoll drucken.

Ihr Steuerberater kann Ihre Buchungen nur dann reibungslos einlesen, wenn er die gleichen Konten verwendet wie Sie. Sowie er Ihre Personenkonten importiert hat, sind die Voraussetzungen für ein leichtes Einspielen der Buchungen geschaffen.

!

Tipp

Legen Sie häufig neue Personenkonten an, müssen Sie diesen Vorgang oft wiederholen. Über die Funktion DATEV-Kontenzuordnung, die im Kapitel 18.10 gezeigt wird, können Sie für den Export einheitliche Kontonummern hinterlegen, vielleicht ist das eine Alternative.

18.8 Ihre Buchungen exportieren

Möchten Sie Ihre Buchungen exportieren, wählen Sie im ersten Fenster den Export von **Buchungsdaten** und geben über den Klick auf **Durchsuchen** den gewünschten Speicherort an. Sind die DATEV-Angaben erfasst, legen Sie fest, ob Sie die Buchungen eines Monats, eines Quartals oder des ganzen Wirtschaftsjahres exportieren möchten und klicken auf **Fertig stellen**. Wieder werden die beiden Exportdateien erzeugt, gespeichert und das Export-Protokoll zum Druck angeboten.

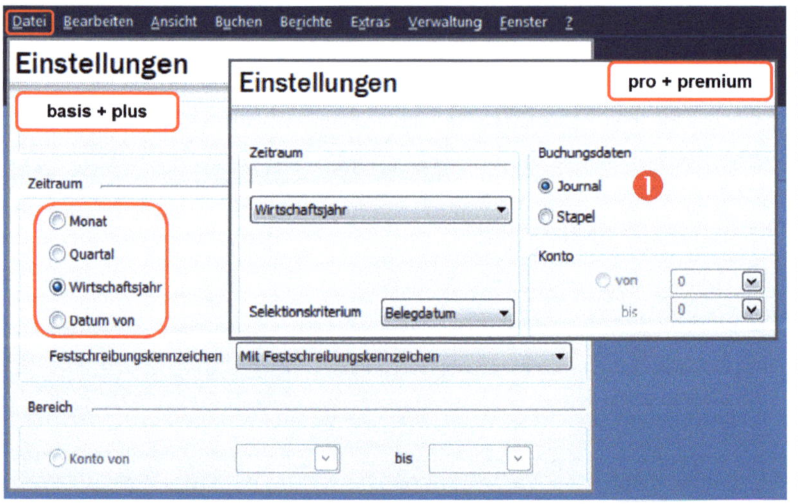

Abb. 6: Zeitraum auswählen beim Export von Buchungsdaten: In den Versionen basis und plus werden nur Daten exportiert, die im Journal stehen. D. h. alle Stapel müssen ausgebucht sein. In den Versionen pro und premium können Sie auch Stapel ❶ exportieren.

TIPP

Denken Sie daran, Ihrem Steuerberater nicht nur die Exportdateien zu übergeben, sondern auch zur Kontrolle die Summen- und Saldenliste. Haben Sie zum Beispiel individuelle Konten angelegt, sieht er diese in der Liste.

Laut GoBD (Grundsätze zur ordnungsmäßigen Führung und Aufbewahrung von Büchern, Aufzeichnungen und Unterlagen in elektronischer Form sowie zum Datenzugriff) müssen einmal festgeschriebene Buchungen (Dialog-/Journalbuchungen) auch nach einem Datenexport festgeschrieben bleiben. Soll der Datenexport gemäß der GoBD anerkannt werden, müssen Sie beim Export die Funktion »Mit Festschreibungskennzeichen« wählen. Festgeschriebene Buchungen können zwar jederzeit nachträglich geändert werden, aber die Änderungen bleiben sichtbar, und das wird verlangt.

18.9 Die Konten für den Steuerberater hinterlegen

Grundsätzlich sollte Ihr Steuerberater in seiner Software die gleichen Konten verwenden wie Sie. Jedes Konto, das Sie individuell anlegen, muss er in seinem Programm ebenfalls anlegen. Meist geschieht das parallel zum Datenimport. Sein Programm unterbricht den Importvorgang, fordert zum Anlegen der neuen Konten auf, und lässt erst danach den Import zu.

Um diesen Vorgang abzukürzen, bietet sich die Funktion **DATEV-Kontenzuordnung** an. Hier können Sie für den Export andere Konten hinterlegen, eben die Ihres Steuerberaters.

Unter **Verwaltung → DATEV-Kontenzuordnung** sehen Sie alle Konten, sortiert nach Sachkonten, Debitoren und Kreditoren. Öffnen Sie zum Beispiel die Sachkonten, sehen Sie in der linken Spalte die Kontonummern, die in Lexware buchhaltung angelegt wurden, und auf der rechten Seite die Nummern, die beim Export übertragen werden. Bei allen Standardkonten stehen links und rechts die gleichen Nummern. Nur bei individuell angelegten Konten ist das rechte Feld noch leer.

Möchten Sie die **DATEV-Kontenzuordnung** beim Export aktivieren, müssen Sie die leeren Felder ausfüllen.

BEISPIEL

Ihre Buchungen wurden auf individuelle Konten gebucht. D. h., bei dem individuell angelegten Erlöskonto »8402/4402 Erlöse Beratung 19 % USt.« ist das rechte Feld noch leer. Das gilt auch für die beiden Personenkonten. Erfassen Sie nun beim Konto »8402/4402« in der rechten Spalte das Konto »8400/4400« und beim Kreditorenkonto »72000«, werden beim DATEV-Export nur die Konten 8400/4400 und 72000 übernommen, wie die folgende Abbildung zeigt.

18.10 Export mit der Funktion DATEV-Kontenzuordnung

Hier sehen Sie die **Export-Daten** zweimal. Im linken Bild wurde auf die Kontenzuordnung verzichtet, es wurden Ihre Kontonummern exportiert. Im rechten Bild dagegen wurde die Funktion beim Export aktiviert. In diesem Fall wurden die hinterlegten DATEV-Konten übernommen.

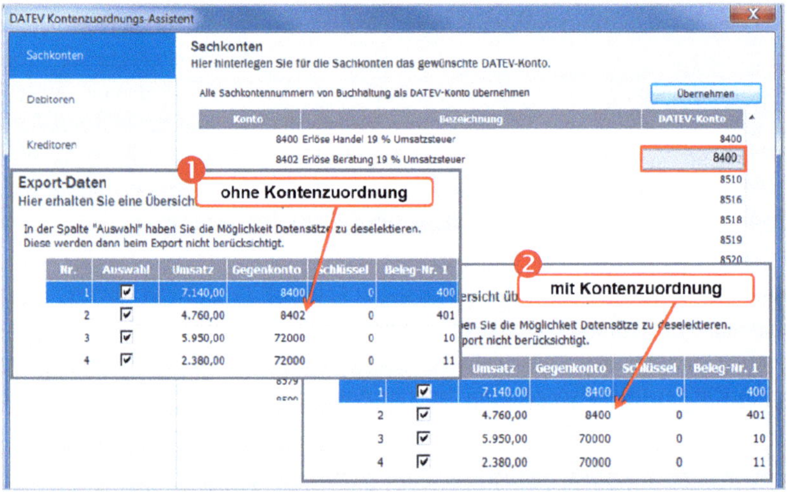

Abb. 7: Die DATEV-Kontenzuordnung: Beim Export ohne diese Funktion werden Ihre Kontonummern ❶ exportiert. Aktivieren Sie diese Funktion und erfassen Sie beim Konto »8402/4402« in der rechten Spalte das Konto »8400/4400« ❷, werden die hinterlegten DATEV-Konten exportiert.

So können Sie in Ihrer Buchführung individuelle Konten verwenden, ohne dass Ihr Steuerberater damit Arbeit hat. Vielleicht möchten Sie auch in Ihren endgültigen Auswertungen für das Finanzamt nicht allzu viele individuelle Konten zeigen.

18.11 Hinweis zu den DATEV-Steuerschlüsseln

In der DATEV-Software wird mit Steuerschlüsseln gebucht und diese sind bei den Lexware-Steuersätzen im Menü **Verwaltung → Steuersätze** hinterlegt.

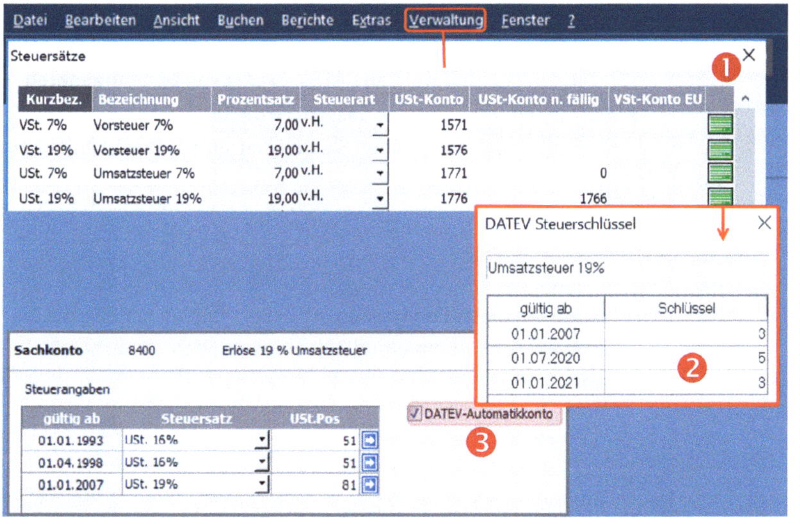

Abb. 8: DATEV-Steuerschlüssel: Klicken Sie bei den Steuersätzen auf das grüne Dialogfeld ❶, sehen Sie, dass beim Steuersatz **USt. 19 %** eine »3« ❷ hinterlegt ist. Die entsprechenden Steuerschlüssel werden beim DATEV-Export übertragen, außer bei Automatikkonten ❸.

Automatikkonten sind zum Beispiel die Konten »8400/4400 Erlöse 19% USt.« oder »3400/5400 Wareneinkauf 19% Vorsteuer«. Bei diesen Konten sind die Steuerschlüssel bereits hinterlegt und müssen nicht übertragen werden. Diese Konten sind in der Kontenverwaltung mit einem Haken versehen.

Tipp !

Legen Sie ein neues Konto an und sind Sie sich nicht sicher, ob es sich dabei um ein DATEV-Automatikkonto handelt, sollten Sie den Haken weglassen. In diesem Fall wird Lexware den Steuerschlüssel übertragen, denn der Steuerberater kann einen zu viel übertragene Steuerschlüssel jederzeit löschen. Vielleicht teilt er Ihnen auch mit, welche Konten Sie in Zukunft mit »Automatikkonto« kennzeichnen sollten.

18.12 Übungen zur Eingabe ins Programm

Voraussetzungen für die Übungen		
Hinweise zu den Eingaben	Sind keine Buchungen vorhanden, müssen Sie, je nachdem mit welcher Programmversion Sie arbeiten, folgende Übung erfassen: Übung 16/1 (basis und plus) Übung 17/1 (pro und premium)	

ÜBUNG 18/1 EXPORT DER BUCHUNGSDATEN

Aktivieren Sie im Menü **Bearbeiten → Firmenangaben** die DATEV-Schnittstelle. Starten Sie bitte im Menü **Datei** den DATEV-Export von **Buchungsdaten**, geben Sie einen Speicherort an und erfassen Sie die DATEV-Angaben wie in den vorherigen Bildern gezeigt. Wählen Sie den Zeitraum Wirtschaftsjahr aus und schließen Sie den Export ab.

LÖSUNG 18/1

Nach dem Klick auf **Fertig stellen** werden die Exportdateien erstellt, die Sie nun zusammen mit einer Summen- und Saldenliste an den Steuerberater übergeben könnten.

19 Das Mahnwesen nutzen

Führen Sie mit Lexware buchhaltung eine Offene-Posten-Verwaltung? Haben Sie für Ihre Kunden eigene Debitorenkonten angelegt und deren Rechnungen wie auch die Geldeingänge auf diesen Konten erfasst? Wenn ja, sehen Sie in der Offene-Posten-Liste nicht nur die offenen Rechnungen, sondern Sie können mit der Software auch Mahnungen erstellen. Sowie die Stammdaten einmal erfasst sind, erhalten Sie die Zahlungserinnerungen auf Knopfdruck.

19.1 Die Angaben im Debitorenkonto prüfen

Das Modul Mahnwesen holt sich die Adresse der Mahnung sowie das Fälligkeitsdatum aus den Angaben des Debitorenkontos und die offenen Rechnungen aus der Offenen-Posten-Liste. Diese Daten sollten also stimmen.

Für die Buchführung bzw. das Führen einer Offenen-Posten-Verwaltung genügt es, beim Debitorenkonto den Namen des Kunden und die Zahlungskonditionen zu hinterlegen. Für das Mahnwesen ist die Adresse erforderlich.

Tipp !

Möchten Sie prüfen, bei welchem Kunden die Adresse noch fehlt, können Sie sich unter **Datei → Drucken → Kontenplan** eine Adressenliste der Personenkonten ansehen.

Falls eine Adresse fehlt, öffnen Sie den Kontenplan, suchen dort das entsprechende Debitorenkonto aus und markieren es. Nun wählen Sie über die rechte Maustaste die Funktion **Konto bearbeiten** und öffnen links das Register **Anschrift**. In den Versionen basis und plus geben Sie hier direkt die Adresse ein.

Da Sie in den Versionen pro und premium mehrere Adressen hinterlegen können, erscheint nach dem Klick auf **Anschrift** zunächst eine Tabelle. Hier können Sie über die Funktion **Neu** eine neue Adresse anlegen oder über **Bearbeiten** eine vorhandene ergänzen oder ändern.

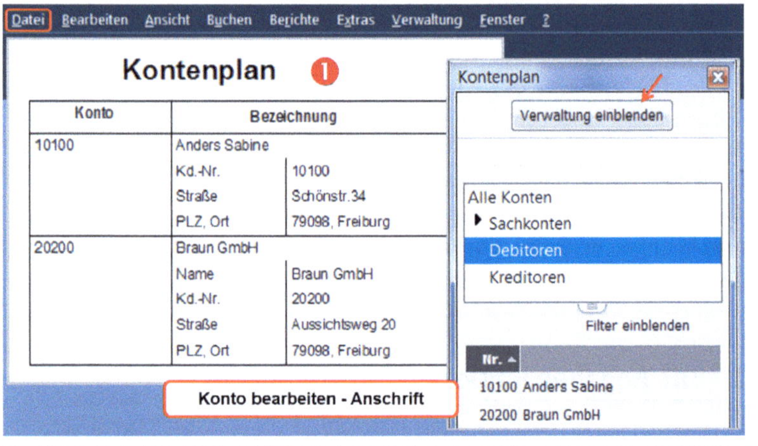

Abb. 1: Adressen in den Debitorenkonten überprüfen: Unter **Datei → Drucken → Kontenplan** können Sie sich die »Adressliste Personenkonten« drucken ❶. In dieser Liste sehen Sie auf einen Blick, ob Ihre Eingaben stimmen.

19.2 Die Offene-Posten-Liste prüfen

Sowie eine Kundenrechnung auf ein Debitorenkonto gebucht wurde, steht sie in der Offenen-Posten-Liste, die hier **OP-Debitoren** heißt. Eine Rechnung bleibt dort so lange stehen, bis der Geldeingang richtig gebucht wurde. Mit richtig ist gemeint, dass Sie beim Geldeingang das entsprechende Debitorenkonto verwenden, vor dem Buchen auf das Feld **OP** klicken und erst, wenn die Rechnung ausgewählt ist, auf **Buchen** klicken.

Unter **Ansicht → OP-Debitoren** können Sie die OP-Liste öffnen. Stehen in der Liste Minusbeträge, darf es sich nur um Korrekturrechnungen (Gutschriften) handeln, nicht um Zahlungen.

Handelt es sich um Zahlungen, müssen Sie vorab unbedingt die OP-Listen bereinigen. Die Vorgehensweise über die Funktion **Offene Posten abgleichen** und ggf. **Offene Posten rücksetzen** ist im Kapitel 12.8 »OP-Listen ansehen« beschrieben.

19.3 Mahnfristen in den Firmenstammdaten hinterlegen

In den Firmenstammdaten können Sie das Mahnwesen einrichten. Sind die Einstellungen erst einmal erfasst, geht das Mahnen ganz schnell.

Im Menü **Bearbeiten** unter **Firma** bzw. **Firmenangaben → Mahnwesen** können Sie verschiedene Einstellungen hinterlegen und jederzeit wieder anpassen. Möchten Sie zum Beispiel bei kleineren Rechnungen auf Mahnungen verzichten, erfassen Sie unter **Beträge mahnen ab** den Mindestbetrag. Unter **Zinsen auf fälligen Betrag** können Sie einen Zinssatz für Verzugszinsen eintragen.

Tipp

!

Für Verbraucher darf der Zinssatz 4 % über dem Basiszinssatz liegen; für den unternehmerischen Geschäftsverkehr sind ca. 8 % erlaubt. Den Basiszinssatz finden Sie im Internet über die Schaltflächen www.bundesbank.de bzw. **Zinssätze**.

Automatisch wird die Eurozinsrechnung angewendet (Ansatz der tatsächlichen Tage des Monats). Sie können aber auch die deutsche Zinsrechnung aktivieren (ein Monat wird mit 30 Tagen angesetzt). Sind bei verspäteter Zahlung Mahngebühren vereinbart, können Sie das pro Mahnstufe eintragen.

Beim Debitorenkonto ist das Zahlungsziel hinterlegt und sowie dieses abgelaufen ist, sollte gemahnt werden. Hier tragen Sie ein, nach wie vielen Tagen, bezogen auf das Fälligkeitsdatum, die verschiedenen Zahlungserinnerungen im Modul Mahnwesen angeboten werden sollen.

BEISPIEL

Die Rechnung vom 09.03. ist am 08.04. fällig. Unter Mahnfrist ist in der Stufe 1 »10 Tage« und in der Stufe 2 »20 Tage« eingetragen. Wann wird die erste Mahnung im Modul Mahnwesen zum Druck angeboten? Und wann die zweite Mahnung?

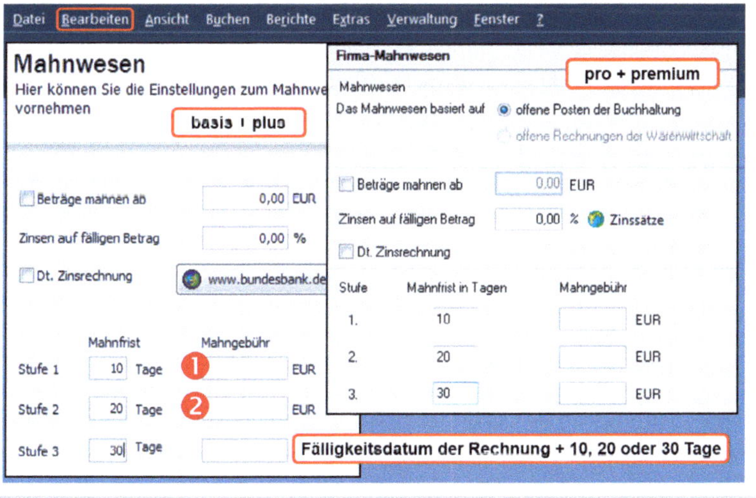

Abb. 2: Die Firmeneinstellungen für das Mahnwesen in allen Versionen: Die erste Mahnung könnten Sie am 18.04. erstellen, 10 Tage ❶ nach Fälligkeit und die zweite Mahnung am 28.04., 20 Tage ❷ nach Fälligkeit, natürlich nur wenn die erste Mahnung überhaupt erstellt wurde.

19.4 Ihre Bankverbindung hinterlegen

Möchten Sie Ihre Bankverbindung auf das Mahnschreiben drucken lassen, muss diese im Programm hinterlegt werden.

In den Versionen basis und plus wählen Sie im Kontenplan das entsprechende Bankkonto aus, zum Beispiel das Konto »1200 Bank«. Über die Funktion **Konto bearbeiten** öffnen Sie das Konto und aktivieren hier das Feld **Hausbank.** Anschließend hinterlegen Sie im Register **Bank** Ihre Bankverbindung.

In den Versionen pro und premium öffnen Sie im Menü **Datei** unter **Anwendung** die **Zentrale.** Dort können Sie unter **Verwaltung → Bankangaben** Ihre Bankverbindungen hinterlegen. Die ersten beiden Bankverbindungen werden dann im Mahnschreiben stehen.

19.5 Die fälligen Rechnungen auswählen

Unter **Extras → Mahnwesen** können Sie in einem Durchgang mehrere Mahnungen erstellen, allerdings nur Gleichartige. D. h. Sie erstellen gleichzeitig für mehrere Kunden die erste Mahnung oder für mehrere Kunden die dritte. Erst wenn ein Durchgang abgeschlossen ist, kann der nächste gestartet werden.

Wählen Sie hier **1. Mahnung** aus, wird das Programm nur fällige Rechnungen anbieten, die zuvor noch nicht gemahnt wurden und bei der Wahl **3. Mahnung** nur Rechnungen, die bereits zweimal gemahnt wurden. Anschließend tragen Sie unter **Stichtag** ein, bis zu welchem Tag die Rechnungen berücksichtigt werden sollen.

> BEISPIEL
>
> Geben Sie hier den Stichtag 20.04. ein und haben Sie in den Firmenstammdaten für die erste Mahnung eine Frist von 10 Tagen hinterlegt, werden alle Rechnungen gezeigt, die seit 10 Tagen bzw. seit dem 10.04. fällig sind.

Alle weiteren Felder können Sie je nach Bedarf aktivieren und schon auf der nächsten Seite sehen Sie dann die ausgewählten Rechnungen. In den Versionen pro und premium können Sie die Auswahl der Rechnungen über einen Fälligkeitszeitraum begrenzen. Außerdem müssen Sie hier die Daten **Gebucht bis** und **Fristsetzung bis** ausfüllen, so wird das Mahnschreiben vollständig ausgefüllt.

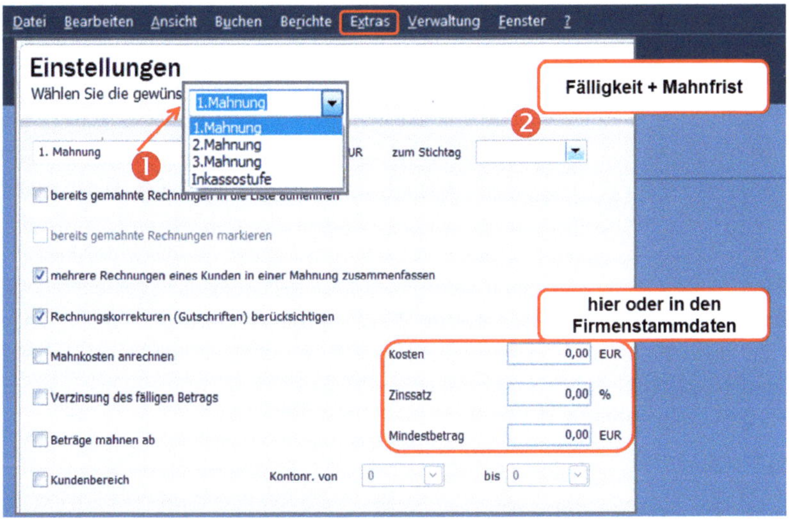

Abb. 3: Mahnungen erstellen Teil 1: Welchen Mahnlauf möchten Sie starten? Den für die **1. Mahnung** oder den für die **2. Mahnung** ❶ ? Ist das gewählt, fehlt nur noch das Fälligkeitsdatum ❷ . Alle weiteren Punkte helfen Ihnen dabei, die richtigen Rechnungen zu finden.

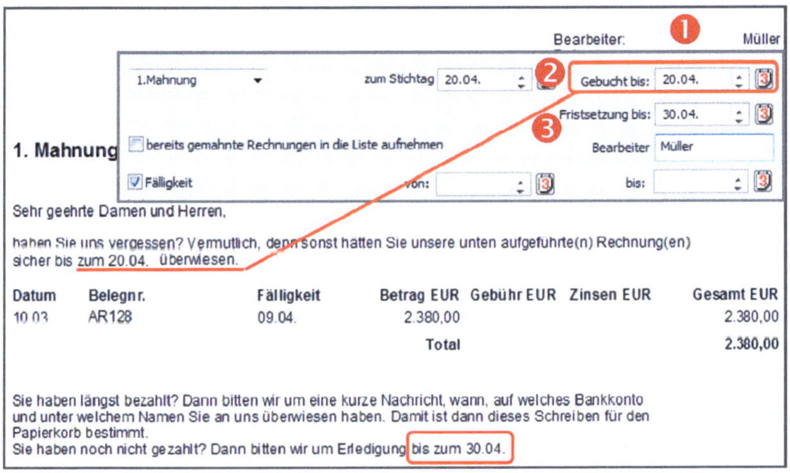

Abb. 4: Eingaben für das Mahnschreiben in den Versionen pro und premium: Hier können Sie zusätzlich den **Bearbeiter** ❶ sowie die Daten **Gebucht bis** ❷ und **Fristsetzung bis** ❸ hinterlegen. Hier sehen Sie, wo diese Daten im Mahnschreiben erscheinen.

19.6 Die Mahnschreiben erstellen

Ist das Auswahlfenster ausgefüllt, sehen Sie nach dem Klick auf **Weiter** eine Vorschlagsliste mit allen Rechnungen, für die eine Mahnung erstellt werden könnte. Ist Ihnen die Auswahl zu groß oder fehlt eine Rechnung, sollten Sie über die Funktion **Zurück** Ihre Angaben im Auswahlfenster noch einmal überprüfen. Diese Liste können Sie auch noch bearbeiten.

Entfernen Sie zum Beispiel einen Haken, wird diese Rechnung nicht gemahnt. Außerdem können Sie die Mahngebühren oder Zinsen bei dem einen oder anderen Kunden wieder herausnehmen. Ist die Vorschlagsliste in Ordnung, werden Ihnen die Mahnschreiben nach dem Klick auf **Mahnen** zum Druck in einer Lexware-Formatvorlage oder zum Export in Word angeboten.

19.7 Das Mahnschreiben anpassen

Haben Sie das Mahnschreiben an Ihre Bedürfnisse angepasst und an den Kunden geschickt, müssen Sie den Vorgang abschließen, um die Voraussetzungen für die nächste Mahnung zu schaffen.

In den Standardschreiben können Sie Ihr Logo hinterlegen, den Einleitungs- sowie den Haupttext so formulieren, wie er Ihnen gefällt, und Vieles mehr. Dazu klicken Sie vor dem Druck auf die Funktion **Formularverwaltung** und wählen eine Formatvorlage aus. Anschließend öffnen Sie über **Bearbeiten** das folgende Fenster.

Dieses Fenster ist in drei Bereiche unterteilt. Wählen Sie zum Beispiel links **Einleitung**, dann sehen Sie in der Mitte in Rot, wo diese Einleitung im Schreiben steht, und rechts sehen Sie den Text, den Sie direkt hier überschreiben können. Klicken Sie auf **Haupttext**, können Sie auch diesen anpassen. So können Sie sich Schritt für Schritt durch die Vorlage klicken und ggf. Änderungen vornehmen. Anschließend speichern Sie Ihre individuelle Vorlage und vergeben dabei unbedingt einen neuen Namen. So finden Sie Ihre Vorlage nicht nur schneller, sie kann auch nach einem Update von Lexware nicht überschrieben werden.

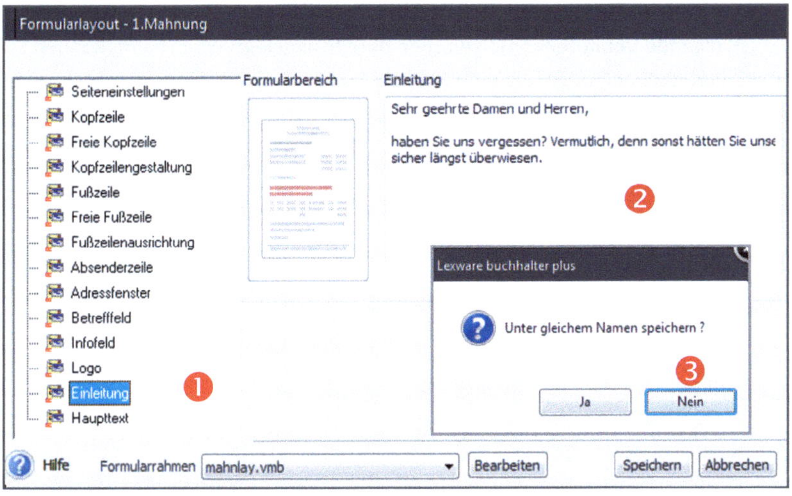

Abb. 5: In der Formularverwaltung das Mahnschreiben anpassen: Links wählen Sie den Formularbereich **Einleitung** aus ❶ und rechts können Sie den Text überschreiben ❷ . Anschließend sollten Sie dieses Formular unter einem eigenen Namen speichern ❸ .

19.8 Die Mahnstufe setzen

Nach dem Druck oder dem Export der Mahnungen stellt Ihnen die Software die Frage: »Soll die Stufe der Mahnung jetzt gesetzt werden?« Erst, wenn Sie diese Frage mit »ja« beantworten, wird der Vorgang abgeschlossen. Denn erst, wenn eine Rechnung zum Beispiel auf die Mahnstufe 1 gesetzt wurde, kann dafür die zweite Mahnung erstellt werden. Gleichzeitig wird der entsprechende Mahnungsstand, M1, M2 oder M3, in der Offenen-Posten-Liste angezeigt.

19.9 Übungen zur Eingabe ins Programm

Voraussetzungen für die Übungen		
Hinweise zu den Eingaben	Die Übungen in diesem Kapitel bauen auf den Übungen des Kapitels 10 auf. Diese müssen Sie vorab erfassen.	

ÜBUNG 19/1 DEBITOREN UND KREDITOREN ERGÄNZEN

Folgende Debitorenkonten wurden bereits angelegt. Wenn nicht, können Sie das jetzt nachholen. Bisher wurden lediglich die Daten für die Buchführung hinterlegt, die Adressen noch nicht. Bitte erfassen Sie bei folgenden Debitorenkonten die Adresse im Kontenplan über die Funktion **Konto bearbeiten**.

	Kunde Anders	**Kunde Braun**
Kontonummer	10100	20200
Kontoname	Anders, Sabine	Braun GmbH
Kundennummer	10100	20200
Name	Anders	
Vorname	Sabine	
Firma		Braun GmbH
Anrede	Frau	Firma
Adresse	Schönstr. 34 79098 Freiburg	Aussichtsweg 20 79098 Freiburg
Bank	bitte weglassen	bitte weglassen
Zahlungskonditionen	14 Tage 2 %, 30 RG	14 Tage 2 %, 30 RG

ÜBUNG 19/2 FIRMENSTAMMDATEN ERGÄNZEN

Erfassen Sie bitte zunächst die Angaben zum Mahnwesen in Ihren Firmenstammdaten im Menü **Bearbeiten**. Geben Sie die Daten ein, die auf der Abb. 2 gezeigt wurden. Erstellen Sie anschließend die Mahnungen für die beiden offenen Kundenrechnungen. Wählen Sie unter **Extras → Mahnwesen** im Auswahlfenster **1. Mahnung** und geben Sie unter **Stichtag** den 20.04. ein.

LÖSUNG 19/1

Sind alle Angaben in den Debitorenkonten erfasst, können Sie unter **Datei → Drucken → Kontenplan** die »Adressliste Personenkonten« drucken. In dieser Liste sehen Sie auf einen Blick, ob Ihre Eingaben stimmen.

LÖSUNG 19/2

Ist das erste Fenster ausgefüllt, werden Ihnen nach dem Klick auf **Weiter** alle Rechnungen, für die eine Mahnung erstellt werden soll, angezeigt. Das ist eine Vorschlagsliste, die Sie noch bearbeiten können. Steht dort eine Rechnung, die Sie nicht mahnen möchten, entfernen Sie einfach den Haken. Weiterhin können Sie Zinsen und Mahngebühren auch manuell eingeben oder ändern. Nach dem Klick auf **Mahnen** erhalten Sie die gewünschten **Mahnschreiben**.

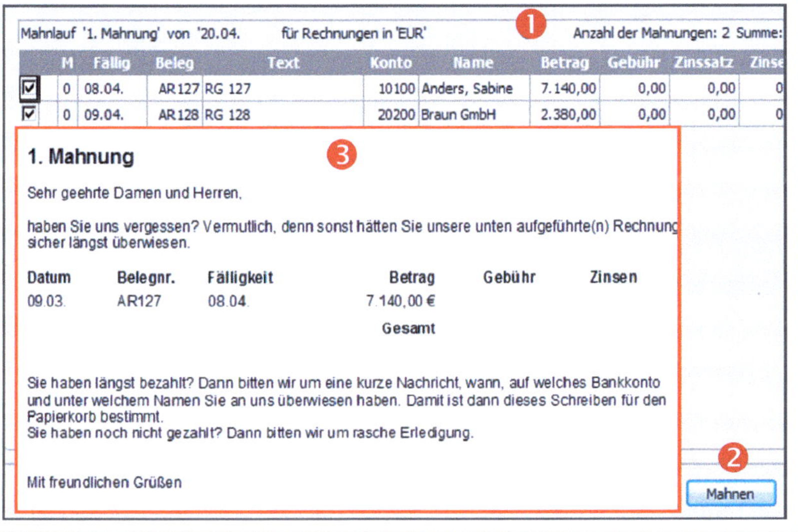

Abb. 6: Mahnungen erstellen: Hier wird Ihnen die Vorschlagsliste ❶ gezeigt. Nach dem Klick auf **Mahnen** ❷ erhalten Sie zum Beispiel dieses Mahnschreiben ❸ . Hier handelt es sich um eines der Standardformulare von Lexware.

20 Den Zahlungsverkehr erledigen

Sie können mit Lexware buchhaltung Eingangsrechnungen bezahlen oder Geld von Kunden einziehen, wenn ein Lastschriftverfahren vereinbart ist. Sind Bankverbindungen und Einstellungen hinterlegt, können Sie Ihren Zahlungsverkehr mit wenigen Klicks erledigen. Ist der Zahlungsvorgang abgeschlossen, können Sie die offenen Posten automatisch ausbuchen lassen.

20.1 Die Angaben in den Personenkonten prüfen

Das Modul **Zahlungsverkehr** holt sich die Bankverbindungen sowie das Fälligkeitsdatum aus den Angaben der Kreditoren- und Debitorenkonten und die offenen Rechnungen aus der Offene-Posten-Liste. Bevor Sie starten sollten Sie diese Daten überprüfen. Für die Buchführung bzw. das Führen einer Offene-Posten-Verwaltung genügt es, beim Personenkonto den Namen und die Zahlungskonditionen zu hinterlegen. Für den Zahlungsverkehr ist die Bankverbindung erforderlich.

Tipp !

Möchten Sie prüfen, bei welchem Lieferanten oder Kunden die Bankverbindung noch fehlt, können Sie sich unter **Datei → Drucken → Kontenplan** eine Adressliste der Personenkonten ansehen.

Kreditorenkonten vorbereiten für Überweisungen

Fehlt eine Bankverbindung, öffnen Sie den Kontenplan, suchen dort das entsprechende Kreditorenkonto aus und markieren es. Nun wählen Sie über die rechte Maustaste die Funktion **Konto bearbeiten** und öffnen links das Register **Bank**.

In den Versionen basis und plus geben Sie hier direkt die Daten ein. Da Sie in den Versionen pro und premium mehrere Adressen hinterlegen können, erscheint nach dem Klick auf **Anschrift** zunächst eine Tabelle. Hier können Sie über die Funktion **Neu** eine neue Adresse anlegen oder über **Bearbeiten** eine vorhandene ergänzen oder ändern. Sowie ein Adressfenster geöffnet ist, können Sie das Register **Bank** ausfüllen.

Debitorenkonten vorbereiten für Lastschriften

Es gibt zwei verschiedene Arten von Lastschriften. Die SEPA-Basislastschrift (Rückrufmöglichkeit innerhalb von 6 Wochen) und die SEPA-Firmenlastschrift/B2B-Lastschrift (keine Rückrufmöglichkeit).

Möchten Sie mit Ihren Kunden Lastschriften vereinbaren, müssen Sie zuerst für Ihr Unternehmen eine Gläubiger-ID bei der Bundesbank beantragen. In den Firmenstammdaten im Menü **Bearbeiten** können Sie diese online beantragen. Nach etwa zwei bis drei Tagen sollten Sie die Nummer per E-Mail erhalten.

Weiterhin müssen Sie für jede Lastschrift im Debitorenkonto ein Lastschriftmandat anlegen, jede Lastschriftvereinbarung erhält eine eigene Mandatsnummer. Öffnen Sie dazu den Kontenplan, suchen das entsprechende Debitorenkonto aus und markieren es. Nun wählen Sie über die rechte Maustaste die Funktion **Konto bearbeiten.** Im Register **Zahlungskonditionen** müssen Sie die Funktion **Einzugsermächtigung liegt vor** aktivieren und im Register **Lastschriftmandate** legen Sie eine oder mehrere Lastschriften an. Beim Anlegen vergibt die Software automatisch eine eigene Mandatsnummer, Sie müssen die Lastschriftart auswählen und die entsprechenden Daten hinterlegen.

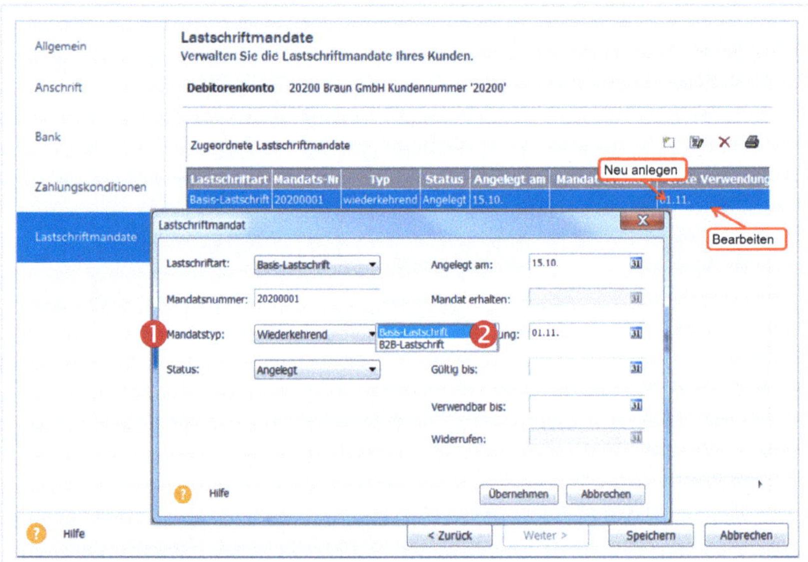

Abb. 1: Lastschriftmandat anlegen: Sie müssen die vereinbarte Lastschrift im Debitorenkonto im Register **Lastschriftmandate** anlegen. Die Software vergibt für jede angelegte Lastschrift eine eigene Mandatsnummer ❶ und Sie geben die Daten sowie die Art des Lastschriftverfahrens ❷ ein.

Sind die Lastschriftmandate erfasst und ist die Gläubiger-ID in den Firmenstammdaten hinterlegt, sind alle Voraussetzungen erfüllt, um die Lastschrift-Vereinbarungen mit Ihren Kunden zu erstellen. Zu jeder vereinbarten Lastschrift müssen Sie dem Kunden Ihre Gläubiger-ID sowie die Mandatsnummer schriftlich mitteilen. Je nach Art der Lastschrift muss das Anschreiben zusätzlich folgende Angaben beinhalten:

- Bei der SEPA-Basislastschrift teilen Sie dem Kunden mit, in welcher Höhe und zu welchem Zeitpunkt der Einzug stattfinden wird.
- Bei der SEPA-Firmenlastschrift benötigen Sie zusätzlich zu den vorher genannten Angaben eine schriftliche Bestätigung von Ihrem Kunden. Dieses Lastschriftverfahren kann nur für Geschäftskunden genutzt werden, für Privatkunden nicht.

Diese Anschreiben können Sie mit Lexware buchhaltung erledigen unter **Extras → SEPA einrichten → SEPA-Lastschriften einrichten.** Hier steht Ihnen ein Assistent zur Verfügung, der die Serienbriefe für Sie erstellt. Sie legen fest, welcher Kunde welches Schreiben bekommt und schon werden die Serienbriefe erstellt.

20.2 Die Offene-Posten-Liste prüfen

Haben Sie eine Rechnung auf ein Personenkonto gebucht, müssen Sie die Zahlung bzw. den Geldeingang ebenfalls auf dieses Konto buchen. Außerdem müssen Sie vor dem Buchen auf das Feld **OP** klicken und erst dann, wenn die Rechnung ausgewählt ist, auf **Buchen**.

Unter **Ansicht → OP-Kreditoren** und **OP-Debitoren** können Sie die OP-Listen öffnen. Stehen in der Liste Minusbeträge, sollte es sich nur um Korrekturrechnungen/Gutschriften handeln, nicht um Zahlungen oder Geldeingänge.

Ist die Rechnung sowie deren Zahlung in der »OP-Liste« zu sehen, müssen Sie beide Positionen aus der Liste löschen im Menü **Buchen → Offene Posten abgleichen**. Erst dann stimmt die OP-Liste, d.h. dann sind nur noch die tatsächlich offenen Rechnungen zu sehen, die zu zahlen sind. Die Funktionen **Offene Posten abgleichen** und ggf. **OP rücksetzen** sind im Kapitel 12.8 »OP-Listen ansehen« beschrieben.

20.3 Ihre Bankverbindung hinterlegen

Auch die Bankverbindung des Unternehmens sowie die Angaben im Verwendungszweck können Sie fest hinterlegen. Mit welchem Konto soll gezahlt werden? Auf diesem Konto hinterlegen Sie die Bankverbindung. Dazu wählen Sie im Kontenplan das entsprechende Bankkonto aus, zum Beispiel das Konto »1200/1800 Bank«. Über die Funktion **Konto bearbeiten** öffnen Sie das Konto und hinterlegen im Register **Bank** Ihre Bankverbindung.

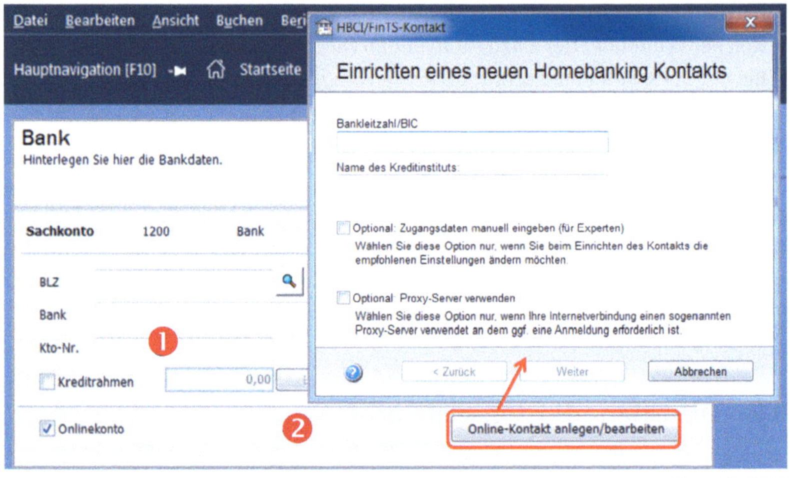

Abb. 2: Bankverbindung im Sachkonto »1200/1800 Bank« hinterlegen: Öffnen Sie dazu das Konto im Kontenplan über **Konto bearbeiten**. Ist die Bankverbindung erfasst ❶ , können Sie hier zusätzlich Ihre Online-Banking Daten ❷ hinterlegen.

Möchten Sie Online-banking mit der Software durchführen, müssen Sie ein Onlinekonto einrichten. Setzen Sie dazu den Haken bei **Onlinekonto** und klicken Sie auf **Online-Kontakt anlegen/bearbeiten**. Dann öffnen sich weitere Fenster, die Sie durch den Vorgang leiten. Nutzen Sie an dieser Stelle die ausführlichen Programm- und Onlinehilfen und sprechen Sie im Zweifel mit Ihren Banksachbearbeitern, sie wissen welche Zugangsdaten Sie bereits haben und nutzen können und welche Ihnen noch fehlen.

Ist das Onlinekonto eingerichtet, können Sie für dieses Konto auch die Kontoauszüge online in die Software einspielen und verbuchen. Mehr dazu im Kapitel 13.6 »Alternative – Kontoauszüge online abholen und verbuchen.«

20.4 Programmeinstellungen für den Zahlungsverkehr

Die Gläubiger-ID tragen Sie in den Firmenstammdaten ein, im Menü **Bearbeiten**. Im Menü **Extras** unter **Optionen → Zahlungsverkehr** hinterlegen Sie, welche Daten im Verwendungszweck der Überweisung bzw. des Lastschrifteinzugs übernommen werden, zum Beispiel die Belegnummer, der Buchungstext oder die Lieferanten/Kundennummer. In den Versionen pro und premium können Sie zusätzliche Daten auswählen, wie zum Beispiel das Belegdatum oder den Rechnungsbetrag.

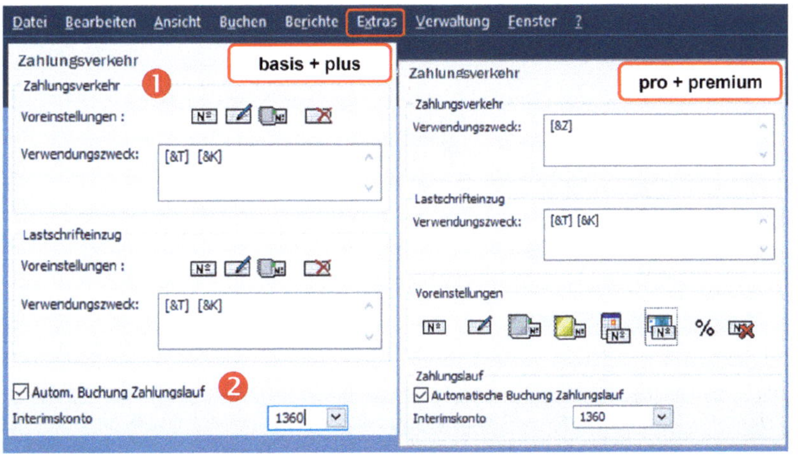

Abb. 3: Einstellungen für den Zahlungsverkehr: Unter **Extras → Optionen** legen Sie fest, welche Daten im Verwendungszweck der Überweisung oder der Lastschrift stehen sollen ❶. Hier ist die Funktion **Automatische Buchung Zahlungslauf** aktiviert ❷.

Möchten Sie die Funktion **Automatische Buchung Zahlungslauf** nutzen, die im Kapitel 20.8 gezeigt wird, können Sie diese hier aktivieren und zum Beispiel das Konto »1360/1460 Geldtransit« hinterlegen.

20.5 Überweisung oder Lastschrift auswählen

Unter **Extras → Zahlungsverkehr** wählen Sie entweder Überweisungen oder Lastschrifteinzug aus, d. h. in einem Durchgang können Sie nur Rechnungen bezahlen und im nächsten nur Gelder einziehen.

Gleich hier, auf der ersten Seite, wählen Sie das gewünschte Bankkonto aus. Aktivieren Sie die Funktion **Überweisungen,** müssen Sie im nächsten Fenster die gewünschte Zahlungsart auswählen. Unter dem Zahlungsmodus **SEPA** stehen Ihnen die Zahlungsarten Überweisungsdruck, Dateiexport oder Online-banking zur Verfügung und bei **Lastschrifteinzug** Dateiexport XML-Datei oder Online-banking.

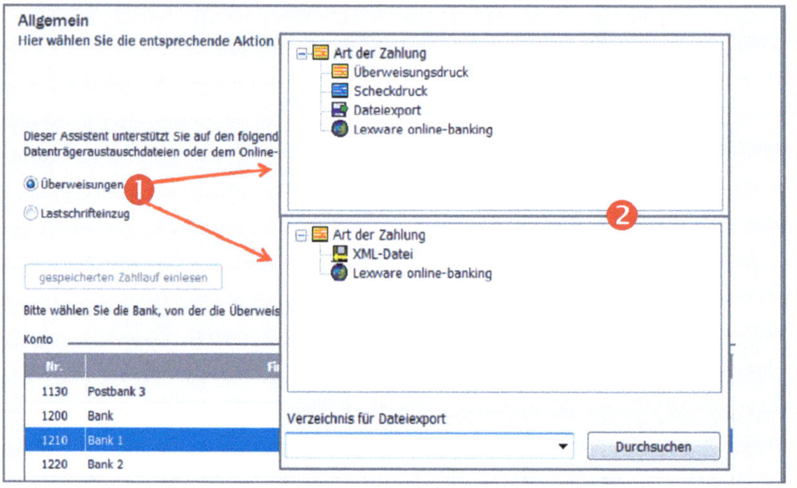

Abb. 4: Die Zahlungsmöglichkeiten: Zunächst müssen Sie sich für **Überweisung** oder **Lastschrift** ❶ entscheiden. Danach sehen Sie, welche Zahlungsmöglichkeiten Sie jeweils haben ❷ .

20.6 Fällige Rechnungen bezahlen

Ist die Funktion **Überweisungen** aktiviert und wurde das entsprechende Bankkonto sowie die Zahlungsart ausgewählt, öffnet sich ein Auswahlfenster. Die verschiedenen Auswahlmöglichkeiten helfen Ihnen, aus allen offenen Rechnungen nur die gewünschten auszuwählen. Das Programm wird auch Skonti berechnen, wenn Sie diese Funktion aktivieren. Nach einem Klick auf **Weiter** sehen Sie eine Vorschlagsliste mit allen Rechnungen, die gezahlt werden könnten. Ist Ihnen die Auswahl zu groß oder fehlt eine Rechnung, sollten Sie über die Funktion **Zurück** Ihre Angaben im Auswahlfenster noch einmal überprüfen.

Diese Liste können Sie auch bearbeiten. Entfernen Sie zum Beispiel einen Haken, wird diese Rechnung nicht bezahlt. Außerdem können Sie bei jeder Rechnung den Betrag sowie den Verwendungszweck ändern oder ergänzen. Ist die Vorschlagsliste in Ordnung, werden die Zahlungen vorbereitet.

Je nach gewählter Zahlungsart wird nach dem Klick auf **Weiter** die Zahlung vorbereitet. Bei Überweisung wählen Sie das entsprechende Formular aus und schon kann der Zahlungsträger gedruckt werden. Bei Dateiexport und Onlinebanking wird der Datensatz erstellt, der an die Bank übergeben oder online übertragen wird.

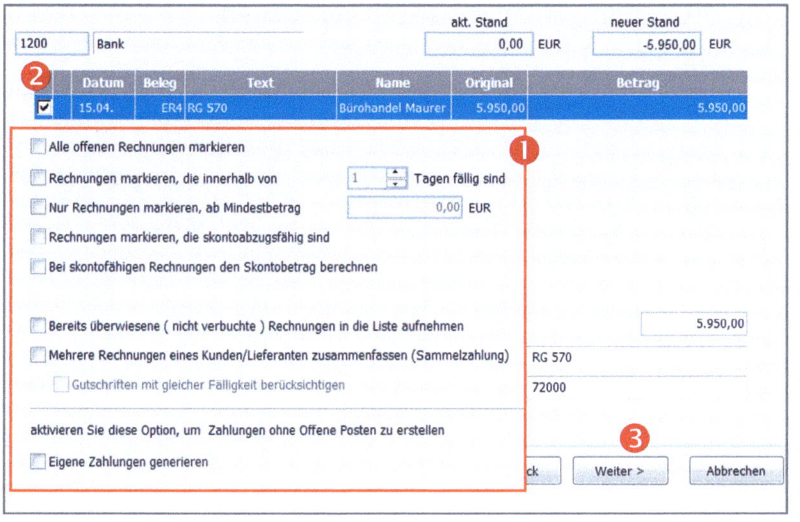

Abb. 5: Überweisung durchführen: Ist das Auswahlfenster ❶ ausgefüllt, wird Ihnen im nächsten Fenster diese Vorschlagsliste ❷ gezeigt. Die Rechnung ist angehakt, mit dem Klick auf **Weiter** ❸ kann die Zahlung ausgeführt werden.

TIPP

Sie können mit dem Modul Zahlungsverkehr auch Rechnungen bezahlen, die zuvor nicht gebucht wurden. Aktivieren Sie dazu im Auswahlfenster ganz unten die Funktion **Eigene Zahlungen generieren**.

20.7 Gelder von Kunden einziehen

Wählen Sie die Funktion **Lastschrifteinzug**, das entsprechende Bankkonto sowie die Zahlungsart aus, können Sie den Einzug von Kundengeldern vorbereiten. Die Vorgehensweise ist die gleiche wie bei den Zahlungen.

Lastschriften mit gleichem Fälligkeitsdatum können Sie zusammenfassen und in einem Arbeitsgang einziehen. Zwei neue Zahlungskonditionen, die Sie beim Debitorenkonto hinterlegen können, sollen diese Zusammenfassungen erleichtern. Durch die Konditionen »Fällig zum 15. des Monats« oder »zum letzten des Monats« haben wesentlich mehr Rechnungen das gleiche Fälligkeitsdatum.

20.8 Die Zahlungen automatisch verbuchen

Haben Sie die Funktion **Automatische Buchung Zahlungslauf** unter **Extras → Optionen → Zahlungsverkehr** aktiviert, können Sie diese jetzt ausführen.

Sowie der Zahlungsvorgang abgeschlossen ist, öffnet sich ein weiteres Fenster für die automatische Verbuchung. Hier tragen Sie das Datum ein und wählen, ob die Buchungen erst »in den Stapel« oder direkt »in das Journal« gebucht werden sollen.

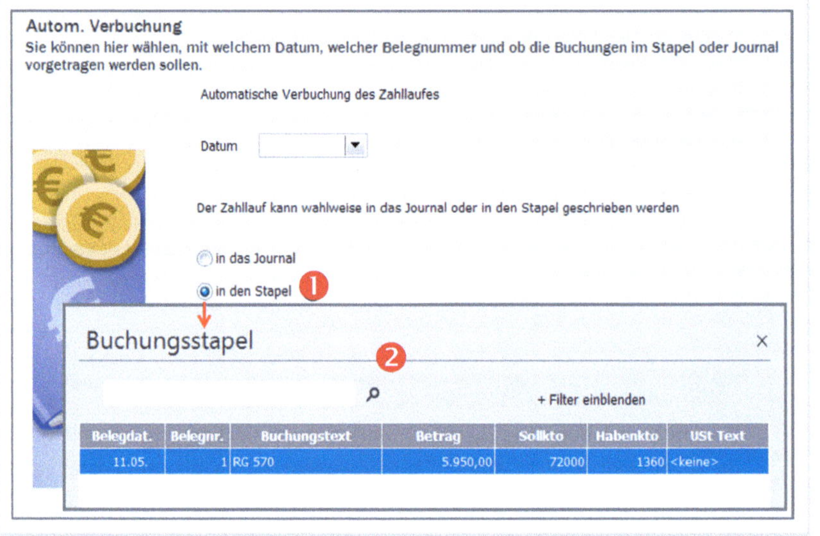

Abb. 6: Die Zahlung automatisch verbuchen: Dieses Fenster öffnet sich nur, wenn Sie diese Funktion unter **Extras → Optionen** aktiviert und ein Interimskonto hinterlegt haben. Da hier »in den Stapel« ❶ gewählt wurde, finden Sie die Buchungen danach im »Buchungsstapel« ❷ .

In diesem Fall wurde beim Aktivieren der Funktion das Interimskonto »1360/1460 Geldtransit« hinterlegt. Im Buchungsstapel sehen Sie, dass die Zahlung über dieses Konto verbucht wurde. Durch diese Verbuchung werden automatisch alle offenen Posten ausgeglichen, allerdings erst, wenn die Buchungen in das Journal übertragen bzw. der Stapel ausgebucht wurde.

Bei geminderten Zahlungen, z. B. durch Skontoabzug, öffnet sich ein weiteres Fenster. Sobald Sie hier das Minderungskonto eingeben, beispielsweise »3736/5736 Erhaltene Skonti 19 % USt.«, wird dieser Posten ebenfalls ausgeglichen.

20.9 Den Kontoauszug nach der Verbuchung erfassen

Erfassen Sie nun den Kontoauszug, müssen Sie diese Zahlungen und Geldeingänge nicht mehr auf die Personenkonten buchen, sondern immer auf das gleiche Konto, nämlich »1360/1460 Geldtransit«. Nutzen Sie die Buchungsmaske **Online-Kontoauszug abgleichen** (Kapitel 13.7), wird dieser Zahlungslauf im Register »Interimskonto« angezeigt und kann dort mit nur einem Klick abgeglichen werden.

Sie können auch jederzeit ein neues Konto für diese Buchungen anlegen, indem Sie im Kontenplan das Konto »1360/1460« kopieren, zum Beispiel die Nummer »1361/1461« vergeben sowie eine neue Bezeichnung. Denken Sie daran, anschließend das neue Konto unter **Extras → Optionen → Zahlungsverkehr** zu hinterlegen.

20.10 Übungen zur Eingabe ins Programm

Voraussetzungen für die Übungen		
Einstellungen	Die in den Übungen angegebenen Bankverbindungen sind nur Platzhalter. Die Übungen können Sie nur durchführen, wenn Sie echte Kontodaten hinterlegen, die Sie danach wieder löschen. Damit auch das Löschen der Kontodaten sicher klappt, empfiehlt es sich, vor der Übung eine Datensicherung zu machen und danach eine Rücksicherung wie im Kapitel 1 beschrieben.	
Hinweise zu den Eingaben	Das folgende Beispiel zeigt zwei Rechnungen aus Übungen der Kapitel 10, 11 und 12. Möchten Sie diese nicht alle nachholen, würde es genügen, wenn Sie vorab die Konten »72000 Kreditor Maurer« und »20200 »Debitor Braun GmbH« anlegen und mit dem folgenden Beispiel beginnen und danach erst mit der Übung 20/1 starten.	

BEISPIEL

Folgende Rechnungen wurden erfasst und stehen noch in den OP-Listen des Programms. Wenn nicht, können Sie das jetzt nachholen.

Rechnungen Buchen → Stapelbuchen						
Datum	Beleg	Text	Betrag	SOLL SKR 03/04	HABEN SKR 03/04	Steuer
15.04.	ER 4	RG 570	5.950,00	3400/5400	72000	VSt.19 %
10.03.	AR 128	RG 128	2.380,00	20200	8400/4400	USt.19 %

ÜBUNG 20/1 ANGABEN IM KREDITORENKONTO ERGÄNZEN

Folgendes Kreditorenkonto wurde bereits angelegt. Bisher wurden lediglich die Daten für die Buchführung hinterlegt, die Bankverbindung noch nicht. Bitte erfassen Sie die Bankverbindung im Kontenplan über die Funktion **Konto bearbeiten**.

	Bürohandel Maurer
Kontonummer	72000
Kontoname	Bürohandel Maurer
Kunden-/Lieferanten-Nr.	72000
Firma	Bürohandel Maurer
Anrede	Firma
Bank	BKK Berlin IBAN DEXXXX BIC MARKDEF1100
Einzugsermächtigung	nein
Zahlungskonditionen	14 Tage 2 %, 30 RG

ÜBUNG 20/2 ANGABEN IM KREDITORENKONTO ERGÄNZEN

Folgendes Debitorenkonto wurde bereits angelegt. Bitte erfassen Sie die Bankverbindung im Kontenplan über die Funktion **Konto bearbeiten**. Aktivieren Sie beim Debitorenkonto zusätzlich die Funktion **Einzugsermächtigung liegt vor** und legen Sie das Lastschriftmandat an.

	Braun GmbH
Kontonummer	20200
Kontoname	Braun GmbH
Kunden-/Lieferanten-Nr.	20200
Firma	Braun GmbH
Anrede	Firma
Bank	BBK Berlin IBAN DEXXXX BIC MARKDEF1100

	Braun GmbH
Einzugsermächtigung	ja
Zahlungskonditionen	14 Tage 2 %, 30 RG
Lastschrift	Basis-Lastschrift, angelegt am 15.10. und erste Ausführung 01.11.

ÜBUNG 20/3 DIE BANKVERBINDUNG DES UNTERNEHMENS HINTERLEGEN

Wählen Sie bitte das Konto »1200/1800 Bank« im **Kontenplan** aus und hinterlegen Sie über die Funktion **Konto bearbeiten** eine Bankverbindung.

ÜBUNG 20/4 ANGABEN ZUM ZAHLUNGSVERKEHR UND ÜBERWEISUNGEN VORBEREITEN

Erfassen Sie bitte zunächst die Angaben zum Zahlungsverkehr im Menü **Extras → Optionen**. Geben Sie die Daten ein, die auf der Abbildung 3 gemacht wurden.
Erstellen Sie anschließend eine Überweisung für die offene Eingangsrechnung, die zu Beginn der Übung im Beispiel gezeigt wurde. Wählen Sie unter **Extras → Zahlungsverkehr** die Funktion »Überweisungen« und das Konto »1200/1800 Bank«. Klicken Sie auf **Überweisungsdruck** und im nächsten Auswahlfenster auf **Alle offenen Rechnungen markieren**.

LÖSUNG 20/1

Sind alle Angaben im Kreditorenkonto erfasst, können Sie unter **Datei → Drucken → Kontenplan** die »Adressliste Personenkonten« drucken. In dieser Liste sehen Sie auf einen Blick, ob Ihre Eingaben stimmen.

LÖSUNG 20/2

Sind alle Angaben im Debitorenkonto erfasst, können Sie unter **Datei → Drucken → Kontenplan** die »Adressliste Personenkonten« drucken. In dieser Liste sehen Sie auf einen Blick, ob Ihre Eingaben stimmen.

LÖSUNG 20/3

Ist die Bankverbindung auf dem Sachkonto im Register **Bank** hinterlegt, kann das Programm diese automatisch in die Überweisung übernehmen.

LÖSUNG 20/4

Ist das erste Auswahlfenster ausgefüllt, werden Ihnen nach dem Klick auf **Weiter** alle Rechnungen, die gezahlt werden könnten, angezeigt. Das ist eine Vorschlagsliste, die Sie noch bearbeiten können. Steht dort eine Rechnung, die Sie nicht bezahlen möchten, entfernen Sie einfach den Haken. Weiterhin können Sie den Verwendungszweck sowie den Betrag manuell ändern. Danach wird über den Klick auf **Weiter** die Zahlung ausgeführt.

21 Arbeiten mit Kostenstellen, Kostenträger und Budgetverwaltung

Möchten Sie Zahlen Ihres Unternehmens sichtbar machen, die Ihre Auswertungen der Buchführung bisher nicht zeigen, sollten Sie beim Buchen Kostenstellen verwenden. So können Sie zum Beispiel alle Einnahmen auf das gleiche Erlöskonto buchen und über die Kostenstellen-Berichte sehen, mit welchem Produkt welcher Umsatz erzielt wurde.

Hinterlegen Sie bei verschiedenen Konten eine Planzahl bzw. ein Budget, erhalten Sie den Bericht Soll-Ist-Vergleich. Mehr über die Voraussetzungen und die Vorgehensweise erfahren Sie hier.

21.1 Voraussetzungen für die Arbeit mit Kostenstellen

Möchten Sie mit Kostenstellen arbeiten, müssen Sie sich zunächst überlegen, welche Zahlen Sie zusätzlich sehen möchten. Zahlen, die aus Ihren Buchführungsauswertungen so nicht ersichtlich sind. Um Ihnen die Vorteile von Kostenstellen zu zeigen, stellen wir Ihnen hier folgendes Beispiel vor.

> BEISPIEL
>
> Ein Unternehmen handelt mit Computern und Software, dafür betreibt es zwei Ladengeschäfte, eines in Köln und eines in Berlin. In der Buchführung werden zum Beispiel alle Einkäufe auf das Konto »Wareneingang 19 % Vorsteuer« gebucht und alle Erlöse auf das Konto »Umsatzerlöse 19 % Umsatzsteuer«. Die Auswertungen der Buchführung zeigt also das Gesamtergebnis aller Einkäufe und Verkäufe von beiden Geschäften.
> Nun möchte das Unternehmen aber wissen, ob es mehr Umsatz mit dem Verkauf von Computern oder dem Verkauf von Software erzielt. Den Geschäftsführer interessiert aber auch, welches Geschäft mehr Gewinn macht, das in Köln oder das in Berlin.
> Außerdem hat das Unternehmen zwei Fahrzeuge, einen Pkw und einen Transporter. Die Kfz-Kosten werden alle auf die dafür vorgesehenen Konten gebucht, es soll aber auch gezeigt werden, welche Kosten für welches Fahrzeug anfallen.

Diese Fragen können Sie beantworten, wenn Sie mit Kostenstellen arbeiten.

Grundsätzlich funktioniert die Arbeit mit Kostenstellen in allen Programmversionen gleich. Da aber in den Versionen pro und premium unterschieden wird zwischen Kostenstellen und Kostenträger, wird hier die Aktivierung und das Anlegen von Kostenstellen für jede Version einzeln gezeigt.

! **Tipp**

Zur besseren Übersicht werden hier für die Kostenstellen Namen statt Nummern hinterlegt. In der Praxis können Sie Ihre Kostenstellen natürlich immer mit einer Nummer anlegen.

21.2 Kostenstellen aktivieren und anlegen in den Versionen basis und plus

Diese Funktion aktivieren Sie in den Firmenstammdaten unter **Bearbeiten → Firma,** in dem Sie im Register **Einstellungen** einen Haken bei »Buchen mit Kostenstellenerfassung« setzen. Dadurch werden in den Buchungsmasken die Eingabefelder für die Kostenstelle 1 und die Kostenstelle 2 zugeschaltet und unter **Verwaltung** wird das Anlegen von Kostenstellen möglich.

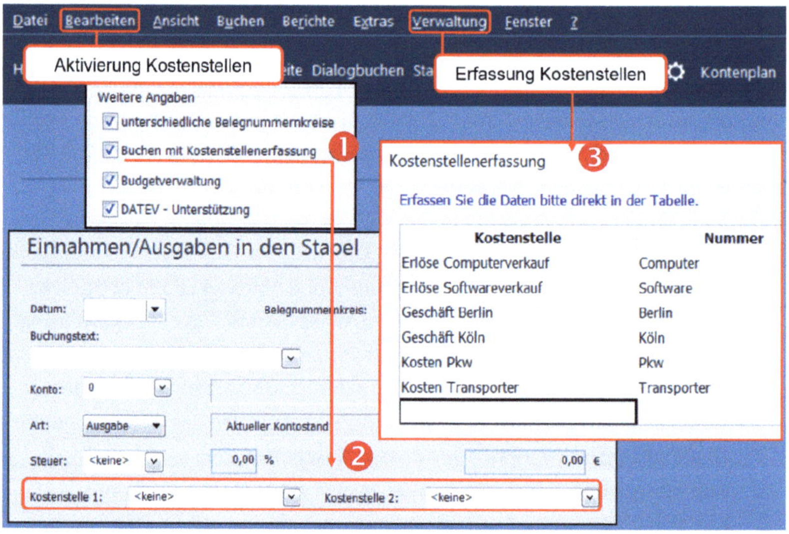

Abb. 1: Voraussetzungen: Ist die Kostenstellenfunktion unter **Bearbeiten → Firma → Einstellungen** aktiviert ❶ , werden in der Buchungsmaske weitere Eingabefelder zugeschaltet ❷ und unter **Verwaltung** können Kostenstellen angelegt ❸ werden.

21.3 Kostenstellen/Kostenträger aktivieren und anlegen in den Versionen pro und premium

Unter **Bearbeiten → Firmendaten → Einstellungen** müssen Sie einen Haken setzen bei »In Buchhaltung mit Kostenstellen/Kostenträgern arbeiten«. Sowie diese Eingabe gespeichert ist, werden in den Buchungsmasken die Eingabefelder »Kostenstelle« und »Kostenträger« zugeschaltet und die Anlage von Kostenstellen und Kostenträgern wird möglich. Möchten Sie wie in unserem Beispiel unterschiedliche Ergebnisse sehen, müssen Sie sich vorher gut überlegen, was Sie als Kostenstelle und was Sie als Kostenträger anlegen.

> BEISPIEL
>
> Bei der Buchung von Erlösen möchten Sie zum einen unterscheiden, ob es sich um den Verkauf von Computern oder von Software handelt und zum anderen, ob der Umsatz in Köln oder Berlin stattfand. Also legen Sie den Verkauf von Computern oder Software als Kostenträger an und die Geschäfte Köln und Berlin als Kostenstelle. So können Sie in einer Buchung beide Angaben hinterlegen.

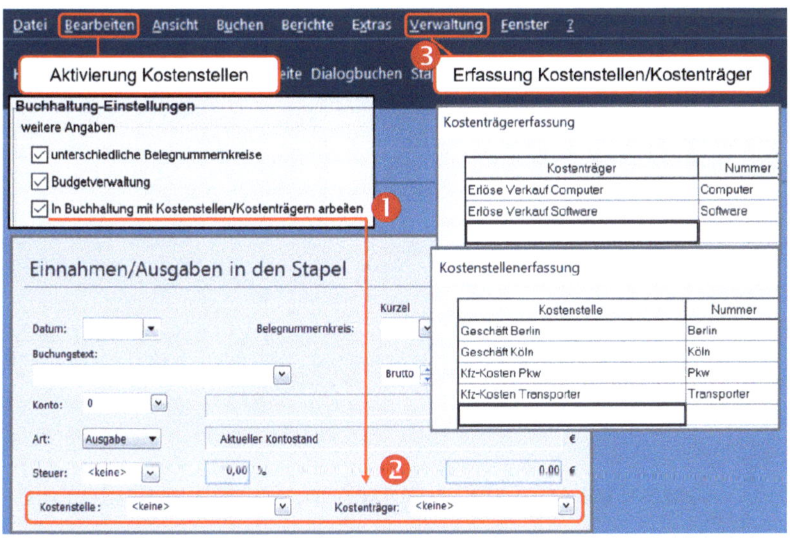

Abb. 2: Voraussetzungen: Ist die Kostenstellenfunktion ❶ unter **Bearbeiten → Firmenangaben → Einstellungen** aktiviert, erscheinen in der Buchungsmaske weitere Eingabefelder ❷ . Die Kostenstellen und Kostenträger ❸ können Sie nun unter **Verwaltung** anlegen.

21.4 Buchen mit Kostenstellen/Kostenträgern

In den Versionen basis und plus sind die Kostenstellen 1 und Kostenstellen 2 angelegt und in den Versionen pro und premium die Kostenträger und Kostenstellen. Nun kann damit gebucht werden.

BEISPIEL

Die Erlöse werden von jetzt an nicht mehr allein auf das Erlöskonto 8400/4400 gebucht, sondern auch zusätzlich auf die entsprechenden Kostenstellen und Kostenträger. Jeder Umsatz wird also der Art – Verkauf Computer oder Verkauf Software – sowie dem Geschäft – Berlin oder Köln – zugeordnet.

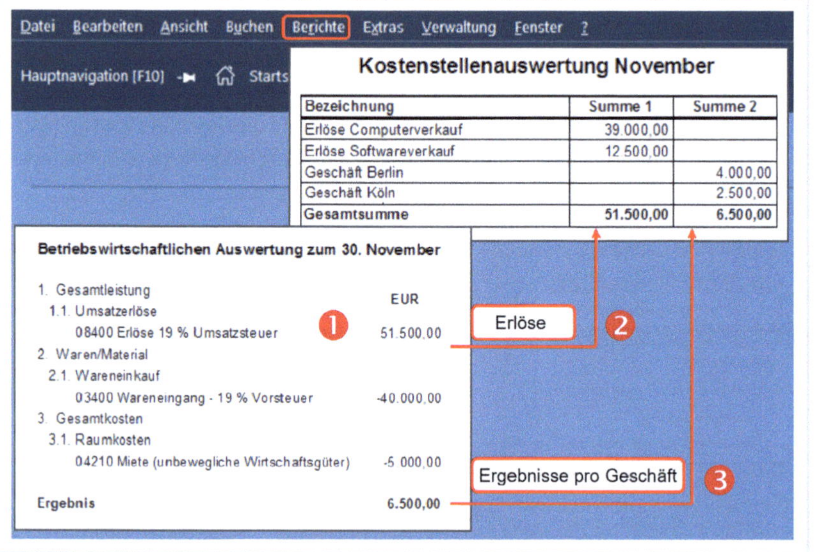

Abb. 3: BWA und Kostenstellenübersicht: Die BWA zeigt die gesamten Erlöse von 51.500 Euro ❶ sowie das Ergebnis von 6.500 Euro. Die Kostenstellenübersicht zeigt zusätzlich wie sich die Erlöse zusammensetzen ❷ und wie die Ergebnisse pro Geschäft ❷ aussehen.

21.5 Kostenstellen-Berichte ansehen, Ergebnisse aufteilen

In Ihren Buchführungsauswertungen sehen Sie auf einen Blick das Gesamtergebnis Ihres Unternehmens. Da in den vorherigen Beispielen alle Wareneinkäufe, Kosten und Erlöse zusammen mit der entsprechenden Kostenstelle gebucht wurden, haben Sie nun mehr Berichte zur Auswahl.

BEISPIEL

Während Ihre BWA bzw. Gewinnermittlung ein Gesamtergebnis von 6.500 Euro ausweist, sehen Sie jetzt in Ihren Kostenstellen-Berichten, dass das Geschäft in Berlin ein Ergebnis von 4.000 Euro erzielt hat, und das Geschäft in Köln nur 2.500 Euro.

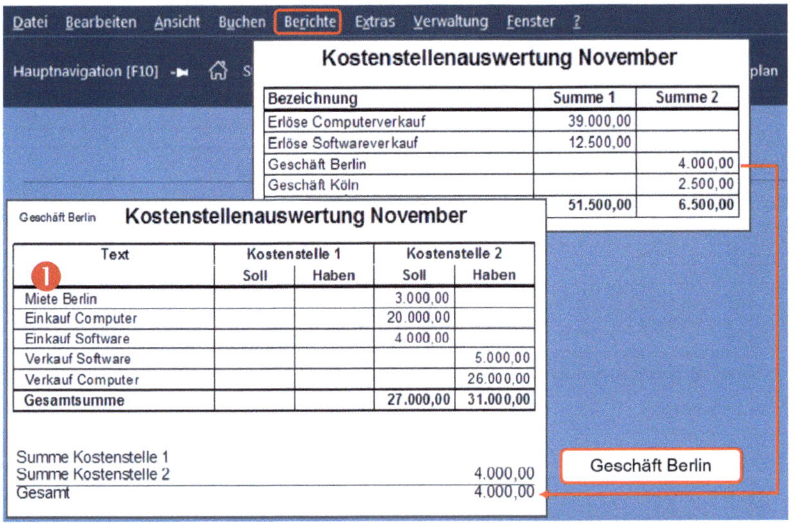

Abb. 4: Berichte ansehen: Das Programm bietet Ihnen unter **Berichte → Auswertungen** viele verschiedene Berichte an. Hier sehen Sie wie sich der Gewinn des Geschäfts in Berlin ❶ zusammensetzt.

21.6 Weitere Kostenstellen-Berichte ansehen, Kosten aufteilen

Nun lernen Sie eine weitere Variante kennen, für die es sich lohnt, Kostenstellen zu nutzen.

> BEISPIEL
>
> Das Unternehmen hat zwei Fahrzeuge und bucht sämtliche Kfz-Kosten auf die dafür vorgesehenen Konten. Diesel auf das Konto »Laufende Kfz-Kosten« und Versicherungen auf das Konto »Kfz-Versicherungen«. Möchten Sie wissen, wie hoch die Kosten für ein Fahrzeug sind, müssen Sie dafür eine Kostenstelle anlegen.

Inzwischen wurden für die Fahrzeuge Kostenstellen angelegt. Werden diese nun beim Buchen verwendet, sehen Sie später nicht nur die gesamten Kfz-Kosten, sondern auch die Kfz-Kosten pro Fahrzeug.

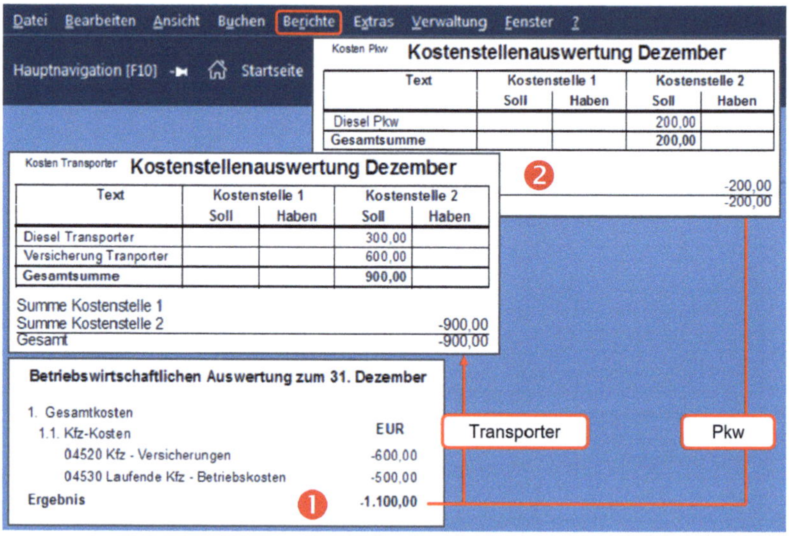

Abb. 5: Kfz-Kosten aufteilen: Wenn Sie bei der Erfassung der Kfz-Kosten immer die richtige Kostenstelle bzw. das richtige Fahrzeug angeben, sehen Sie in der BWA die gesamten Kfz-Kosten ❶ und zusätzlich in den Kostenstellen-Berichten die Kosten pro Fahrzeug ❷.

21.7 Zusätzliche Konteneinstellungen in den Versionen pro und premium

In den Versionen pro und premium können Sie fest hinterlegen, dass ein Konto niemals ohne Kostenstelle oder Kostenträger bebucht werden kann. Dazu öffnen Sie den Kontenplan zum Beispiel unter **Ansicht → Kontenplan** und wählen das gewünschte Konto aus. Ist das Konto markiert, wählen Sie über die rechte Maustaste **Konto bearbeiten** und öffnen das Register **Kostenstellen(KSt)/Kostenträger(KTr)**. Hier haben Sie nun zwei Möglichkeiten, um später die Eingabe einer Kostenstelle zu erzwingen.

Achtung

Das Hinterlegen einer bestimmten Kostenstelle sollte gut überlegt sein. Ist keine Kostenstelle hinterlegt, müssen Sie beim Buchen die richtige auswählen. Wenn Sie das vergessen haben, lässt das Programm die Buchung nicht zu. Ist aber irgendeine Kostenstelle hinterlegt, lässt das Programm die Buchung zu, auch wenn die Kostenstelle falsch ist.

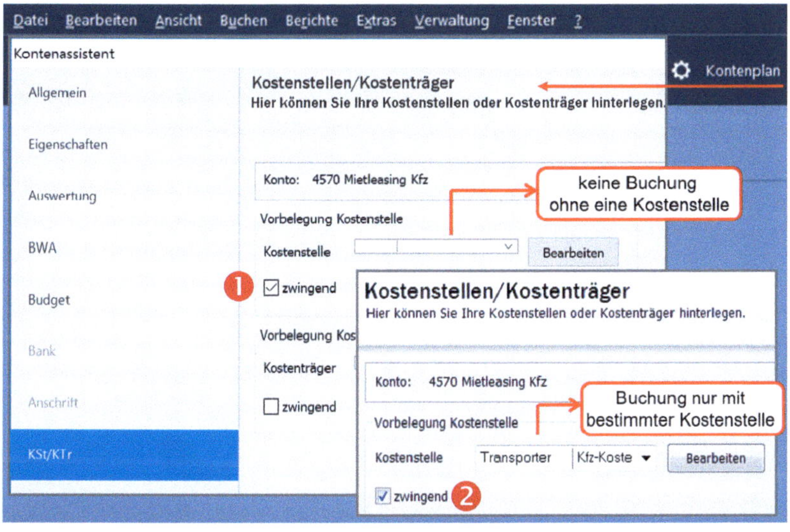

Abb. 6: Konteneinstellungen: Setzen Sie bei einem Konto den Haken bei »zwingend« ❶ , kann auf dieses Konto nur gebucht werden, wenn eine Kostenstelle eingegeben wird. Hinterlegen Sie auch gleich eine Kostenstelle ❷ , wird diese bei der Buchung direkt vorgeschlagen.

21.8 Budget erfassen

Mit der Budgetverwaltung können Sie jederzeit starten, auch nachdem alle Buchungen erfasst wurden. Zunächst müssen Sie die Funktion in den Firmenstammdaten unter »Einstellungen« aktivieren im Menü **Bearbeiten**. Danach können Sie bei den gewünschten Konten das Budget bzw. die Planzahl hinterlegen.

BEISPIEL

Ist die Funktion »Budgetverwaltung« aktiviert, schaltet sich bei den Konten jeweils das Fenster »Budget« dazu. Hier können Sie für die gewünschten Konten ein Budget bzw. eine Planzahl hinterlegen. Im Feld »Soll« erfassen Sie das Budget, im Feld »Ist« zeigt das Programm, was bereits gebucht wurde.

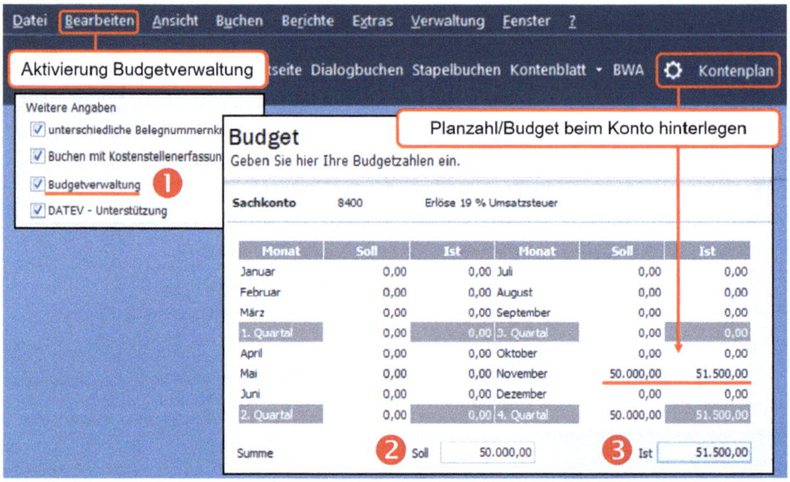

Abb. 7: Budgetverwaltung: Ist die Funktion aktiviert ❶ , können Sie bei den Konten im Register **Budget** die gewünschten Planzahlen hinterlegen. Hier sehen Sie, dass 50.000 Euro geplant waren ❷ und tatsächlich 51.500 Euro erzielt wurden ❸ .

Im ersten Jahr ist das Anlegen von Budgets sehr mühsam, Sie müssen alle Planzahlen manuell erfassen. Entweder monatlich, vierteljährlich oder jährlich, das können Sie entscheiden. Aber schon beim nächsten Jahreswechsel wird das Programm Ihnen anbieten, die Planzahlen in das Folgejahr zu übertragen. Dabei haben Sie mehrere Auswahlmöglichkeiten, Sie können die gleichen Zahlen übertragen lassen, die Zahlen erhöht um eine bestimmte Prozentzahl oder die Ist-Zahlen des Vorjahres.

21.9 Soll-Ist-Vergleich ansehen

In der Betriebswirtschaftlichen Auswertung, kurz BWA, können Sie nun den Bericht »Soll-Ist-Vergleich« ansehen oder ausdrucken. Dazu wählen Sie unter **Berichte → Auswertungen → BWA** in den Druckeinstellungen oben rechts **Soll-Ist-Vergleich**.

Wenn Sie die Standardauswertungen von Lexware bearbeiten möchten, können Sie den Bericht auch jederzeit exportieren.

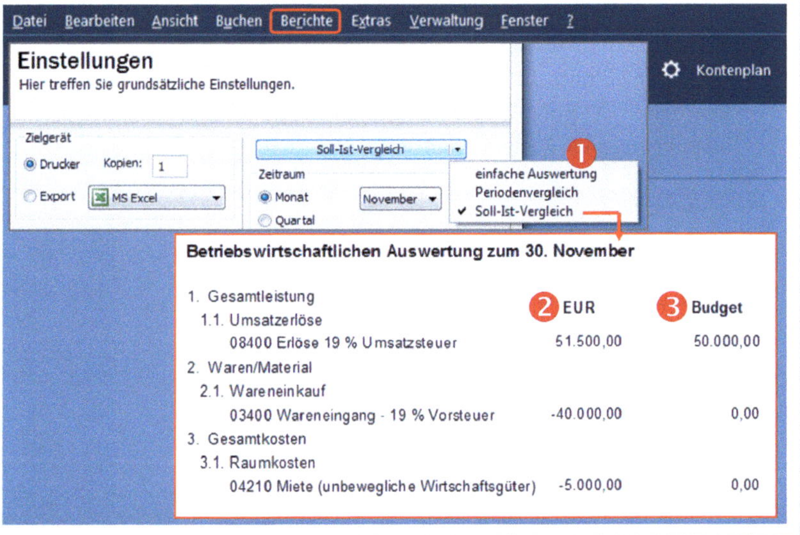

Abb. 8: Soll-Ist-Vergleich ansehen: Wählen Sie in den Druckeinstellungen vom Bericht BWA oben rechts **Soll-Ist-Vergleich** ❶ , erhalten Sie diesen Bericht. Links stehen die Ist-Zahlen ❷ Ihrer Buchführung und rechts die beim Konto hinterlegte Planzahl, das Budget ❸ .

21.10 Übungen für die Eingabe ins Programm

Voraussetzungen für die Übungen		
Einstellungen	Überprüfen Sie bitte, ob in den Firmenstammdaten der Haken bei »unterschiedliche Belegnummernkreise« gesetzt ist. Unter Verwaltung – Belegnummern können Sie einen beliebigen Belegnummernkreis für diese Übungen anlegen.	
Hinweise zu den Eingaben	Die Übungen werden in den Monaten November und Dezember gebucht, in diesen Monaten sollten noch keine Buchungen im Stapel stehen.	

ÜBUNG 21/1 KOSTENSTELLEN ERFASSEN – IN DEN VERSIONEN BASIS UND PLUS

Aktivieren Sie bitte die Funktion »Buchen mit Kostenstellenerfassung« unter **Bearbeiten → Firma → Einstellungen** und legen Sie anschließend unter **Verwaltung** folgende Kostenstellen an.

Kostenstellen:	**Nummer/Name:**
Erlöse Verkauf Computer	Computer
Erlöse Verkauf Software	Software
Geschäft Berlin	Berlin
Geschäft Köln	Köln
Kfz-Kosten Pkw	Pkw
Kfz-Kosten Transporter	Transporter

ÜBUNG 21/2 KOSTENSTELLEN UND KOSTENTRÄGER ERFASSEN – IN DEN VERSIONEN PRO UND PREMIUM

Aktivieren Sie bitte die Funktion »Mit Kostenstellen/Kostenträger arbeiten« unter **Bearbeiten → Firmenangaben → Einstellungen** und legen Sie anschließend unter **Verwaltung** folgende Kostenträger und Kostenstellen an:

Kostenträger:	**Nummer/Name:**
Erlöse Verkauf Computer	Computer
Erlöse Verkauf Software	Software
Geschäft Berlin	Berlin
Geschäft Köln	Köln
Kfz-Kosten Pkw	Pkw
Kfz-Kosten Transporter	Transporter

ÜBUNG 21/3 BUCHEN MIT KOSTENSTELLEN UND KOSTENTRÄGERN

Erfassen Sie bitte folgende Buchungen unter **Buchen → Einnahmen/Ausgaben in den Stapel → 1230/1830 Bank 3.** Buchen Sie alle Beträge mit einem Belegdatum im November und verwenden Sie einen beliebigen Belegnummernkreis.

Buchen → Einnahmen/Ausgaben in den Stapel → 1230/1830 Bank 3						
Text	Betrag	Konto SKR 03/04	Kategorie	Kostenstelle 1 Kostenstelle	Kostenstelle 2 Kostenträger	Steuer
Miete	2.000,00	4210/6310	Ausgabe		Köln	keine
Miete	3.000,00	4210/6310	Ausgabe		Berlin	keine
Einkauf Computer	23.800,00	3400/5400	Ausgabe		Berlin	VSt.19%
Einkauf Computer	11.900,00	3400/5400	Ausgabe		Köln	VSt.19%
Einkauf Software	7.140,00	3400/5400	Ausgabe		Köln	VSt.19%
Einkauf Software	4.760,00	3400/5400	Ausgabe		Berlin	VSt.19%
Verkauf Computer	30.940,00	8400/4400	Einnahme	Computer	Berlin	USt.19%
Verkauf Computer	15.470,00	8400/4400	Einnahme	Computer	Köln	USt.19%
Verkauf Software	5.950,00	8400/4400	Einnahme	Software	Berlin	USt.19%
Verkauf Software	8.925,00	8400/4400	Einnahme	Software	Köln	USt.19%

Stimmen Ihre Eingaben, sollten Sie den Stapel ausbuchen unter **Buchen → Stapel ausbuchen.**

ÜBUNG 21/4 KFZ-KOSTEN BUCHEN PRO FAHRZEUG

Erfassen Sie bitte folgende Buchungen unter **Buchen → Einnahmen/Ausgaben in den Stapel → 1230/1830 Bank 3.** Buchen Sie alle Beträge mit einem Belegdatum im Dezember und verwenden Sie einen beliebigen Belegnummernkreis.

Buchen → Einnahmen/Ausgaben in den Stapel → 1230/1830 Bank 3						
Text	Betrag	Konto SKR 03/04	Kategorie	Kostenstelle 1 Kostenstelle	Kostenstelle 2 Kostenträger	Steuer
Diesel	238,00	4530/6530	Ausgabe	Pkw		VSt.19 %
Diesel	357,00	4530/6530	Ausgabe	Transporter		VSt.19 %
Versicherung	600,00	4520/6520	Ausgabe	Transporter		keine

ÜBUNG 21/5 AKTIVIERUNG UND EINRICHTUNG DER BUDGETVERWALTUNG

Aktivieren Sie bitte die Funktion »Budgetverwaltung« in den Firmenstammdaten. Hinterlegen Sie anschließend beim Konto »8400/4400 Erlöse 19 % Umsatzsteuer« das Budget von 50.000 Euro im November. Dazu öffnen Sie den Kontenplan zum Beispiel unter **Ansicht → Kontenplan** und markieren das Konto »8400/4400«. Anschließend wählen Sie über die rechte Maustaste **Konto bearbeiten** und öffnen das Register **Budget.**

ÜBUNG 21/6 BERICHTE MIT SOLL-IST-VERGLEICH

Sehen Sie sich die BWA für den Monat November an und wählen Sie in den Druckeinstellungen »Soll-Ist-Vergleich« statt »einfache Auswertung«.

LÖSUNG 21/1

Sind alle Kostenstellen angelegt und gespeichert, sind alle Voraussetzungen erfüllt. Jetzt können die Kostenstellen beim Buchen verwendet werden.

LÖSUNG 21/2

Sind alle Kostenträger und Kostenstellen angelegt und gespeichert, können Sie schon bei der nächsten Buchung damit arbeiten.

LÖSUNG 21/3

Unter **Berichte → Auswertungen** können Sie sich die Betriebswirtschaftliche Auswertung, kurz BWA, sowie die Kostenstellenübersicht ansehen und ausdrucken.

LÖSUNG 21/4

Haben Sie die Kfz-Kosten nun zusammen mit der Kostenstelle des entsprechenden Fahrzeugs gebucht, erhalten Sie verschiedene Berichte unter **Berichte → Auswertungen → Kostenstellen.**

LÖSUNG 21/5

Das Budget wird nicht bei jedem Konto hinterlegt, sondern nur bei den Konten, für die Sie später einen Soll-Ist-Vergleich sehen möchten.

LÖSUNG 21/6

Die BWA der Abb. 8 im Kapitel 21.9 müssten Sie nun am Ihrem Bildschirm sehen.

22 Die E-Bilanz und die Handelsbilanz online übermitteln

Unternehmen müssen die Steuerbilanz online an das Finanzamt übermitteln, daher der Name E-Bilanz. Lexware buchhaltung ist mit einer E-Bilanz-Zentrale ausgestattet, die Sie beim Ausfüllen und Übertragen unterstützt. Dieses Kapitel soll Ihnen einen kurzen Einblick in das Thema E-Bilanz geben und Ihnen zeigen, was zu tun ist. Die Veröffentlichung der Handelsbilanz im Bundesanzeiger erfolgt ebenfalls in elektronischer Form. Unternehmen, die dazu verpflichtet sind, können mit der Software die Jahresabschlussdaten im erforderlichen Dateiformat speichern. In diesem Kapitel wird die Vorgehensweise beschrieben.

22.1 Die E-Bilanz

Die Bilanz sowie die Gewinn- und Verlustrechnung müssen elektronisch an das Finanzamt übermittelt werden. Erledigen Sie Ihren Jahresabschluss mit Lexware buchhaltung selbst, müssen Sie sich mit dem Thema E-Bilanz beschäftigen. Wenn Sie Ihren Jahresabschluss von Ihrem Steuerberater erledigen lassen, dann wird er mit seiner Software die Datenübermittlung erledigen.

E-Bilanz heißt, dass Sie die Stammdaten des Unternehmens sowie die Salden der Bilanz und der Gewinn- und Verlustrechnung in ein amtlich vorgeschriebenes Datenformular (Taxonomie) eintragen. Lexware hat das Zusatzprogramm **E-Bilanz-Zentrale** in die Software integriert. Hier werden die meisten Daten automatisch eingespielt, sodass Sie nur noch Ergänzungen vornehmen müssen.

Lexware verwendet die DATEV-Spezialkontenrahmen SKR 03 und SKR 04. Darin sind alle Konten vorhanden, die für das korrekte Ausfüllen der Taxonomie erforderlich sind. Lexware ordnet vorab die meisten Standardkonten den richtigen Feldern in der Taxonomie zu. Dieser Vorgang wird **Konten mappen** genannt. Konten, die Sie selbst angelegt haben, müssen manuell gemappt werden. Verwenden Sie andere Kontenrahmen, müssen Sie die Konten ebenfalls manuell zuordnen.

Im Menü **Extras** unter **ELSTER** oder unter **Berichte → Auswertungen** können Sie die **E-Bilanz-Zentrale** jederzeit öffnen. Hier wird das Vorgehen schrittweise erklärt, zum Beispiel auch durch ein Video.

! **Tipp**

In der E-Bilanz-Zentrale müssen Sie nacheinander verschiedene Stationen durchlaufen. Zunächst müssen Sie Ihre Stammdaten ergänzen, erst danach ist es möglich, in der nächsten Station die Konten zuzuordnen. Beim Verlassen können Sie die bisher erfassten Daten speichern und zu einem anderen Zeitpunkt fortfahren.

22.2 Stammdaten in der E-Bilanz-Zentrale ergänzen

Beim ersten Start der E-Bilanz-Zentrale werden die Daten, die in den Firmenstammdaten hinterlegt sind und für die E-Bilanz benötigt werden, automatisch übernommen. Überprüfen Sie bitte vor der ersten Nutzung der E-Bilanz-Zentrale die Firmenstammdaten, denn spätere Änderungen werden nicht übernommen. D.h. spätere Änderungen an den Firmenstammdaten sind auch in der E-Bilanz-Zentrale zu erfassen. Bei den Buchungen ist das anders. Immer dann, wenn Sie die E-Bilanz-Zentrale öffnen, werden die Kontensalden aktualisiert.

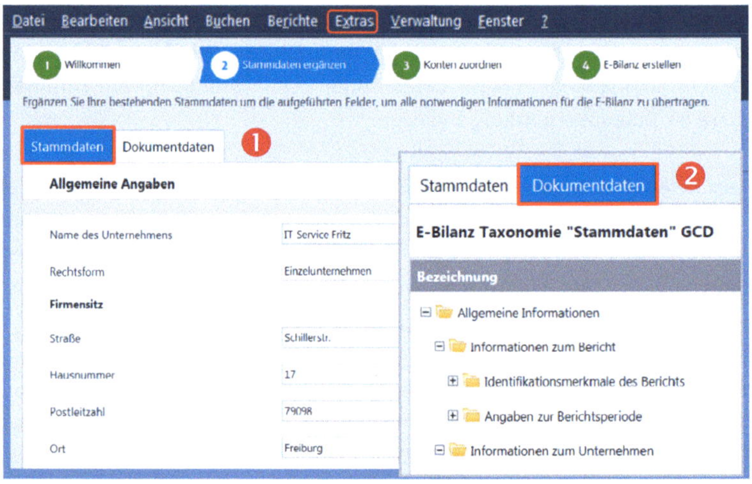

Abb. 1: Stammdaten in der E-Bilanz: Hier sehen Sie die Daten, die bereits von den Firmenstammdaten übernommen wurden. Für die E-Bilanz sind weitere Angaben erforderlich, die Sie in den Registern **Stammdaten** ❶ und **Dokumentdaten** ❷ ergänzen müssen.

Sowie Sie alle erforderlichen Daten erfasst haben, gelangen Sie über die Schaltfläche **Weiter** in den Bereich **Konten zuordnen**, in den dann die Kontensalden übertragen werden.

Die Stammdaten, die das Programm automatisch übernimmt, reichen allerdings nicht aus, für die E-Bilanz sind weitere Daten erforderlich. Ihre Aufgabe ist es, die Stammdaten zu ergänzen und die Zuordnung der Konten zu überprüfen. Im Register **Stammdaten ergänzen** stehen bereits die Daten, die aus den Firmenstammdaten übernommen werden konnten. Die fehlenden Angaben, die Sie ergänzen müssen, sind rot markiert. Lassen Sie sich gegebenenfalls bei der erstmaligen Einrichtung von Ihrem Steuerberater helfen, sicher ist sicher.

22.3 Die Kontenzuordnung prüfen und manuell anpassen

Im Bereich **Konten zuordnen** sehen Sie zum einen Ihre bebuchten Konten und zum anderen die Felder der Taxonomie bzw. die E-Bilanz-Struktur. Arbeiten Sie mit den Standardkontenrahmen SKR 03 oder SKR 04, sind die Standardkonten weitgehend den richtigen Feldern in der Taxonomie zugeordnet.

BEISPIEL

Das Unternehmen hat verschiedene Erträge, nämlich Erträge aus Handel und Erträge aus Beratung. Buchen Sie nun alle Erträge auf das Standardkonto »8400/4400 Umsatzerlöse 19% Umsatzsteuer«, müssen Sie nichts tun. Dieses Konto ist bereits zugeordnet.

Ändern Sie die Bezeichnung eines Standardkontos, hat das keine Auswirkung auf die Kontenzuordnung. Die Software orientiert sich an der Kontonummer. Die Konten jedoch, die Sie selbst neu angelegt haben, müssen Sie auch selbst den Feldern der Taxonomie zuordnen. Alle Zuordnungen können Sie jederzeit manuell ändern, wie im folgenden Abschnitt beschrieben.

Hier zeigen wir Ihnen die Kontenzuordnung in der E-Bilanz-Zentrale anhand ganz weniger Buchungen. So können Sie den Ablauf besser nachvollziehen.

BEISPIEL

Es wurden zwei individuelle Konten angelegt, das Erlöskonto »8402/4402 Erlöse Beratung 19% USt.« und das Aufwandskonto »3402/5402 Einkauf Ersatzteile 19% Vorsteuer«. Folgende Rechnungen wurden gebucht und anschließend in das Journal übertragen.

Buchen → Stapelbuchen						
Datum	Beleg	Text	Betrag	SOLL SKR 03/04	HABEN SKR 03/04	Steuer
30.12.	AR 280	RG 278	2.380,00	20200	8400/4400	USt.19%
30.12.	AR 281	RG 279	4.760,00	20200	8402/4402	USt.19%
30.12.	ER 3	RG 444	1.190,00	3400/5400	72000	VSt.19%
30.12.	ER 4	RG 670	595,00	3402/5402	72000	VSt.19%

Sind die Stammdaten in der E-Bilanz Zentrale vollständig angelegt, können Sie nach dem Öffnen der E-Bilanz-Zentrale direkt in den Bereich **Konten zuordnen** wechseln. Hier sehen Sie im linken Kasten Ihre Konten. Für die E-Bilanz müssen nur die bebuchten Konten zugeordnet werden, deshalb sollte die Auswahl **Bebuchte Konten** aktiviert sein. Die Konten, die Lexware automatisch zugeordnet hat, sind in der Tabelle mit einem »Ja« gekennzeichnet. Mit einem Klick auf die Kontenzeile wird Ihnen in einem gesonderten Fenster die Zuordnung gezeigt. Diese automatische Zuweisung sollten Sie überprüfen. Die Konten, die mit einem »Nein« gekennzeichnet sind, müssen Sie manuell zuordnen.

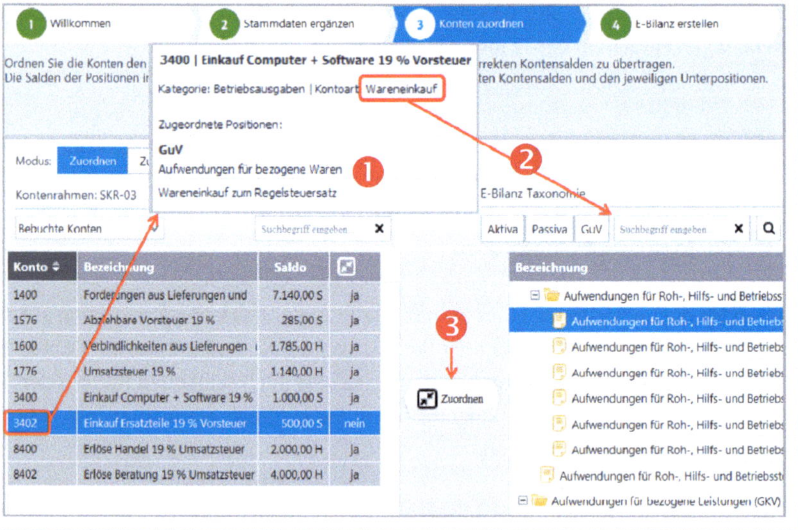

Abb. 2: Konto manuell zuordnen: Das Konto 3402 soll wie das Konto 3400 dem Feld »Aufwendungen für bezogene Waren« ❶ zugeordnet werden. Über das Suchfeld rechts ❷ finden Sie das Konto ganz schnell. Ist alles markiert, klicken Sie auf **Zuordnen** ❸ .

Sind die automatischen Zuordnungen überprüft und in Ordnung, können Sie mit der manuellen Zuweisung beginnen. In der folgenden Abbildung sehen Sie zwei Konten, die nicht zugewiesen sind. Wir beginnen mit dem Konto »3402 Einkauf Ersatzteile«. Dieses Konto ist vergleichbar mit dem Standardkonto 3400, es ist in der Struktur der E-Bilanz dem Feld »Aufwendungen für bezogene Waren« zugeordnet. Geben Sie in das rechte Suchfeld das Wort »Wareneinkauf« ein, finden Sie das Feld ganz schnell. Jetzt müssen Sie links das Konto »3402« anklicken und rechts das Feld »Aufwendungen für Roh-, Hilfs- und Betriebsstoffe ... Wareneinkauf zum Regelsteuersatz«. Sind beide Zeilen markiert, klicken Sie auf **Zuordnen**. Danach öffnet sich ein weiteres Fenster, in dem Sie die Eingabe noch einmal bestätigen müssen.

Ist das Konto 3402 zugeordnet, geht es weiter mit dem Konto »8402 Erlöse Beratung«. Das vergleichbare Konto 8400 ist dem Feld »Umsatzerlöse zum Regelsteuersatz« zugeordnet.

Zuordnungen ändern

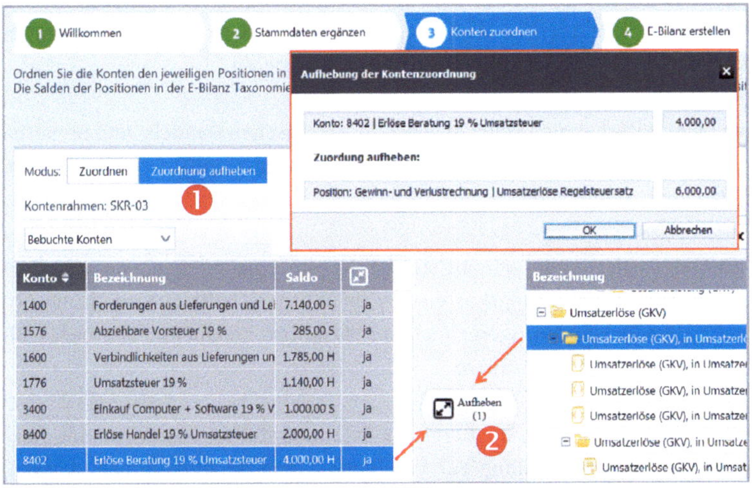

Abb. 3: Zuordnung ändern: Die Änderung einer Zuordnung erfolgt in zwei Schritten. Sie wechseln zunächst in den Modus **Zuordnung aufheben** ❶ , wählen das Konto aus, klicken auf **Aufheben** ❷ und bestätigen die Eingabe. Anschließend ordnen Sie das Konto im Modus **Zuordnen** erneut zu.

Zuordnungen können Sie jederzeit ändern. In diesem Fall wechseln Sie zunächst links oben in den Modus **Zuordnung aufheben**. Wählen Sie links das entsprechende Konto aus, sehen Sie rechts die Zuordnung. Mit einem Klick auf ❶ **Aufheben** wird die Zuordnung gelöscht. Anschließend wechseln Sie wieder zurück in den Modus **Zuordnen** und wählen das gewünschte Feld.

Bei umfangreicheren Bilanzen mit vielen individuellen Konten kann die Arbeit am Bildschirm unübersichtlich werden. In diesem Fall ist die Übersichtsliste »Taxonomiepositionen mit zugeordneten Konten« empfehlenswert, die Sie unter **Berichte** ansehen können.

22.4 Die E-Bilanz prüfen und anpassen

Im nächsten Bereich **E-Bilanz erstellen** steht für alle Unternehmen das Register **E-Bilanz** zur Verfügung. Je nachdem, welche Angaben Sie in den Stammdaten hinterlegt haben, stehen Ihnen hier weitere Register zur Verfügung, in denen Sie die Daten anpassen und ergänzen können. Sind alle Eingaben gemacht, ist die E-Bilanz zur Übertragung an das Finanzamt bereit.

Wechseln Sie in den Bereich **E-Bilanz erstellen**, gelangen Sie zunächst in das Register **E-Bilanz**. Hier überprüft die Software, ob die gebuchten Salden Ihrer Bilanz und

Gewinn- und Verlustrechnung mit den Daten der E-Bilanz übereinstimmen. Es wird eine Prüfsumme ermittelt. Liegt diese bei Null Euro, ist alles in Ordnung. Stimmt die Prüfsumme nicht, müssen Sie die Kontenzuordnung noch einmal überprüfen oder die Salden über die Funktion **Position bearbeiten** korrigieren.

Liegen beim Unternehmen keine Abweichungen zwischen Handels- und Steuerbilanz vor, wählen Sie in den Stammdaten unter Bilanzierungsstandard die Funktion »Handelsbilanz/sog. Einheitsbilanz«.

Bei **Kapitalgesellschaften** werden steuerliche Hinzurechnungen, wie zum Beispiel »nicht abziehbare Bewirtungskosten«, in der Körperschaftsteuererklärung erfasst und darin dem Gewinn hinzugerechnet. Aus diesem Grund gibt es im Bereich **E-Bilanz erstellen** nur das Register **E-Bilanz**.

Bei **Personenfirmen** steht im Bereich **E-Bilanz erstellen** zusätzlich das Register **Steuerliche Gewinnermittlung** zur Verfügung. Denn Personenfirmen müssen die steuerlichen Hinzurechnungen in einer Anlage zur Bilanz gesondert erfassen. D. h. steuerliche Hinzurechnungen für Personenfirmen werden im Register **Steuerliche Gewinnermittlung** erfasst.

Überleitungsrechnung bei Kapitalgesellschaften und Personenfirmen
Unternehmen, bei denen Abweichungen zwischen Handels- und Steuerbilanz vorliegen, müssen in den Stammdaten unter Bilanzierungsstandard die Einstellung »Handelsbilanz« wählen. In diesem Fall steht hier zusätzlich das Register **Überleitungsrechnung** zur Verfügung, unabhängig von der Unternehmensform.

In der **Überleitungsrechnung** werden die Salden der Handelsbilanz korrigiert und für die Steuerbilanz angepasst. Stimmt das steuerliche Ergebnis, geht es weiter mit dem Register **Anlagespiegel brutto**, wenn Abschreibung gebucht wurde. Ansonsten können Sie direkt in den letzten Bereich »**E-Bilanz senden**« wechseln.

22.5 Anlagespiegel brutto

Besitzt das Unternehmen Anlagevermögen und wurde Abschreibung gebucht, ist zusätzlich zur E-Bilanz ein »Brutto-Anlagespiegel« online zu übermitteln. Die Software erinnert Sie daran.

Sowie Abschreibung erfasst wurde, verlangt die Software das Register »**Anlagespiegel brutto**« auszufüllen. D. h. in diesem Fall funktioniert die Übertragung ohne den Anlagespiegel nicht. Hier können Sie die Werte manuell in das Register eintragen. Nutzen Sie eines der Anlagenverwaltungsprogramme von Lexware, können Sie sich die Daten direkt übertragen lassen. Die Anleitung dazu finden Sie je nach Programmversion unter www.lexware.de/support.

Sind die Daten des Anlagespiegels hinterlegt, können Sie in den letzten Bereich »**E-Bilanz senden**« wechseln.

22.6 Kapitalkontenentwicklung bei Personengesellschaften

An einer Personengesellschaft sind mindestens zwei Personen beteiligt. Oft sind die Beteiligungsverhältnisse und damit die Gewinnverteilung unterschiedlich vereinbart. Außerdem tätigt in der Regel jeder Gesellschafter Privateinlagen und Privatentnahmen in unterschiedlicher Höhe.

Spätestens am Jahresende ist für jeden Gesellschafter das Kapital gesondert auszuweisen. Sind nur wenige Gesellschafter beteiligt, können für jeden Gesellschafter eigene Konten für Kapital, Privateinlagen und Privatentnahmen angelegt und verwendet werden. Werden die Kapitalkonten nicht separat in der Bilanz geführt, müssen Sie das in einer Anlage nachholen. In der **E-Bilanz-Zentrale** können Sie außerhalb der Buchhaltung die Kapitalkonten der einzelnen Gesellschafter manuell erfassen und dann zusammen mit der E-Bilanz an das Finanzamt übermitteln.

Dazu müssen Sie in den **Stammdaten** die Funktion »Kapitalkontenentwicklung« aktivieren und in den **Dokumentdaten** die verschiedenen Gesellschafter mit Ihren Beteiligungsverhältnissen anlegen. Sowie diese Daten erfasst sind, können Sie die Kapitalkontenentwicklung im Bereich **E-Bilanz erstellen** ausfüllen.

Bei den Gesellschaftsformen KG und GmbH & Co. KG gibt es Teilhafter, die nur in Höhe ihrer Kapitaleinlage haften, soweit das Haftungskapital eingezahlt ist. Sie haben in der Regel nur geringe Mitbestimmungsrechte. Die Vollhafter sind Geschäftsführer und haften wie Einzelunternehmer mit dem Betriebs- und Privatvermögen. Das Kapitalkonto von Teilhaftern muss in der Bilanz getrennt von dem der Vollhafter ausgewiesen werden.

Für Sonder- und Ergänzungsbilanzen müssen Sie in Lexware buchhaltung jeweils eigene Firmen anlegen. In diesen Firmen können Sie die Positionen buchen oder in der E-Bilanz-Zentrale manuell erfassen.

22.7 Die E-Bilanz online übertragen

In diesem Bereich können Sie sich alle Daten noch einmal ansehen oder drucken. Die Daten sind in verschiedene Register unterteilt, die Sie nacheinander anklicken können.

Nach dem Klick auf **Senden** öffnet sich das ELSTER-Modul, das Sie bereits von der Übermittlung der Umsatzsteuerformulare kennen. Dort gehen Sie wie gewohnt vor. Auch hier benötigen Sie für die Übermittlung das Elster-Zertifikat. Nach dem Versand finden Sie das Übertragungsprotokoll in der E-Bilanz-Zentrale.

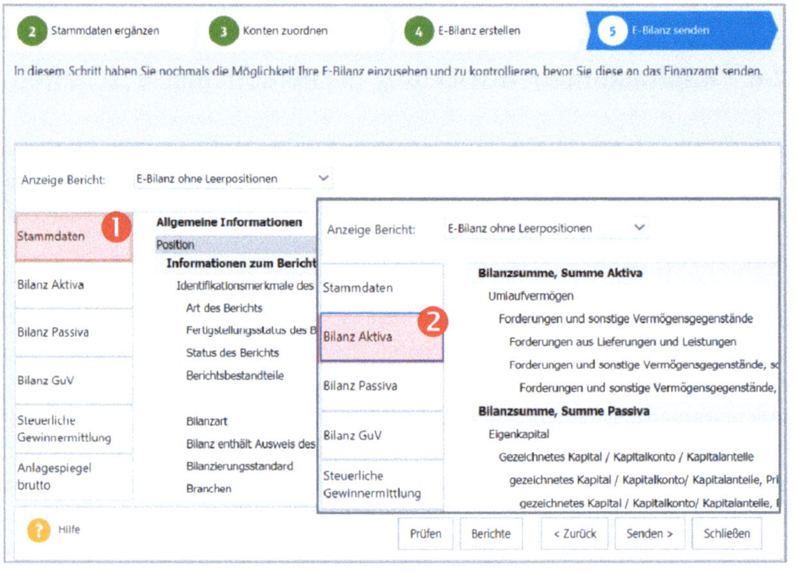

Abb. 4: E-Bilanz senden: Die Daten, die versendet werden, sind nun in verschiedene Register eingeteilt, die Sie einzeln anklicken und ansehen können, wie z. B. die Stammdaten ❶, die Bilanz Aktiva ❷ und weitere.

22.8 Übertragung der Handelsbilanz vorbereiten

Handelsbilanzen von Kapitalgesellschaften und GmbH & Co. KGs sind im Bundesanzeiger zu veröffentlichen. Die Handelsbilanz zu veröffentlichen heißt, dass Sie sich auf der Website des Bundesanzeigers anmelden und die Daten Ihres Jahresabschlusses hinterlegen. Dabei haben Sie die Möglichkeit, das elektronische Auftragsformular online auszufüllen oder eine Jahresabschluss-Datei hochzuladen. Solch eine Datei können Sie mit Lexware buchhaltung erzeugen. Vorausgesetzt, Sie haben Ihren Jahresabschluss mit Lexware buchhaltung selbst erledigt.

!

Tipp

Hat Ihr Steuerberater bisher die Veröffentlichung erledigt, sollten Sie sich zuerst die Daten des Vorjahres ansehen. So haben Sie eine gute Arbeitsvorlage. Suchen Sie unter www.bundesanzeiger.de die letzte Bilanz Ihres Unternehmens heraus.

Für die Veröffentlichung müssen Sie sich einmalig beim Bundesanzeiger registrieren. Auf der Website www.bundesanzeiger.de finden Sie das Registrierungsformular. Halten Sie für das Ausfüllen den aktuellen Handelsregisterauszug des Unternehmens bereit. Nach Abschluss der Registrierung erhalten Sie per E-Mail Ihren Benutzernamen sowie ein Passwort für die Anmeldung.

Sowie Sie angemeldet sind, können Sie über die Funktion **Auftrag übermitteln** die Veröffentlichung starten. Dazu sollte Ihnen die EHUG-Datei vorliegen.

22.9 EHUG-Datei erzeugen und ansehen

Im Menü **Extras** unter **ELSTER → EHUG** können Sie den **EHUG Exportassistent** starten. Erst, wenn alle Daten erfasst wurden, wird die EHUG-Datei erstellt. Im ersten Fenster müssen Sie die Firmendaten kontrollieren und ggf. ergänzen.

Im nächsten Fenster »Exportdetails« wählen Sie aus, welche Daten zu exportieren sind. Bilanz mit Gewinn- und Verlustrechnung oder nur eine Bilanz, zu welchem Bilanzstichtag und mit oder ohne Vorjahresvergleich. Außerdem müssen Sie hier den Speicherort für die Datei angeben.

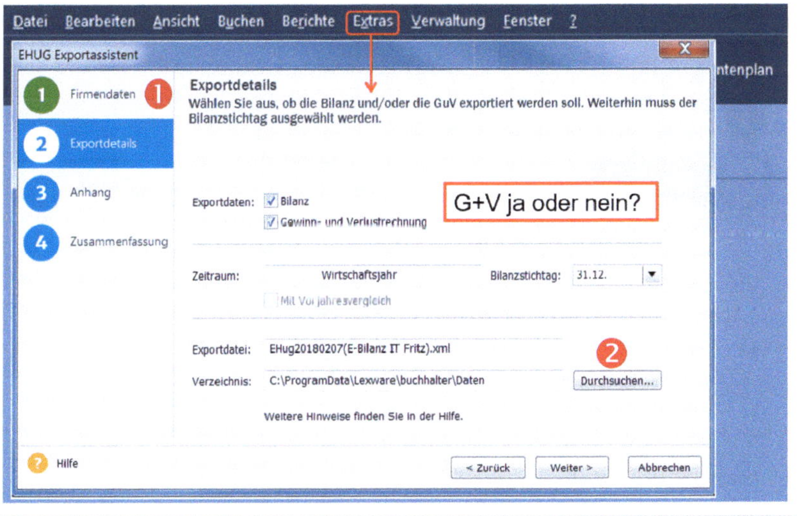

Abb. 5: EHUG Exportassistent: Sind die Firmendaten ❶ vollständig, erfassen Sie unter **Exportdetails** die Angaben zum Jahresabschluss und hinterlegen den Speicherort ❷ für die Datei.

Im Fenster »Anhang« können Sie den Text des Anhangs einfügen. Hier ist folgende Vorgehensweise zu empfehlen, um mögliche Formatierungsfehler zu vermeiden: Sie kopieren den Anhang aus Ihren Jahresabschlussunterlagen (Strg C) und öffnen den

Windows Editor. Dort fügen Sie den Text ein (Strg V) und kopieren ihn erneut. Erst dann fügen Sie den Text in den Assistent ein. Sind alle Daten erfasst, sehen Sie im letzten Fenster »Zusammenfassung« die Daten, die zur Veröffentlichung bereit stehen. Diese Daten können Sie sich am Bildschirm ansehen und Sie können sie drucken, wenn Sie ganz unten am Ende des Textes angekommen sind. Vergleichen sollten Sie diese Daten zunächst mit Ihrer Bilanz des aktuellen Jahres, ob die Salden stimmen, das Ergebnis etc.

! **Tipp**

Liegen Ihnen die Daten des Vorjahres vor, dann können Sie diese jetzt auch mit der aktuellen Auswertung vergleichen. Wurde das Unternehmen gerade erst gegründet, handelt es sich also um die erste Veröffentlichung, lassen Sie sich ggf. beraten.

Sind alle Daten kontrolliert, können Sie mit dem Klick auf **Senden** die EHUG-Datei erzeugen. Diese Datei wird allerdings nicht gesendet, sondern lediglich im ausgewählten Verzeichnis abgelegt. Lexware plant, den Button »Senden« in »Datei speichern« zu ändern.

Abb. 6: Kontrolle und Sicherung: Unter Zusammenfassung können Sie die Bilanz, die Gewinn- und Verlustrechnung sowie den Anhang am Bildschirm kontrollieren ❶. Am Ende der Ansicht finden Sie die Möglichkeit zum Druck ❷. Nach dem Klick auf Senden wird die Datei erzeugt ❸.

Sind die Daten nicht in Ordnung, ist Ihnen ein Fehler aufgefallen, können Sie den Vorgang jederzeit wiederholen. Verlassen Sie den Assistenten über **Abbrechen**, wird keine Datei erzeugt, aber Sie haben die Möglichkeit, die bisher erfassten Daten zu speichern.

22.10 Kontenzuordnung für die Bilanz anpassen

In der Regel sind die Konten richtig zugeordnet, genauso wie die EHUG-Zuordnungen. Arbeiten Sie allerdings schon viele Jahre mit dem Programm, kann es zu Differenzen kommen.

Stimmen die Salden der EHUG-Auswertungen nicht mit Ihrer Bilanz überein, kann das zwei Gründe haben. Zum einen kann ein Konto nicht der richtigen oder keiner Bilanzposition zugeordnet sein und zum anderen kann die Bilanzposition selbst falsch zugeordnet sein. Im Menü **Berichte** unter **Auswertungsaufbau → Aktiva standard**, **Passiva standard** und **GuV standard** können Sie diese Einstellungen kontrollieren und ggf. ändern.

Im folgenden Bild sehen Sie zum Beispiel den Bereich **Aktiva**. Links stehen die Bilanzpositionen des Programms. Wählen Sie hier die Bilanzposition »I. Immaterielle Vermögensgegenstände« aus und klicken unten auf die Funktion **Konten zuordnen**, öffnet sich ein weiteres Fenster. Hier sehen Sie rechts die ausgewählten Konten, d. h. die Summe dieser Konten wird unter der ausgewählten Bilanzposition erscheinen.

Um die EHUG-Zuordnung zu prüfen, wählen Sie links die Bilanzposition »I. Immaterielle Vermögensgegenstände« aus. Schon wird Ihnen rechts die übergeordnete Bilanzposition gezeigt. In diesem Fall stimmt die Zuordnung. Anderenfalls können Sie die Einstellung ändern. Wählen Sie dazu rechts die passende Position aus und klicken Sie unten auf die Funktion **EHUG-Zuordnung**. Schon steht der Saldo in einer anderen Kategorie.

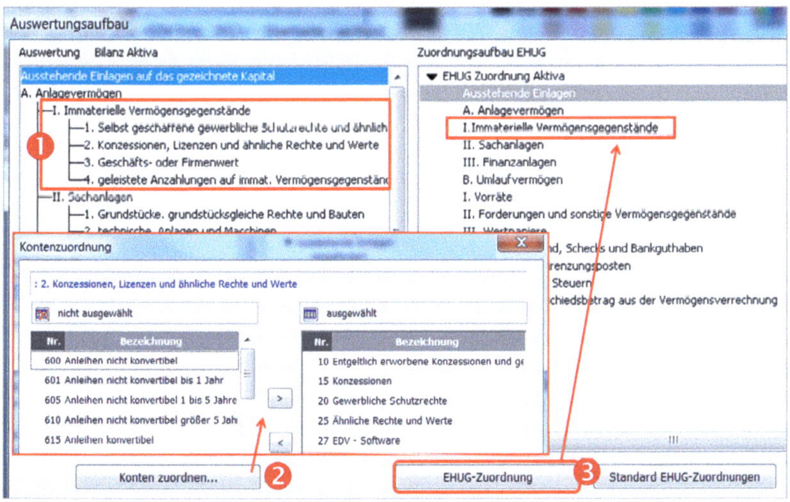

Abb. 7: Kontenzuordnung und EHUG-Zuordnung: Wählen Sie links oben die Bilanzposition ❶ und klicken unten auf **Konten zuordnen** ❷ , sehen Sie, aus welchen Kontensalden sich die Summe ergibt. Die Zuordnung rechts können Sie über **EHUG-Zuordnung** ändern ❸ .

Sicher möchten Sie in der Bilanz, die veröffentlicht wird, wenig Details zeigen. Aus diesem Grund sind die Konten in der Regel auch direkt dem Hauptbereich zugeordnet. Ist das nicht der Fall, können Sie das hier ändern. Neu angelegte Konten müssen Sie zum Beispiel manuell zuordnen.

Angenommen, Sie möchten die Sachanlagen in einer Summe ausweisen, nicht unterteilt in technische Anlagen und Maschinen und sonstige Betriebs- und Geschäftsausstattung. Dazu nehmen Sie zuerst die Kontenzuordnungen in den Bereichen »technische Anlagen und Maschinen« sowie »sonstige Betriebs- und Geschäftsausstattung« weg. Danach wählen Sie beide Konten bei der Überschrift »Sachanlagen« aus. Schon wird in der Handelsbilanz nur noch die Summe der Sachanlagen gezeigt.

22.11 Handelsbilanz veröffentlichen

Sowie die Daten vollständig und richtig sind, können Sie die EHUG-Datei, wie vorher beschrieben, erzeugen lassen. Anschließend können Sie sich auf der Website des Bundesanzeigers anmelden und die Veröffentlichung starten. Sowie dieser Vorgang abgeschlossen ist und die Datei hochgeladen wurde, erhalten Sie eine Bestätigung des Bundesanzeigers per Mail. Nun werden die Daten geprüft und wenige Tage danach ist Ihre aktuelle Bilanz im Bundesanzeiger sichtbar.

Stichwortverzeichnis

Z

Die Autorin

Iris Thomsen, Betriebswirtin, ist seit vielen Jahren als kaufmännische Leiterin einer Bauträgergesellschaft tätig. Parallel dazu ist sie Autorin zahlreicher Publikationen der Haufe Gruppe und Referentin im Bereich Rechnungswesen bei der Haufe Akademie.

Sie verfügt über langjährige Praxiserfahrung in der Computerindustrie, in Steuerberaterkanzleien und im Bereich der Einführung von IT-gestützter Buchführung und Verwaltung in kleinen und mittelständischen Unternehmen. Als Referentin war sie in den Bereichen Betriebswirtschaft, Buchführung und Steuerrecht u. a. bei der IHK, der Steuerakademie sowie der Lexware-Akademie tätig und bot selbst entwickelte Seminare in eigenen Räumen an. Seit über zwanzig Jahren hat sie die Lexware Buchhaltungssoftware im Einsatz, im Betrieb genauso wie bei Kunden und in Seminaren.

Auf der Internetseite www.iris-thomsen.de finden Sie Änderungen bzw. Neuerungen zu Themen, die in diesem Buch beschrieben werden. Sie können auch gerne per E-Mail Fragen stellen oder Feedback geben.